中国海洋大学教材建设基金资助

环境生态工程概论

中国海洋大学出版社

·青岛·

图书在版编目(CIP)数据

环境生态工程概论/刘晓晖,李锋民,赵斌主编. 青岛:中国海洋大学出版社,2024. 8. -- ISBN 978-7-5670-3967-4

Ⅰ. X171

中国国家版本馆 CIP 数据核字第 20245Z31W3 号

HUANJING SHENGTAI GONGCHENG GAILUN

环境生态工程概论

出版发行	中国海洋大学出版社		
社　　址	青岛市香港东路 23 号	邮政编码	266071
出 版 人	刘文菁		
网　　址	http://pub.ouc.edu.cn		
电子信箱	Wangjiqing@ouc-press.com		
订购电话	0532-82032573(传真)		
责任编辑	王积庆	电　　话	0532-85902349
装帧设计	青岛汇英栋梁文化传媒有限公司		
印　　制	青岛国彩印刷股份有限公司		
版　　次	2024 年 8 月第 1 版		
印　　次	2024 年 8 月第 1 次印刷		
成品尺寸	185 mm × 260 mm		
印　　张	14. 75		
字　　数	350 千		
印　　数	1—1000		
定　　价	49. 00 元		

发现印装质量问题,请致电 0532-58700166,由印刷厂负责调换。

主编简介

刘晓晖，男，博士/博士后，中国海洋大学副教授、博士生导师，山东省“泰山学者”青年专家，山东省高等学校青年创新团队负责人，入选2023、2024年全球前2%顶尖科学家榜单。主要研究方向为典型新污染物的环境地球化学行为与污染控制，围绕以上方向取得了一系列原创性的成果。近5年，以第一或通讯作者在环境领域主流期刊*Water Research*、*ACSEST Engineering*、*Chemical Engineering Journal*等发表SCI论文37篇，H指数35；获2项省部级奖励。

李锋民，男，博士，中国海洋大学教授、博士生导师，入选2024年全球前2%顶尖科学家榜单，为教育部“新世纪优秀人才支持计划”获得者、教育部高等学校教学指导委员会环境科学与工程类专业教学指导委员会委员、中国环境科学学会水处理与回用专业委员会常委、山东省智库高端人才、山东省生态环境保护专家委员会副主任委员。近5年以第一/通讯作者身份在*Water Research*、*Chemical Engineering Journal*、*Journal of Hazardous Materials*、环境科学等国内外环境领域主流期刊发表论文50篇，授权国家发明专利8项，获得山东省科学进步一等奖、华夏建设科学进步一等奖等7项奖励。

赵　斌，男，玉溪师范学院副教授、硕士生导师，云南省教育厅重点实验室负责人，玉溪市“兴玉英才支持计划”创新创业团队负责人，云南省综合评标专家库专家，云南省先进测量体系专家库专家。主要研究方向为高原深水湖泊流域典型新污染物环境行为与控制。近5年主持国家及省自然科学基金项目3项，发表SCI收录论文10篇，获授权专利10余项，获省部级科学技术奖励2项，指导学生参加专业竞赛获省级及以上奖励30余项。

PREFACE 前　言

党的十八大以来，习近平总书记把生态文明建设作为关系中华民族永续发展的根本大计，反复强调“生态兴则文明兴”，对生态文明建设念兹在兹，倾注巨大心血。2023年7月全国生态环境保护大会在北京召开，习近平总书记出席会议并发表重要讲话，全面总结我国生态文明建设取得的举世瞩目的巨大成就，特别是历史性、转折性、全局性变化。在现阶段全面推进美丽中国建设背景下，新形势新任务对生态文明建设和生态环境保护工作提出了新的更高要求。2020年2月21日，教育部颁布《普通高等学校本科专业目录（2020年版）》，环境生态工程专业为工学门类专业，属环境科学与工程类专业，环境生态工程是一门综合性的学科领域，旨在通过生态修复措施、工程技术手段等来改善和保护环境生态系统的健康和功能。它涉及多学科的知识和技术，包括生物学、生态学、经济学、环境工程学等。主要目标是恢复、重建或改善受到污染、破坏或其他压力影响的自然环境，以实现生态系统的持续健康和生产力。在实践中，环境生态工程通常结合了自然系统工程和生物学处理技术，如湿地恢复、植被恢复、生物修复，以实现生态系统的恢复和维护。这些技术不仅要求科学的理论支持，还需要与社会经济因素相协调，确保可持续的环境保护和管理。

本书针对环境生态工程专业特点和专业需求，设置的主要课程任务包括理论学习、实践训练、案例分析和跨学科有机融合等多方面内容，以培养学生在环境生态工程领域的综合应用实践能力。近年来，很多高等院校在环境工程专业或环境科学专业基础上开设了环境生态工程专业。按照环境生态工程专业课程体系设置，环境生态工程课程是该专业的一门核心课程。环境生态工程概论旨在激励学生综合运用环境学、生态学、工程学知识，并在团队合作中获得经验，达到解决环境生态工程实际问题的课程目标。

环境生态工程概论课程分为“上篇 基础篇”“中篇 课程实验设计篇”“下篇 实践案例篇”。其中，基础篇主要包括绪言、环境生态工程设计基础及基本原理、地表水环境生态工程、地下水环境生态工程、大气环境生态工程、污染土壤环境生态工程、固体废物环境生态工程、"双碳"背景下环境生态工程设计;课程实验设计篇主要包括水环境生态工程实验设计、大气环境生态工程实验设计、固体废物环境生态工程实验设计、污染土壤生态环境修复实验设计、微生物生态环境修复实验设计。实践案例篇主要包括环境生态工程领域相关的八个典型案例。本书第1章、第3章及第8章8.1节由中国海洋大学的刘晓晖编写;第2章由中国海洋大学的李锋民编写;第4章由玉溪师范学院的赵斌编写;第5章由中国环境科学研究院的卢少勇、国晓春、杨嘉鹏共同编写;第6章由青岛大学的刘莹、华东师范大学的武冬共同编写;第7章由北京工业大学的郭伟编写;第8章8.2节由中国海洋大学的高孟春编写;第9章由中国海洋大学的赵阳国,季军远和辛佳编写;第10章由中国科学院青岛生物能源与过程研究所的荆功超编写;第11章由江南大学的虞敏达编写;第12章由中国环境科学研究院的李东阳编写;第13章由安徽医科大学的韩毛振编写;案例一至案例八由中国海洋大学的单欣、马识超、王若楠、童思琪、付登锋汇总编写,刘晓晖、李锋民、赵斌负责全部案例内容校核修订。全书由刘晓晖、李锋民、赵斌汇总及校核。

本书的编写得到了山东省高等学校"青创团队计划"团队项目(No. 2023KJ034)、山东省泰山学者青年专家项目(No. tsqn202312094)、国家自然科学基金项目(No. 42207260、No. 42267060)、安徽省教育厅2023年度高等学校质量工程项目(省级新编规划教材建设项目(No. 2023jcjs041)、安徽省高校中青年教师培养行动中优秀青年教师培育重点项目(No. YQZD2024006)和中国海洋大学、中国海洋大学环境科学与工程学院的大力支持,以及各编写人员及实验室成员的大力支持和配合,在此一并表示衷心的感谢。

在本书编写过程中参考了大量资料,在文中难以一一注明,在此对相关作者表示衷心感谢。由于编者知识水平有限,书中不妥之处在所难免,敬请各位读者批评指正。

编　者

2024年10月

CONTENTS 目 录

上篇 基础篇

中篇　课程实验设计篇

下篇　实践案例篇

上篇

基 础 篇

第1章 绪言

1.1 生态环境问题

环境污染和生态破坏是目前人类面临的两大环境问题，它们已经成为影响社会可持续发展、人类可持续生存、人与自然生命共同体的重大问题。

党的十八大将生态文明建设纳入中国特色社会主义事业“五位一体”总体布局，“美丽中国”成为生态文明建设的远景目标。党的十九大把“污染防治攻坚战”列为决胜全面建成小康社会的三大攻坚战之一。党的二十大报告指出：“尊重自然、顺应自然、保护自然，是全面建设社会主义现代化国家的内在要求。”党的十八大以来，国家始终坚持绿水青山就是金山银山的发展理念，坚持山水林田湖草沙一体化保护和系统治理，全方位、全地域、全过程加强生态环境保护，生态文明建设从认识到实践都发生了历史性、转折性、全局性变化，创造了举世瞩目的生态奇迹和绿色发展奇迹。党的十八大以来，始终把解决突出生态环境问题作为民生优先领域，生态文明建设也处于压力叠加、负重前行的关键期，进入提供更多优质生态产品以满足人民日益增长的优美生态环境需要的攻坚期，也到了有条件有能力解决突出生态环境问题的窗口期。进入新发展阶段、贯彻新发展理念、构建新发展格局，对生态文明建设提出了新要求，对生态环境问题的解决需求倍增。

生态环境问题，是指由于生态平衡遭到破坏，导致生态系统的结构和功能严重失调，从而威胁到人类的生存和发展的现象。生态环境的保护和管理对于维持生态平衡、可持续发展以及人类健康都具有重要意义。生态环境问题主要包含以下几个方面。

（1）不合理地开发利用自然资源所造成的生态破坏。

不合理地开发、利用自然资源所造成的环境破坏和资源浪费而形成的生态破坏类环境问题，如由于盲目开耕荒地、滥伐森林、过度放牧、掠夺性捕捞、乱挖滥采、过量抽取地下液体资源等而引起的水土流失，草原退化，地面沉降，土壤沙化、盐碱化、沼泽化，森林面积急剧缩小，矿藏资源遭破坏，水源枯竭，野生动植物资源和水生生物资源日益减少，旱涝灾害频繁，以至流行性、地方性疾病蔓延等问题。典型代表如罗布泊，它曾是我国第二大内陆湖，海拔780米，面积为2 400至3 000 km^2，蕴含各种生命，如今它变成了神秘的令人恐怖的、一望无际的戈壁滩，气温高达70 ℃的天空中不见一只鸟，没有任何飞禽敢于穿越。据悉20世纪20年代国民政府曾将塔里木河改道，致使塔里木河下游干旱，罗布泊注水量减少，而且近30年来塔里木河人口激增，盲目增加耕地用水、修建水库载水及泵站抽水、决堤引水等工程，致使塔里木河下游河道干涸，罗布泊断水，生态环境彻底被破坏。正是由于人类的盲目利用自然资源，破坏了生态平衡，而相关环境问题也正在发生，我国平均每年消失20个湖泊，我国湖泊湿地保护面临严峻挑战。

（2）环境污染加剧。

城市化和工农业高度发展而引起的“三废”（废水、废气、废渣）污染、噪声污染、农药污染等生态环境问题。城市化和工业化进程加速了对自然资源的开发和利用，同时也带来了一系列生态环境问题。具体来说，这些问题包括但不限于：① 废水污染：随着城市化的发展，工业、农业和生活污水的排放量增加，导致水体污染加剧。例如，农业活动中过量使用的肥料和农药会流入河流和湖泊，造成水质恶化。② 废气污染：工业生产和化石燃料的燃烧释放了大量的废气，包括二氧化硫、氮氧化物和臭氧等，这些气体不仅对森林生态系统造成干扰，还会影响城市居民的健康。③ 废渣污染：工业生产过程中产生的固体废物如果处理不当，会对土地和水体造成污染。重金属污染是城市化的常见问题之一。④ 噪声污染：城市交通、工业活动和建筑施工产生的噪声对居民的生活质量造成了负面影响。⑤农药污染：为了满足人口增长带来的食物需求，农业生产中使用了大量的农药和化肥，这不仅降低了土壤肥力，还可能污染水源和食品安全。

（3）资源短缺问题突显。

资源短缺问题突显，这一挑战在多个研究中得到了关注。资源的稀缺性不仅仅是物理上的限制，还涉及经济、社会和环境的多个方面，典型的如水资源短缺、土地资源短缺。

水资源短缺是一个全球性的问题，它涉及水供应无法满足所有部门（包括环境）的需求的情况。这个问题在干旱和半干旱地区尤为严重，这些区域受到干旱和气候变化的影响。人口增长和城市化的加速，导致地下水和地表水的开发增加，用于灌溉、能源生产、工业用途和家庭生活用途，从而增加了对当地、国家和区域水资源的需求压力，引发用户间的紧张和冲突，对环境造成过度压力。水资源短缺的症状包括严重的环境退化、地下水位下降和水资源分配问题的增加。此外，水资源短缺不仅影响蓝水（即水体或含水层中的水）和绿水（即土壤水分），而且还与经济和制度因素有关，这些因素是水资源短缺的决定因素。以下是水资源短缺问题主要关注点：① 全球约有12亿人生活在物理性水资源短缺地区，另有5亿人接近这种情况。② 气候变化和人口增长是导致城市地区淡水可用性下降的主要因素。③ 半干旱地区如地中海地区常见水资源短缺，但在资源过度开发的温带地区也会发生。④ 水资源短缺是由自然因素（如气候变化）和人为干预水循环（如修建大坝和水提取）等综合因素造成的。⑤ 欧洲的水资源短缺和干旱是一个日益增加的现象，影响至少11%的人口和17%的土地。⑥ 到2050年，水资源需求预计将增加55%，约有40%的全球人口将生活在严重水压力的地区。

为了应对水资源短缺，需要采取一系列措施，包括改善水资源管理、增加水资源的再利用、提高水效率和促进可持续的水资源利用。

土地资源短缺是一个全球性的挑战，它涉及自然资源的有限性和人类活动对这些资源需求之间的矛盾。土地资源短缺通常是由人类活动导致的，例如通过森林砍伐来获得更多的耕地或建筑用地，不仅仅发生在地表面积小的国家，即使是地大物博的国家也可能面临这一问题。土地资源短缺还可能导致农业生产成本上升，因为必须转向更低质量的土地，这通常意味着更高的生产成本。同时，土地资源的短缺也与其他资源的短缺相联系，例如水资源和矿产资源，这些都是现代社会和经济发展所必需的。土地资源短缺可能也会加剧社会不平等，因为资源的稀缺可能会使得资源丰富的地区和个人获得更多的经济利益，而资源贫乏的地区和个人则可能面临更大的经济压力。

为了应对土地资源短缺的问题，以下是一些主要的解决策略：促进土地使用效率的提高，例如通过农业创新和更好的土地管理实践来提高单位面积的产出；保护现有的自然生态系统，防止过度开发和不可持续的土地利用；通过国际合作和政策制定来管理土地资源，确保长期的可持续性。推动技术创新，例如精准农业和可持续的土地修复技术，以减少对土地资源的依赖。综上所述，土地资源短缺是一个复杂的问题，需要多方面的努力和国际合作来解决。通过提高土地使用效率、保护自然生态系统、制定合理的政策和推动技术创新，可以在一定程度上缓解土地资源短缺的问题。

（4）全球性环境问题日益突显。

环境问题不再是地方性问题，而是成了区域性和全球性问题。全球性环境问题日益突显，这些问题包括但不限于全球气候变化、全球生态系统退化、生物多样性衰减、新污染环境行为与生态风险等。

① 全球气候变化。气候变化是我们这个时代面临的最紧迫的全球性挑战之一，它已经对地球的自然环境和人类社会造成了深远的影响。根据联合国政府间气候变化专门委员会（IPCC）的最新报告，人类活动导致的温室气体排放已经将地球推向了未知的领域，如果不采取紧急和强有力的行动，未来将面临更加严重和不可逆转的后果。全球气候变化对世界的十大影响为全球变暖、海平面上升、海洋酸化、生物多样性丧失、冰川和冰盖融化、极端天气事件、农业和粮食安全、人类健康、生态系统服务、社会经济发展。

全球变暖是指地球表面和大气平均温度上升的现象，主要由于人类活动增加了温室气体（如二氧化碳、甲烷和氧化亚氮）的浓度，导致太阳辐射被更多地吸收和反射。根据IPCC的报告，2021年全球平均温度比1850—1900年的平均水平高出约1.09 ℃。图1-1表明，自1880年以来全球平均地表温度每十年上升0.14华氏度（℉）。自1981年以来，气候变暖的速度增加了一倍多。气候变化对世界的十大影响是我们不能忽视的现实，它们已经给我们的生活和未来带来了巨大的挑战和威胁。我们需要认识到气候变化的紧迫性和严重性，并采取有效的措施来减缓和适应它们。我们需要加强国际合作和多边主义，落实《巴黎协定》和《2030 年可持续发展议程》，推动低碳、绿色、循环、包容的社会经济转型，保护地球家园，实现人与自然的和谐共生。

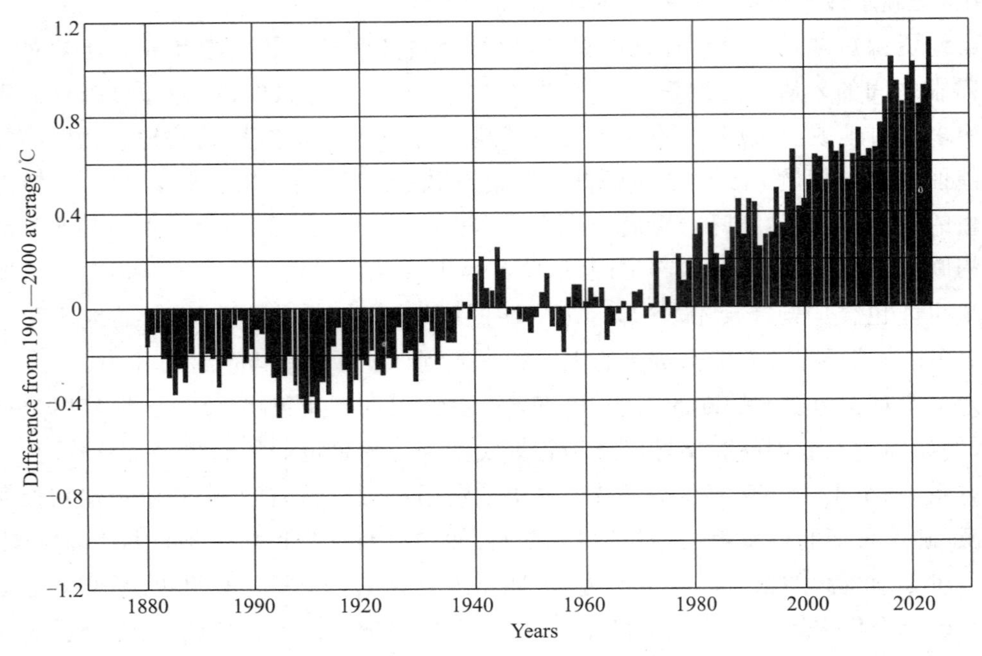

图 1-1　1880—2022 年的年全球气温与 20 世纪的平均气温水平对比图

（图片来源于：美国国家海洋和大气管理局）

② 全球生态系统退化。如大量的原始热带雨林和森林在消失，其生态服务功能在下降。据估算，到 2030 年，全球生态系统退化每年将导致 3 万亿美元损失。第一次工业革命以来，人类利用自然的能力不断提高，但过度开发也导致生物多样性减少，迫使野生动物迁徙，加速野生动物体内病原的扩散传播。21 世纪以来，从非典、禽流感到中东呼吸综合征、埃博拉病毒，再到新冠疫情，全球新发传染病频率明显升高。探索人与自然和谐共生之路，促进经济发展与生态保护协调统一，已经成为全球面临的严峻挑战。

③ 生物多样性的衰减。其主要表现在物种层面上，很多珍稀濒危的物种在消失，甚至走向了灭绝。《生物多样性保护战略与行动计划》给出了生物多样性的定义。生物多样性是指生物包括植物、动物、微生物以及它们所携带的遗传多样性与环境形成的生态复合体，以及与此相关的各种生态过程的总称。生物多样性分为三个层次：生态系统多样性、物种多样性和遗传多样性。现在也把景观多样性作为生物多样性的最高层次，因此生物多样性现在也可分为四个层次。

④ 新污染物环境行为与生态风险。新污染物是 20 世纪末到 21 世纪初西方发达国家在成功治理常规污染物之后，为进一步提高生态环境质量提出的新问题。目前，绝大部分新污染物全球尺度和全国尺度的污染状态还不清楚，不同类别新污染物的排放源和排放清单，在环境多介质和生物体内的存在形态和浓度水平、源汇关系等，都亟待系

统全面地开展调查研究。新污染物主要来源于人工合成的化学物质。如《寂静的春天》一书揭示了滴滴涕(DDT)是具有典型新污染物特征的化学品之一,其危害跨越半个世纪并涉及全球每个角落。从保护生态环境和人体健康出发,欧美日等发达国家自20世纪70年代就开始立法管控有毒有害化学物质的环境风险。1992年巴西里约环境与发展大会《21世纪议程》明确了降低化学品相关全球环境风险计划,随后全球逐步采取行动并管控了一些具有远距离迁移性并可能对全球造成环境和健康危害的新污染物。2015年联合国达成的17项2030年可持续发展目标中,目标3、6和12均涉及新污染物治理,如到2030年,大幅减少有毒有害化学品及空气、水和土壤污染导致的死亡和患病人数等。除具有持久性、生物累积性、致癌性、致畸性等多种生物毒性之外,部分新污染物还具有远距离迁移的潜力,可随着空气、水或迁徙物种等做跨国际边界的迁移并沉积在远离其排放点的地区,造成世界性环境污染问题。对这类新污染物的治理,需要采取全球共同行动。为此,国际社会在2001年通过了《关于持久性有机污染物的斯德哥尔摩公约》。2022年12月29日,中华人民共和国生态环境部、工业和信息化部、农业农村部、商务部、海关总署、国家市场监督管理总局等六部委联合发布《重点管控新污染物清单(2023年版)》(生态环境部令第28号),自2023年3月1日起施行。国家对新污染物做了清晰的界定,主要是指具有生物毒性、环境持久性、生物累积性等特征的有毒有害化学物质。这类物质对生态环境或人体健康存在较大危害,但尚未纳入环境管理或现有管理措施不足。新污染物主要包括持久性有机污染物(POPs)、内分泌干扰物(EDCs)、药品及个人护理品(PPCPs)、微塑料(MPs)等。2022年5月,国务院办公厅印发《新污染物治理行动方案》,围绕国内外广泛关注的新污染物,提出了管控目标和行动举措。2022年9月《云南省新污染物治理实施方案(征求意见稿)》发布。目前,《关于持久性有机污染物的斯德哥尔摩公约》管控的持久性有机污染物已达30种。通过全球行动,其中十余种的生产和使用已在全球被淘汰。新污染物治理行动也是建设美丽中国的需要,是维持中国可持续绿色化学和经济增长的需要。构建中国新污染物治理体系,保护地球家园,有助于实现全球对高品质生活的追求,实现2030年可持续发展目标,实现人与自然和谐共生,构建地球生命共同体。

1.2 环境生态工程的发展历程

环境生态工程的发展历程经历了多个阶段,其核心是将生态学原理应用于环境管理和恢复。以下是其发展的几个关键时期:

① 初始探索阶段:美国生态学家H.T.奥德姆(H.T.Odum)于1962年首先提出“生态工程”概念,这标志着环境生态工程的诞生。生态工程即以从自然系统获得的技术为基础,解决人类社会环境问题的一门工程分支科学,它所需的人类工程技术仅仅起辅助作用,而不是起主要作用;或“对自然的管理就是生态工程,更好的措施是与自然结成

伙伴关系”。

② 理论与实践的结合：20 世纪 70 年代和 80 年代，环境生态工程开始结合理论和实践，如构建湿地和地下水净化等。

③ 学科的成熟与专业化：H.T. 奥德姆的学生米奇（W.J.Mitsch）继承其思想，于 1989 年编撰了世界上第一本生态工程专著《生态工程：生态技术概论》（*Ecological Engineering: An Introduction to Ecotechnology*），并于 1992 年主编创办了《生态工程》杂志。米奇对生态工程的定义是为了人类和自然的相互利益而进行的一种生态系统设计。以上研究进展标志着该领域的专业化。

④ 生态工程的广泛应用：进入 21 世纪环境生态工程开始广泛应用于水文响应、生态修复和可持续发展等领域。

⑤ 中国的生态工程建设：我国著名生态学家马世骏先生 1979 年首先倡导生态工程。他对生态工程下的定义是：生态工程是应用生态系统中物种共生与物质循环再生的原理，结合系统工程的最优化方法设计的分层多级利用物质的生产工艺系统。生态工程的目标就是在促进自然界良性循环的前提下，充分发挥物质的生产潜力，防止环境污染，达到经济效益与生态效益同步发展。它可以是纵向的层次结构，也可以发展为由几个纵向工艺链横连而成的网状工程系统。2006 年以后，中国的生态工程建设步入正轨，2013 年中国政府启动了第二阶段的生态工程建设，投资 160 亿元人民币，是第一阶段的两倍多，进一步扩大和升级了生态工程建设。

⑥ 生态工程与水文系统的相互作用：研究表明生态工程对水文系统的响应并非线性，且不随生态工程强度的增加而增加，而是表现出生态工程的特性。

⑦ 跨学科的整合与发展：生态工程学科不仅多样化，而且深化，涵盖了生命周期评估（LCA）、物质流分析（MFA）等多个领域。

⑧ 教育与实践的融合：环境工程教育开始重视可持续发展，生态工程成为教学内容的一部分，如在城市和区域规划中考虑生态系统的功能等。

这些发展阶段展示了环境生态工程从概念提出到实践应用，再到教育和理论发展的全面进步。它强调了人类社会与自然环境的整合，以及在可持续发展框架下的设计和管理。

1.3 环境生态工程课程任务

环境生态工程课程任务主要包括理论学习、实践训练、案例分析和跨学科融合等多方面内容，以培养学生在环境生态工程领域的综合能力。近年来，很多高等院校在环境工程专业或环境科学专业基础上开设了环境生态工程专业。按照环境生态工程专业课程体系设置，环境生态工程课程是该专业的一门核心课程。环境生态工程课程旨在激励学生综合运用在学习中获得的环境学、生态学、工程学知识，并在团队合作中获得经验，达到解决环境生态工程实际问题的课程目标。现阶段，环境生态工程与传统意义上的环境工程、生态工程有一定的区别和联系，见表1-1。具体而言，环境工程有明确的处理对象，但受时间和空间限制较多；生态工程利用时间和空间的拓展优势，但处理对象往往并不明确，且收效缓慢；而环境生态工程吸收了环境工程和生态工程各自的优势，处理对象具体，具有明确的评价体系，且在时间和空间上对污染物的控制具有量化标准。总之，环境生态工程是一种非传统的、采用生态方法对污染物进行优化处理，是环境科学与工程学科发展到新阶段所产生的工程体系。

表1-1 环境工程、生态工程与环境生态工程课程内容对比一览表

课程名称	生态工程	环境工程	环境生态工程
基本原理	生态工程学原理 生态工程模型 生态工程设计	水污染控制理论 大气污染控制理论 固体废物处置基础理论 噪声控制的基础理论	环境生态工程的生态学原理 环境生态工程的工程学原理 环境生态工程设计基础
水污染控制	湿地生态工程 水体生态保护	水的物理化学处理技术 水的生物化学处理技术 水处理厂污泥处理技术 水回用与废水最终处置	湿地环境、人工湿地设计施工、运行及调试；流域、江河湖库水体污染及其生态控制；地下水体无机、有机污染物等原位生态控制工程
大气污染控制	复合系统生态工程 植物系统生态工程	颗粒污染物控制技术 气态污染物控制技术	大气污染的生态机制 大气污染物生态防治设计 植物对大气污染的抗性及修复
固体废弃物处置及资源化	生态复合系统工程	固体废物与城市垃圾的管理与处理	有机废弃物、农业固体废物、沼气的生物工程处理与资源化
物理性污染防治	生态屏障工程	噪声、振动与放射性污染等其他公害防治与控制	环境生态修复工程
其他应用	生态信息技术应用	环境影响与评价	环境生态工程评价、效益分析
总体比较	涉及多种生态因素、处理技术缺乏系统性、难以量化	污染物的传统处理技术	污染物非传统的、生态的处理技术，要求明确而系统

环境生态工程技术体系是一个跨学科领域，它结合了环境学、生态学、工程学的设计原则，旨在创造可持续的生态系统，这些生态系统能够整合人类社会与自然环境，从而使两者均受益。通过环境生态工程的系统学习，学生不仅可以系统掌握环境工程的基础知识和基本技能，而且在此基础上了解生态学的基本理论并将之应用于解决实际生态环境污染问题，获得实际工程设计、调试、运行管理等方面的实验实训能力，培养环境生态工程专业学生能够适应当今社会相关技术需求。

参考文献

[1] 胡洪营，张旭，黄霞，等. 环境工程原理（第四版）[M]. 北京：高等教育出版社，2022.
[2] 杨保华. 环境生态学（新2版）[M]. 武汉：武汉理工大学出版社，2021.
[3] 朱端卫. 环境生态工程 [M]. 北京：化学工业出版社，2017.

[4] 杨京平. 环境生态工程 [M]. 北京：中国环境科学出版社，2011.

[5] 贺文智，李光明. 环境工程原理 [M]. 北京：化学工业出版社，2014.

[6] 顾卫兵. 环境生态学 [M]. 北京：中国环境出版社，2014.

[7] 曲向荣. 环境生态学 [M]. 北京：清华大学出版社，2012.

[8] 金毓峑，李坚，孙治荣. 环境工程设计基础（第二版）[M]. 北京：化学工业出版社，2008.

[9] LIU J, LI Y P, HUANG J H, et al. An integrated optimization method for river water quality management and risk analysis in a rural system[J]. Environmental Science and Pollution Research, 2015, 23（1）：477−497.

[10] Krzemińska A E, Zaręba A D, Dzikowska A, et al. Cities of the future−bionic systems of new urban environment[J]. Environmental Science and Pollution Research, 2019, 26（9）：8362−8370.

[11] NAYERI S, DEHGHANIAN Z, LAJAYER B A, et al.（2023）. CRISPR/Cas9−mediated genetically edited ornamental and aromatic plants：A promising technology in phytoremediation of heavy metals[J]. Journal of Cleaner Production, 2023, 428：139512.

[12] ABDEL−BASSET M, GAMAL A, ELKOMY O M, et al. Hybrid multi−criteria decision making approach for the evaluation of sustainable photovoltaic farms locations[J]. Journal of Cleaner Production, 2021, 328：129526.

[13] GABRIELLI P, ROSA L, GAZZANI M, et al. Net−zero emissions chemical industry in a world of limited resources[J]. One Earth, 2023, 6（6）：682−704.

[14] XU Z C, CHAU S N, RUZZENENTI F, et al. Evolution of multiple global virtual material flows[J]. Science of the Total Environment, 2019, 658：659−668.

[15] ODUM H T.（1962）. Experiments With Engineering of Marine Ecosystems[M]. Texas：Publication of the Institute of Marine Science of the University of Texas, 1963：374−403.

[16] HALLER H, JONSSON A, FROLING M, et al. Application of ecological engineering within the framework for strategic sustainable development for design of appropriate soil bioremediation technologies in marginalized regions[J]. Journal of Cleaner Production, 2018, 172：2415−2424.

思考题

1. 简述全球性环境生态问题主要包括哪些方面。
2. 试述环境生态工程与环境工程、生态工程的相互联系和区别。
3. 新污染物主要包含哪些类型？试述新污染物的主要治理技术。

第2章 环境生态工程设计基础及基本原理

2.1 环境生态工程设计基础

环境生态工程设计基础涉及了多个层面，包括理解生态系统的结构和功能、资源的可持续利用，以及对环境影响的最小化。环境生态工程设计既要重视系统的自我组织和自我调节，更要重视人为干预与调控，使其可持续发展。环境生态工程设计基础主要包括环境生态工程设计原则、设计依据、设计程序等。根据环境生态工程实施的自然条件、经济条件和社会条件，优化组合各种技术，使之相互联系，形成一个有机体系。

2.1.1 环境生态工程设计原则

环境生态工程设计原则是指导生态恢复和保护项目的一系列理念和方法。这些原则结合了环境学、生态学和工程学的视角，旨在实现人类活动与自然环境的和谐共存。环境生态工程设计原则提供了一个框架，用于评估和创建旨在最大化可持续性的产品、过程或系统的设计元素。设计人员可以使用这些原则作为指导，以确保设计具有实现更可持续发展所需的基本组件、条件和环境。以下是一些关键的设计原则。

（1）因地制宜原则。

因地制宜原则，即根据不同地区的具体条件来制定适应性措施的原则，在环境管理和气候变化适应策略中被广泛认可和应用，主要包含以下四方面内容：① 充分考虑地理环境和资源条件，不同的地方具有不同的自然环境和资源条件，应该根据当地的实际情况，制订符合当地条件的经济发展计划。② 合理利用人力资源和技术条件，当地的人力资源水平和技术条件不同，应该充分利用当地的技术水平和人力资源，避免浪费和不必要的投入。同时，也需要适当地引进外部技术和人才，提高当地经济的水平。③ 考虑历史文化和社会发展阶段，每个地区的历史文化和社会发展阶段不同，需要根据当地文化和社会现实制订相应的发展计划，保持地域特色。④ 经济发展应该遵循可持续发展的原则，根据当地的环境和资源条件，合理规划资源利用和经济发展，实现可持续发展。同时，要合理处理环境保护和经济发展的关系，促进经济和环境的协调发展。

（2）生态系统的整体性原则。

生态系统是一个复杂的整体，环境生态工程需要考虑整体生态系统的相互作用和平衡。生态系统的整体性原则强调了生态系统健康和完整性的多个方面，这些方面包括生态系统的稳定性、可持续性、生物多样性、结构和功能的复杂性，以及对人类需求的满足。生态系统的完整性涉及其组成、结构和功能在自然变化范围内的维持，以及对自然和人为干扰的抵御和恢复能力。以下是生态系统完整性的一些关键原则：① 考虑整个生态系统，而不仅仅是其中的单个组成部分，如树木。② 重视对生物群落重要的结构（生物和非生物）及其生态过程，例如大型死亡树木。实施长期思维，规划的时间跨度不应仅限于 10 年或 20 年。在所有尺度上整合管理。③ 生态系统完整性的评估和监测是确保生态系统健康和可持续性的关键。在森林生态系统的保护管理中，评估系统的自然或历史变化范围内的偏差，是衡量成功或失败的明确指标。同时，生态系统完整性也被认为是气候适应政策和实践中的重要组成部分，有助于揭示气候变化的生物学后果以及哪些应对措施可能有效。④ 此外，生态系统完整性的概念也与社会生态系统的完整性原则相联系，该原则要求平衡人类需求和生态系统的需求。例如，在水资源管理中，需要维持或恢复野生动植物和河岸地区的最小流量，防止和减轻水污染，确保地下水不会被过度开采导致不稳定，以及在水文单元内协调资源使用和影响。总体来说，生态系统完整性原则是生态系统管理和保护的基石，它强调了对生态系统多维度特征的全面考虑，以及在面对自然和人为干扰时的恢复力和自我调节能力。

（3）自然—社会—经济协调发展的原则。

自然—社会—经济协调发展的原则强调了在区域发展中实现经济发展与生态系统保护之间的适当协调，这是实现社会和谐进步的关键。为了维持社会经济子系统和生态环境子系统的协调发展，应始终坚持以下基本原则：预防为主，源头监管，全过程控制，严格的末端处理，以及对违规行为的严厉惩罚。在中国，推动创新和发展的原则包括城乡发展、区域发展、社会经济发展、人类与自然发展以及国内外政策发展的协调。总体而言，实现经济、环境和社会的协调发展对于实现可持续发展目标（Sustainable Development Goals，SDGs）至关重要。可持续发展最早出现于 1980 年国际自然保护同盟的《世界自然资源保护大纲》，表述为“必须研究自然的、社会的、生态的、经济的以及利用自然资源过程中的基本关系，以确保全球的可持续发展”。因此，评估“自然—社会—经济”三大支柱之间的发展水平和相互作用，并在制定国家和区域可持续发展战略时探索关键驱动因素至关重要。

（4）多学科交叉融合原则。

生态学与环境科学的交叉应用在很多领域都有很好的应用，其中最典型的是生态环境系统的保护和修复。环境生态工程领域是多学科交叉研究的主要领域之一。生态学研究的是生物与环境相互作用的规律和机理，而环境科学则着重于人类活动对环境影响的种种行为规律、决策和管理方法。两个学科在研究内容和方法上有很大的区别，但它们都是从生态学的核心概念出发研究环境问题的。生态学的核心概念，即生物与环境相互作用的规律，是环境科学理论和方法论的基础之一。因此，将这两个领域结合起来，有助于更好地预防和治理环境问题。一个生态系统不仅仅是一个物种的聚集体，它也是各种生物及非生物因素互动的复杂网络。一个具备复杂性和多元性的自然系统，是由地球上所有生物和非生物系统所构成的，包括生物圈、地球物理系统、化学过程等，毫无疑问，每个环节都关系到其他环节的平衡。生态学的基本观点是生物界中的各种生物与其周围的环境是一种生态系统。生态问题处理的核心，就在于生态系统构件之间的相互作用关系与其稳定性。环境科学则注重于与生态因素相关联的人文因素，这些人文因素往往是环境破坏的主要因素。环境污染往往起源于人为活动过程中的各种错误行为、有害习惯和生产制度。环境治理的主体是人类，环境治理的目的是改变人类对环境的影响。环境科学通过深入分析导致环境问题的人类因素和原因，为环境问题治理提供更为有效的方法指导。

在生态保护和修复中，环境科学的方法和手段包括直接受理现场环境污染事件，开展对污染源信息的收集、分析和研究，开展环保技术的研究，推广和广泛使用环保技术手段，如新生态工程技术和环保系统工程技术。生态学的方法和手段则体现在准确理解造成生态环境问题的根源原因：物种消失、生态系统破坏，采用生态学原理和方法进行生态保护和恢复。总之，生态学、环境科学以及工程学的交叉应用，真正意义上提升了环境问题的治理水平，尤其在保护自然体系、生态修复和可持续发展等方面（见图 2-1），更具有现实意义，推动这一交叉学科领域的进步，更符合社会发展的需要。

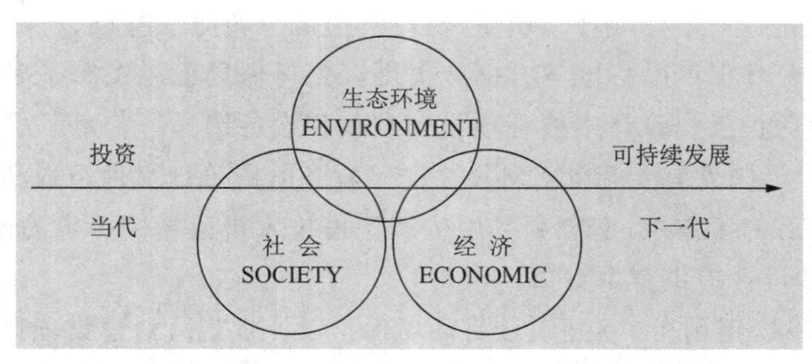

图 2-1　人与自然的和谐统一与经济可持续发展的联系

（5）环境生态工程持续创新原则。

环境生态工程创新原则是指在设计和实施工程项目时，融合生态学和工程学的原则，以促进人类和环境的共同利益。这些原则在过去十年中受到了广泛关注，特别是在海洋基础设施的研究中，如人工礁、风能和波能基础设施以及海岸防御结构。以下是一些关键的环境生态工程创新原则：① 整合生态与工程：设计时应考虑生态系统的健康和完整性，同时满足工程需求。② 使用创新建筑材料：探索和使用对环境影响较小的建筑材料，如生态友好型材料。③ 结构多样性：通过增加结构复杂性来模仿自然环境，提高生物多样性。④ 本地化设计：利用本地能源和材料流，强调设计与当地生态系统的融合和互连。⑤ 生态系统服务恢复：在城市设计实践中融入生态系统过程和功能，以减少环境影响并恢复被忽视的生态系统服务。⑥ 促进生态连接性：考虑城市基础设施对生态过程的局部和更大范围的影响，以及通过生态工程干预来减轻这些影响。⑦ 可持续性和系统思维：工程师需要从专注于技术问题转变为需要综合适应性和参与性方法的可持续性问题。同时，环境生态系统的复杂性和系统性也必须坚持创新研究。

这些原则不仅仅是技术指南，它们还体现了一种对环境负责任的态度和对未来可持续性的承诺。通过这些原则的应用，工程师和设计师可以创造出既满足人类需求又尊重自然环境的解决方案。

2.1.2 环境生态工程设计依据

环境生态工程设计应基于对生态系统服务的深入理解，并将生态学原则与工程和设计实践相结合，以实现可持续性目标。设计过程中应考虑生态系统的脆弱性，以及在社会生态系统中的潜在设计和管理选项。此外，环境生态工程的实践应在信任和共享价值观的组织框架内进行，以确保生态成果的最大化。

环境生态工程的设计依据主要包括：国家、地方及行业有关标准、技术规范、技术指南和政策法规等，环境生态工程项目全面分析和论证的可行性书面报告，政府、企业、协会等的相关批复和委托设计合同等。

环境生态工程主要设计依据中的技术规范制定工作在国外已经开展了多年，国际标准化组织和美国、法国、德国、日本等发达国家已经发布了多项环境生态工程技术规范，各国与环境生态工程服务相关的技术标准是面向产品或服务的自愿性标准，其技术标准类型主要包括：基础标准环境质量、污染物监测分析方法标准、产品与设施性能分析测试标准，以及环保产品标准等方面。美国国家环保局已经发布了多项环境保护设计规范，对环境保护工程设计中的各项设计参数和设备选择等制定了严格的标准和依据。经查询未发现国外有专题针对环境生态工程各阶段设计文件组成和要求的技术规定。因此，在今后的工作中，应加强环境生态工程技术规范相关内容的研究和实践，为环境生态工程的设计提供有力支撑。

我国早在1987年颁布了《建设项目环境保护设计规定》，对建设项目在可行性研究（设计任务书）、初步设计和施工图设计阶段的环境保护篇（章）内容做出过原则性的规定，但目前仍没有针对环境工程各阶段设计文件组成和要求的技术规定。自该规定颁布三十多年来，部分工业行业，如合成纤维、火力发电、橡胶、煤炭、港口、化工矿山、石油化工、通信、水泥、公路、铁路、机械、海上油（气）田、有色金属、饮食、化工等，根据国家环保法规要求，先后修订和出台了本行业的环境保护设计规定或规范，对各自行业的环境保护设计起到了积极有效的作用。现行的行业技术规范均以1987年国家环保总局出台的《建设项目环境保护设计规定》和1998年国务院《建设项目环境保护管理条例》为依据，按清洁生产要求对本行业废气、废水、废渣和噪声的治理提出了原则性要求，并对具体行业产品生产过程污染物的治理工艺和参数做出规定。但未对环境保护设计文件的编制格式和编制要求做规定。

环境生态工程的设计依据应遵循国内外法律法规、有关标准的要求，充分考虑与国家标准的协调问题，并趋向与国际标准接轨，在遵照国家在工程设计方面相关规定的前提下，结合不同生态环境领域的特点进行编制。

2.1.3　环境生态工程设计流程

环境生态工程是指通过工程的手段，采取技术措施，结合生态系统的规律，改善环境，促进生态系统平衡发展的综合技术措施。环境生态工程设计流程是一个综合性的过程，它涉及从项目概念的形成到施工完成以及后续的性能评估各个阶段。环境生态工程设计流程是一个迭代的过程，它要求设计团队在整个项目周期内不断地评估和整合生态学、工程学、经济学和可持续性发展原则。

环境生态工程因跨行业、多种类，不同环境污染治理与修复领域或不同设计单位编制的设计文件的编制形式和格式往往依附于原有行业的编制习惯。根据统一化和简化的标准化基本原理，编制过程中将收集到的文件资料的共性要素提炼出来进行一致性规定；对环境生态工程设计文件各组成部分进行适用性、合理性分析，根据环境设计工程设计需要对文件格式进行必要的规范、优化和精简组合，对设计文件的编制要求进行统一规定，突出主要内容，保证设计文件的编制质量。环境生态工程设计基本流程见图 2-2。

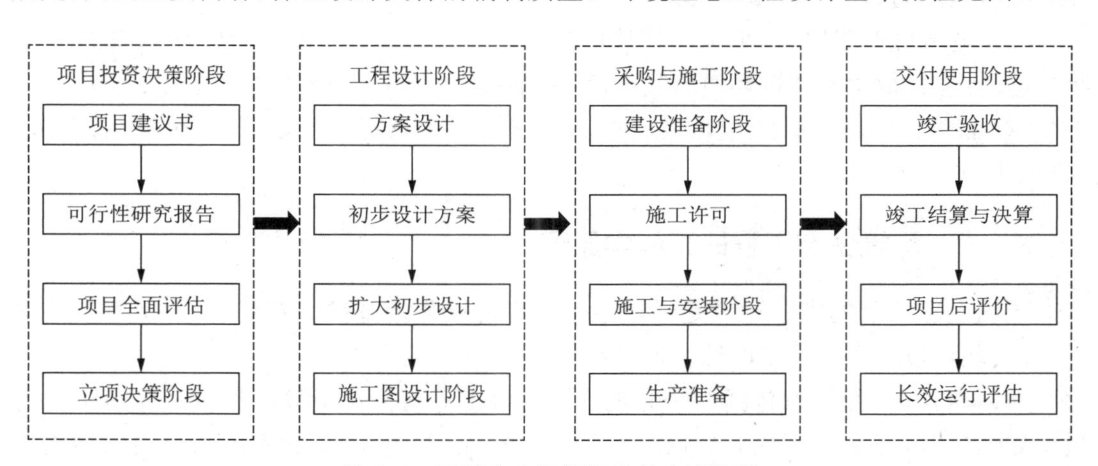

图 2-2　环境生态工程设计基本流程图

2.2　环境生态工程基本原理

环境生态工程的设计要按照环境生态工程的原理，特别是整体、协调、自生、循环的原理，以生态系统自组织、自我调节功能为基础，在人类的辅助下，充分利用自然生态系统功能来完成这一过程，即“道法自然”，按照物质在自然界迁移、转化、流动与循环的规律，积极地调控其生态系统的结构和功能。根据涉及的学科和方向不同，具体可分为生态学原理、工程学原理和经济学原理。

2.2.1 环境生态工程的生态学原理

生态学原理是环境生态工程中非常重要的一个方面。生态学原理涉及生态学的基本概念和原则，强调生物群落、生态系统和生态学过程对环境、资源保护和可持续发展的重要性。其中，生物群落是同一生境下有机体能够互相作用及其环境的总体，由组成生境中植物、动物、菌类等生物个体形成。生态系统是生物群落与生态环境相互作用而成的一个整体，是自然界中最基本的生态单位。生态学过程是指生态系统中产生、转化和存储物质与能量的过程，包括物质循环、事件循环、能量流动等。通过系统设计、调控和技术组装，对已被破坏的生态环境进行修复、重建，对造成环境污染和破坏的传统生产方式进行改善，并提高生态系统的生产力，从而促进人类社会和自然环境的和谐发展。主要的生态学原理如下。

（1）物质循环再生原理：物质在生态系统中循环往复、分层分级利用，如无废弃物农业。意义：可避免环境污染及其对系统稳定性和发展的影响。

（2）物种多样性原理：物种繁多而复杂的生态系统具有较高的抵抗力稳定性，如“三北防护林”建设中的问题。意义：生物多样性程度可提高系统的抵抗力稳定性，提高系统的生产力。

（3）协调与平衡原理：生物与环境的协调与平衡问题，环境承载力问题，如过度放牧。意义：生物数量不超过环境承载力，可避免系统的失衡和破坏。

（4）整体性原理：综合考虑社会—经济—自然复合系统。意义：统一协调各种关系，保障系统的平衡与稳定。

2.2.2 环境生态工程的工程学原理

环境生态工程的工程原理是环境生态工程的操作性基础，借助于工程手段和技术手段，实现环境和生态系统的综合治理和修复。

具体而言，工程原理包括三个方面：① 物料衡算与能量衡算。物料衡算是指利用质量守恒原理，对某一环境系统内各种物质的输入、输出、积累和不同物质间的转化关系进行质量平衡关系分析和定量计算的一种方法；能量衡算是指利用能量守恒原理，对某一环境系统内的能量输入、输出和转化平衡关系进行分析和定量计算的一种方法。② 微观过程解析。微观过程解析是指对某一宏观现象（过程），如吸附、吸收等分离过程和固相催化反应等转化过程进行剖析，揭示宏观现象（机理）的产生机制和微观步骤（微观过程）。③ 变化速率的数学表达。目的是实现宏观过程的定量计算，它是工程设计计算的基础。客观分析和掌握各个微观过程往往是建立数学表达的前提，但通常需要对微观过程进行科学、合理的简化，才能得到具体的数学表达式，同时大幅度简化计算过程，提高设计计算效率。

2.2.3 环境生态工程的经济学原理

环境生态工程的经济学原理主要是从生态规律和经济规律的结合上来研究人类经

济活动与自然生态环境的关系。通过经济学原理的应用旨在实现经济生态化、生态经济化和生态系统与经济系统之间的协调发展并使生态经济效益最大化。形成生态学与经济学的交叉融合。

（1）可持续发展原则是生态经济学的核心原则之一。它要求经济的发展不应削弱生态环境的稳定性和健康性，而应保护和改善生态环境。可持续发展原则包括以下几个方面：① 经济发展应符合生态系统的容量。人类活动应在生态系统的承载能力范围内进行，避免对生态环境造成破坏。② 基于世代公平原则。经济发展应考虑到不同时期和不同地区居民的利益，确保子孙后代能够享受到可持续的经济繁荣和健康的生态环境。③ 经济发展应注重生态系统的恢复和保护。通过生态修复、生态补偿等手段，促进生态环境的恢复和保护。

（2）生态资源再生原则。生态资源再生原则是生态经济学的重要原则之一。它强调了重要的生态资源如水、土壤和森林等是可再生资源，应当通过合理管理和保护来实现其再生能力。合理利用水资源。水是生命之源，对于经济和生态的发展都至关重要。生态经济学倡导减少水资源的浪费和污染，提倡节约用水，发展水资源再生利用技术。保护和恢复土壤。土壤是农业生产的基础，也是生态系统的重要组成部分。生态经济学鼓励采用可持续的农业生产方式，减少化肥和农药的使用，保护和恢复土壤的肥力。保护和管理森林资源。森林是重要的生态系统，在气候调节、水源涵养、土壤保持等方面发挥着重要作用。生态经济学倡导可持续的林业管理，包括植树造林、合理采伐、保护原始森林等措施。

（3）循环经济原则。循环经济原则是生态经济学的另一个重要原则，它强调将资源的利用过程设计为一种循环的过程，通过回收、再利用和再生产，减少资源的消耗和废物的排放。① 发展循环产业链。循环经济鼓励建立循环产业链，将废弃物转化为资源，通过废物回收和再利用，减少对原材料的需求，降低资源的消耗。② 推广生态设计。生态经济学倡导通过生态设计来降低产品的环境影响。生态设计包括设计耐用性强、易于拆解和回收利用的产品，减少废物的产生。③ 发展清洁生产技术。通过使用清洁生产技术，减少废物和污染物的产生。清洁生产技术包括节能减排、废物减量等措施。

（4）多元经济主体原则。多元经济主体原则强调经济发展需要多元化的参与主体。生态经济学认识到政府、企业、市场和社会组织等各方的参与和合作对于实现可持续发展至关重要。① 政府的引导。政府在可持续发展中具有重要的引导作用，可以通过制定环境法规、提供经济激励政策等手段来推动经济的可持续发展。② 企业的责任。企业在经济发展中具有重要作用，应当履行社会责任，采取环境友好的经营方式，同时承担生态环境保护的责任。③ 市场机制的调节。市场机制在资源配置中起到重要的作用，通过价格机制和市场竞争，可以促进资源的高效配置和环境友好的生产方式。④ 社会组织的参与。社会组织在环境保护和可持续发展中发挥重要作用，通过社会参与和合作，可以推动环境保护的实施和监督。

（5）系统思维原则。系统思维原则是生态经济学的重要方法论基础，它认识到经济和生态是相互作用、相互影响的系统，需要综合考虑和分析。① 综合分析的方法。生态经济学倡导综合分析的方法，将经济、社会和环境的因素综合考虑，通过系统思维来解决经济发展和生态环境保护之间的矛盾。② 闭环思维的应用。生态经济学倡导采用闭环思维，将经济系统和生态系统视为一个整体，通过循环和反馈机制来实现经济和生态的协调发展。③ 长期视野的应用。生态经济学强调长期视野，不仅关注当前的经济和环境问题，还需要考虑未来的发展和后代的福祉。

综上所述，环境生态工程经济学的基本原理包括可持续发展、生态资源再生、循环经济、多元经济主体和系统思维等原理。这些原理提供了理论和方法指导，帮助我们在经济发展的过程中保护和改善生态环境，实现可持续发展的目标。

2.3 环境生态工程设计技术路线

环境生态工程设计技术路线是一种多学科、整合性的方法，旨在创造可持续的、对人类社会和自然环境都有益的生态系统。这要求工程师、设计师、生态学家和政策制定者之间进行紧密合作，以确保生态工程项目的成功实施。环境生态工程是一种综合利用生物、非生物和生物与非生物相互作用的手段，通过模拟和调节自然生态系统的结构、功能和动态过程，以改善环境质量、保护生物多样性和维持生物圈的一种工程方法。环境生态工程设计技术路线主要设计要点如下。

（1）系统边界确定。

在定义环境系统边界时，需要考虑多种因素，包括研究的目标、范围、所选场景以及系统的空间和时间尺度。正确地定义系统边界对于准确评估环境影响至关重要。环境系统边界是指在进行环境影响评估时，确定研究系统与周围环境之间的界限。在不同的研究和评估框架中，系统边界的定义和应用各有不同。在进行场景分析时，系统边界的仔细选择非常重要，不同的系统边界可能会显著影响结论。系统边界的空间和时间范围可以被视为社会环境系统的第一约束，这些边界可能会发生变化，涉及的人们应该参与到系统重新定义的过程中。因此，在环境生态工程设计时，确定环境系统边界至关重要。

（2）环境问题识别和目标设定。

在设计和实施环境生态工程之前，首先需要明确环境问题和设定目标。将需要解决的环境问题进行明确和量化，并确定环境生态工程的目标，如恢复受损生态系统的功能，改善水质或减少土壤侵蚀。

（3）数据收集与分析。

收集与问题相关的各种基础数据，包括气象、水文、气候、地质、土壤和生物等方面的数据。通过对数据的分析和评估，了解环境条件和生态系统的特点，为环境生态工程的设计提供基础。

（4）方案设计。

根据环境问题和目标设定，进行环境生态工程的方案设计。方案设计应考虑生态系统的稳定性、可持续性和适应性，并结合环境质量标准和法规进行设计。

（5）实施和监测。

根据方案设计的目标和要求，开始实施环境生态工程。实施过程中需要注意以下几点：确保环境生态工程的质量和安全，遵循相关的工程规范和操作程序；定期对环境生态工程进行监测和评估，了解工程的进展和效果。监测内容包括水环境质量、土壤质量、植物生长情况等；根据监测结果调整和优化生态工程的设计和实施，以提高工程的效果和可持续性。

（6）运行和维护。

环境生态工程维护是指采取技术措施，定期进行环境生态工程的维护，确保工程长期有效运行。

综上所述，设计和实施环境生态工程需要经过问题识别和目标设定、数据收集和分析、方案设计、实施和监测、运行和维护等一系列步骤。这些步骤有助于确保环境生态工程的效果和可持续性，保护环境并提高生态系统的健康状况。环境生态工程设计中，始终以解决特定的环境问题为目标，围绕重建生态系统这一核心进行，改进或重建系统的结构和功能，实现生态系统结构和功能的统一，最终建立具有完备生态功能的工程体系。环境生态工程在解决环境问题和实现可持续发展方面具有重要的作用。

参考文献

[1] DUNLOP T, GLAMORE W, FELDER S, et al. Restoring estuarine ecosystems using nature-based solutions: Towards an integrated eco-engineering design guideline[J]. Science of The Total Environment, 2023, 873: 162362.

[2] HASKELL B D, NORTON B G, COSTANZA R, et al. What is ecosystem health and why should we worry about it [M]. Ecosystem health: New goals for environmental management. Washington: Island Press, 1992: 3-20.

[3] WOODLEY S J, KAY J, FRANCIS G. Ecological integrity and the management of ecosystems[J]. Estuaries, 1993, 20(1): 249-258.

[4] KHATUN R, Reza M I H, MONIRUZZAMAN M, et al. Sustainable oil palm industry: The possibilities[J]. Renewable and Sustainable Energy Reviews, 2017, 76: 608-619.

[5] ELSEN P R, OAKES L E, CROSS M S, et al. Perspective priorities for embedding ecological integrity in climate adaptation policy and practice[J]. One Earth, 2023, 6(6): 632-644.

[6] LARSON K L, WIEK A, KEELER L W, et al. A comprehensive sustainability appraisal of water governance in Phoenix, AZ[J]. Journal of Environmental Management, 116: 58-71.

[7] OSHAUGHNESSY K A, HAWKINS S J, EVANS A J, et al. Design catalogue for eco-engineering of coastal artificial structures: a multifunctional approach for stakeholders and end-users[J]. Urban Ecosystems, 2020, 23(2): 431-443.

[8] Thomas Dunlop, William C Glamore, Stefan Felder. Restoring estuarine ecosystems using nature-

based solutions: Towards an integrated eco-engineering design guideline [J]. Science of the Total Environment, 2023, 873: 162362.

[9] BRIDGES T S, SUEDEL B C, VIANA P, et al. Engineering With Nature: An Atlas[M]. U.S. Army Corps of Engineers, 2018.

[10] SCEMAMA P, LEVREL H. Influence of the Organization of Actors in the Ecological Outcomes of Investment in Restoration of Biodiversity[J]. Ecological Economics, 2019, 157: 434-443.

[11] MORRIS R L, PORTER A G, FIGUEIRA W F, et al. Fish-smart seawalls: a decision tool for adaptive management of marine infrastructure[J]. Frontiers in Ecology and the Environment, 2018, 16(5): 278-287.

[12] 中华人民共和国国务院.《建设项目环境保护管理条例》(2017 年修订)[Z].

[13] YAN J S, ZHANG Y S, WU X Y. Advances of ecological engineering in China[J]. Ecological Engineering, 1993, 2(3): 193-215.

[14] BIAN H Y, GAO J, WU J G, et al. Hierarchical analysis of landscape urbanization and its impacts on regional sustainability: A case study of the Yangtze River economic belt of China[J]. Journal of Cleaner Production, 2021, 279: 123267.

[15] WAINSTEIN M E, DANGERMAN J, DANGERMAN S. Energy business transformation & Earth system resilience: A metabolic approach[J]. Journal of Cleaner Production, 2019, 215: 854-869.

思考题

1. 简述环境生态工程的设计原则。
2. 环境生态工程设计流程,并画出简要流程图。
3. 环境生态工程设计的技术路线主要设计要点。

第3章

地表水环境生态工程

地表水(surface water)是指存在于陆地表面的河流(江河、运河及渠道)、湖泊、水库等地表水体以及入海河口和近岸海域。地表水质量的变化通常受到自然条件和人类活动的共同影响,地表水域对人类活动极为敏感,因为它们直接接收来自家庭生活、工业和农业的污水排放。

2022 年,全国地表水环境质量持续向好。全国地表水监测的 3 629 个国控断面中,Ⅰ～Ⅲ类水质断面占 87.9%,比 2021 年上升 3.0 个百分点;劣Ⅴ类水质断面占 0.7%,比 2021 年下降 0.5 个百分点。主要污染指标为化学需氧量、高锰酸盐指数和总磷。总体水质状况见图 3-1。

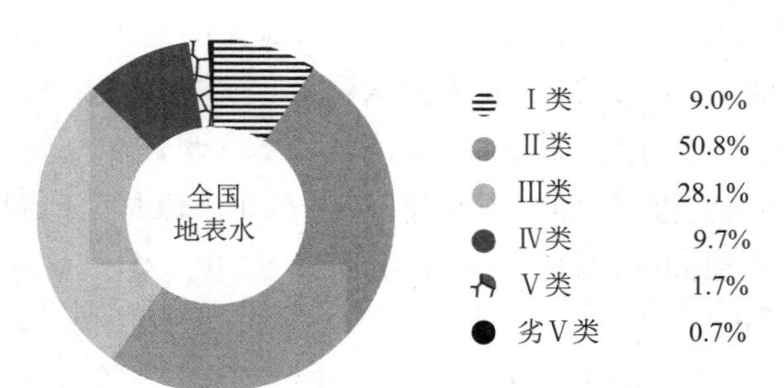

图 3-1　2022 年全国地表水总体水质状况

(注:数据来源于《2022 中国生态环境状况公报》)

3.1 湖泊水环境生态工程

3.1.1　湖泊及其污染概况

(1)湖泊概况。

湖泊是地球上重要的淡水蓄积库,地表上可利用的淡水资源 90%都蓄积在湖泊里。因此湖泊与人类的生产、生活密切相关,具有很重要的社会、生态功能,如调水防洪,生产、生活水源地,水产养殖,观光旅游等。同时,一些湖泊还是生物多样性最为丰富的湿地生态系统的一部分，为各种生物提供了宝贵的栖息地。湖泊可分为自然湖泊、人工湖泊（水库）。由于湖泊特定的水文条件，如流速缓慢、水面开阔等，使湖泊在水环境性质、物质循环、生物作用等方面与河流等水环境有不同的特征。

湖泊是在一定的地理环境下形成和发展的，湖泊的形成必须具备两个最基本的条件，即湖盆和湖盆中所蓄积的水。在地理学中，通常以湖盆的成因作为湖泊成因分类的依据。湖泊是在内、外力作用下形成的，具体分类见图 3-2。

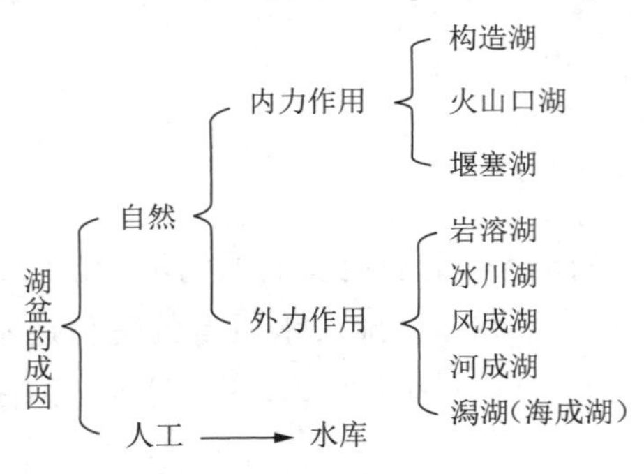

图 3-2　湖泊按成因分类

中国湖泊众多，共有湖泊 24 800 多个，其中面积在 1 km^2 以上的天然湖泊就有 2 800 多个。主要集中在长江中下游地区。按面积排前五位的湖泊是青海湖、鄱阳湖、洞庭湖、太湖和呼伦湖。我国湖泊数量虽然众多，但在地区分布上很不均匀。总的来说，东部季风区，特别是长江中下游地区，分布着中国最大的淡水湖泊群；西部以青藏高原湖泊区较为集中，多为内陆咸水湖。其中纳木错是世界上海拔最高的大湖，青海湖是我国第一大咸水湖。此外，鄱阳湖、洞庭湖、太湖、洪泽湖、巢湖合称为我国五大淡水湖。

中国湖泊可分为五大湖区，即东部平原湖区、东北平原与山地湖区、蒙新高原湖区、青藏高原湖区、云贵高原湖区，其中以青藏高原和长江中下游平原分布最为集中。

（2）湖泊污染概况。

湖泊污染是指由于污水流入使湖泊受到污染的现象。当汇入湖泊的污水过多超过湖水的自净能力和湖泊水环境容量时，湖水发生水质的变化，使湖泊环境严重恶化，出现了富营养化、有机污染、湖泛、湖面萎缩、水量剧减、沼泽化等环境问题。近年来，随着我国经济的快速发展，对湖泊资源的开发、利用规模和速度都大大提高，影响了湖泊的自然进化过程，对湖泊生态系统造成严重的破坏。随着我国社会经济和城市化进程的快速发展，湖泊水环境污染问题日益突出。根据全国水资源综合规划评价成果，全国 84 个代表性湖泊营养状况评价结果表明：全年有 44 个湖泊呈富营养化状态，占评价湖泊总数的 52.4%，其余湖泊均为中营养状态。湖泊保护与污染治理已成为我国环境保护的重点，加大污染源控制在一定程度上遏制了污染和生态环境恶化的势头，但根据国家的经济发展和未来规划，湖泊污染和退化的形势不容乐观。

湖泊污染源可分为外源和内源。从一开始，湖泊外源污染的控制和治理就引起人们的重视。经过多年的研究和实践，外源控制技术已取得一定成效。但外源控制并没有实质性改变湖泊受污染的状况，很多研究表明，这是由于湖泊沉积物中污染物的释放造成的，特别是内源磷释放造成的湖泊富营养化问题。因此，内源控制技术逐渐引起人们的重视。湖泊污染来源分类见图 3-3。

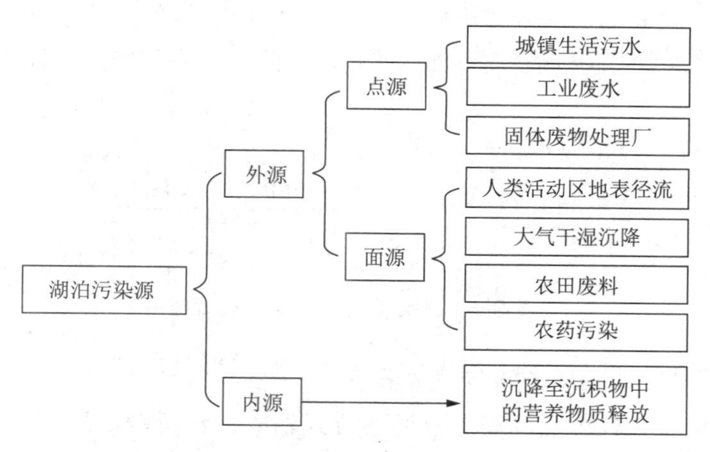

图 3-3　湖泊污染来源分类

2022 年，全国开展水质监测的 210 个重要湖泊（水库）中，Ⅰ～Ⅲ类水质湖泊（水库）占 73.8%，比 2021 年上升 0.9 个百分点；劣Ⅴ类水质湖泊（水库）占 4.8%，比 2021 年下降 0.4 个百分点。主要污染指标为总磷、化学需氧量和高锰酸盐指数。开展营养状态监测的 204 个重要湖泊（水库）中，贫营养状态湖泊（水库）占 9.8%，比 2021 年下降 0.7 个百分点；中营养状态湖泊（水库）占 60.3%，比 2021 年下降 1.9 个百分点；轻度富营养状态湖泊（水库）占 24.0%，比 2021 年上升 1.0 个百分点；中度富营养状态湖泊（水库）占 5.9%，比 2021 年上升 1.6 个百分点。2022 年中国重要湖泊营养状态见图 3-4。

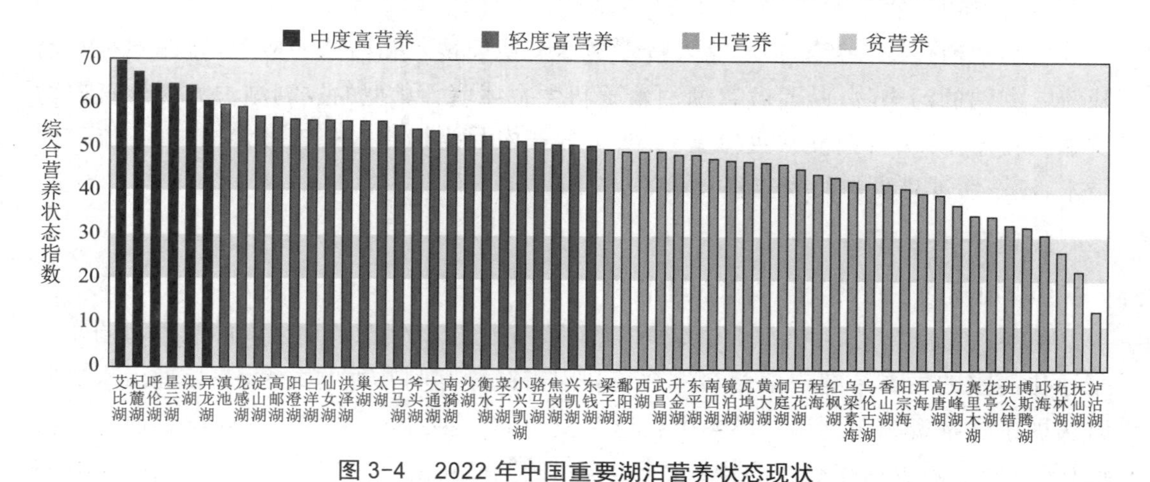

图 3-4　2022 年中国重要湖泊营养状态现状

3.1.2　湖泊水环境生态工程

湖泊水环境生态工程是指运用生态工程的原则和方法，对湖泊水环境进行保护、修复和管理的一系列活动。这些活动旨在改善湖泊的水质，增强其生态系统服务功能，同时确保社会经济活动的可持续发展。湖泊水污染防治的总体思路如下：污染源系统治理→流域清水产流机制修复→湖泊水体生境改善→流域管理，概括为控源截污结合治理修复。按照污染来源控制方式可将湖泊水环境生态工程分为三大类，分别为控制外源性营养物质输入、控制内源性营养物质输入、去除湖泊水体中的营养物质。见图 3-5。

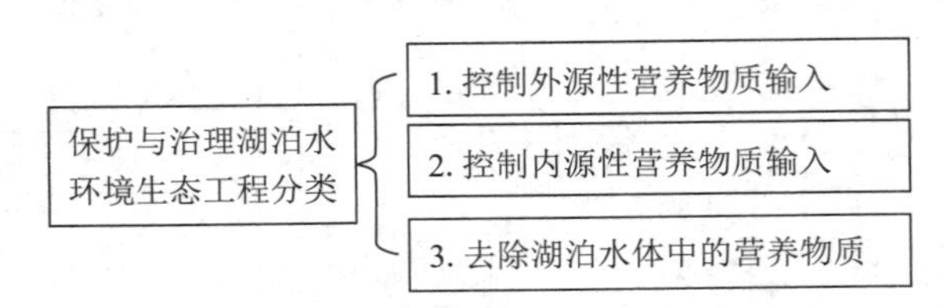

图 3-5　湖泊水环境生态工程分类

3.1.2.1　控制外源性营养物质输入技术

外部营养物质一般以点源和非点源的方式输入湖泊，控制湖泊的外源污染措施分为控制点源营养物质和控制面源营养物质等措施。控制外源性营养物质输入技术是指一系列方法和措施，旨在减少外部营养物质（如氮和磷）进入生态系统，特别是湖泊和水库，以防止或减轻富营养化现象。生态系统功能的内源性和外源性控制之间的相互作用，其中外源性输入如营养物质和有机物可以在不同时间尺度上影响生态系统的控制。绝大多数水体富营养化主要是外界输入的营养物质在水体中富集造成的。为此，首先应该着重减少或者截断外部营养物质的输入，控制外源性营养物质，重点控制人为污染源。控制外源性营养物质输入的技术和策略是多方面的，涉及农业管理、水域管理、自动化监测和调节系统、生态工程以及生物技术等的应用。这些方法的共同目标是减少外源性营养物质的输入，从而减轻或预防湖泊和水库的富营养化。

控制湖泊外源性营养物质输入技术是指一系列技术和措施的应用，旨在减少或消除流入湖泊的污染物，从而改善湖泊水质和生态环境。典型的控制湖泊外源性营养物质输入技术主要有：菌藻共生库塘系统、分散式农村生活污水处理技术、农田径流阻控技术、湖滨缓冲带生态修复工程技术等。

1. 菌藻共生系统

（1）菌藻共生系统污水处理机理。

菌藻共生系统是一种利用藻类和细菌两类不同生物代谢活动之间的生理协同作用来净化污水的生态系统。菌藻共生系统利用了菌藻互利共生的关系，在处理污水的同时实现了生物资源化利用。微藻生长速度快，它有能力将 CO_2 转化为化学物质和生物燃料，有助于减少温室气体的排放，处理废水的同时可生产生物燃料，从微藻中获取的生物燃料是化石燃料的可持续替代能源，从废水处理中收获的微藻生物质也可以转化为有价值的生物产品，相较于传统工艺更具有更好的成本效益，菌藻共生系统是一种可持续的、经济有效的污水处理技术。

① 有机物去除机理。异养细菌和兼性微藻将含碳污染物氧化分解，产生 CO_2。一

部分 CO_2 散发到大气中，另一部分被微藻吸收利用，被微藻吸收的 CO_2 在羧基歧化酶的作用下，通过卡尔文循环转化为有机物固定在细胞内。当污水 pH 大于 7 时，污水中的碳主要以碳酸氢盐的形态存在，微藻可利用碳酸酐酶将其吸收至细胞内，转化为 CO_2 后进行固定利用。兼性微藻可以同时进行呼吸和光合作用，完成污水中含碳污染物去除。微藻通过光合作用可以给细菌提供 O_2，细菌通过呼吸作用产生的 CO_2 可供微藻光合作用，微藻和细菌达成互利共生的关系。

对于毒性大、成分复杂的难降解性有机物，包括有机氰化物(腈类)、有机农药、有机染料、抗生素类药物废水等。一般的生物处理方法很难将其降解，同时此类污染物的存在能对微生物产生毒性作用或者抑制微生物生长，影响污水处理过程。共代谢技术是基于非专一性关键酶的产生和作用生物处理难降解有机物的有效技术之一，但受诱导基质浓度的影响，且难降解有机物浓度高时，也会影响微生物活性。藻类可以有效地富集和降解多种难降解有机化合物，如抗生素、有机氯、农药、偶氮染料。研究表明，栅藻能通过生物解有效降解卡马西平，且当卡马西平浓度达 100 mg/L 时，仅有 30% 的藻类生长受到抑制，微藻对高浓度难降解有机物有较好的耐受能力。构建结合细菌和微藻联合处理难降解有机物特点的菌藻共生系统，能实现此类污染物的有效去除。菌藻系统处理抗生素类难降解有机物时，主要是通过细菌和藻类两方面的作用。细菌能通过生物降解、吸附、挥发、水解和矿化等去除抗生素，但通过吸附、挥发、水解和矿化去除的量相对较小，主要是通过生物共代谢去除抗生素。由于藻类对抗生素的耐受浓度远高于细菌类微生物，利用菌藻系统处理抗生素类难降解有机物时，菌藻之间的共生关系能增强细菌的活性，提高系统对抗生素的耐受能力。

② 氮、磷去除机理。相关细菌利用微藻产生的 CO_2 依次通过氨化反应、硝化反应将含氮有机污染物转化为 NH_4^+、NO_2^- 和 NO_3^-，最终在厌氧条件下经过反硝化作用将其转变为 N_2，实现氮的去除。废水中的氮主要以 NH_4^+、NO_2^- 和 NO_3^- 等形式存在，它们是微藻最常用的无机氮源。在无机氮源中 NH_4^+ 作为一种还原形式的氮会优先被微藻利用，因为在其同化过程中消耗的能量较少。微藻还可以消耗各种溶解的有机氮，如氨基酸、尿素、嘌呤、嘧啶、甜菜碱、蛋白胨以及某些多肽和蛋白质。微藻对氮的优先利用顺序为 $NH_4^+ > NO_3^- > NO_2^- >$ 尿素，同化后的氮元素进一步转化为蛋白质、RNA 和 DNA 等有机物，促进微藻的生长繁殖。磷存在于微藻的脂质、核酸和蛋白质中，对微藻的能量代谢和生长繁殖起着重要作用。在微藻代谢过程中，无机磷以 HPO_4^{2-} 和 $H_2PO_4^-$ 的形式通过磷酸化转化为有机化合物。菌藻共生系统主要是利用某些微藻和细菌(如小球藻和不动杆菌)过量吸收磷的能力去除磷。此外，磷在碱性条件可以和废水中的 Ca^{2+} 和 Mg^{2+} 形成沉淀从而去除磷。藻类分子式近似为 $C_{106}H_{263}O_{110}N_{16}P$，微藻在生长过程中主要以 CO_2 为碳源，通过细胞中叶绿素的光合作用把污水中的 NH_4^+、NO_3^-、NO_2^-、$H_2PO_4^-$ 等无机离子和尿素等有机物质所含有的 N、P 等元素缔合到碳骨架上，微藻同化 NH_4^+ 的反应式如下：

$$16NH_4^+ + 92CO_2 + 92H_2O + 14HCO_3^- + HPO_4^{2-} \xrightarrow{\text{光照}} C_{106}H_{263}O_{110}N_{16}P + 106O^2$$

由于微藻以 CO_2 为碳源进行光合作用，因此污水中的 CO_2 含量减少，pH 升高，导致氨氮挥发增加，磷酸盐与水中的钙离子在高 pH 条件下形成磷酸钙沉淀，从而实现氮磷的有效去除。

③ 重金属去除机理。微藻主要通过吸附法去除废水中的重金属。微藻细胞表面含有羟基(-OH)、羧基(-COOH)、氨基($-NH_2$)和巯基(-SH)等官能团，可通过物理方式将金属阳离子吸附在其表面，金属离子还可以通过微藻细胞膜转运进入细胞质。微藻细胞内的聚磷酸盐还能储存并积累 Cd、Hg、Ni、Cu、Pb、Zn 等金属。此外，微藻和细菌可产生胞外聚合物(Extracellular Polymeric Substances, EPS)，在藻细胞表面形成一层带负电的物质，进而加强对细胞外金属离子的吸附。微藻还可以通过进行光合作用提高水体的 pH，使金属离子形成沉淀得以去除。菌藻共生系统能有效去除重金属，主要是因为相比细菌类微生物，微藻对重金属有较高的耐受力，从而能提高该系统对重金属的去除效果。微藻吸附重金属常见的机理主要是离子交换机理和络合机理。阳离子可与分子或带有自由电子对的阴离子(碱基对)起络合或螯合反应。络合物则是经过污水中的金属阳离子与细胞里的蛋白质、脂类及多糖中带负电荷的官能团络合而形成的。离子交换作用主要是污水中所含有的金属阳离子将藻类细胞壁上的质子置换出，而其他金属离子则通过离子间的静电引力作用或通过配位键吸附在细胞壁表面上。重金属在高浓度下对微藻的毒性效应主要表现为：影响藻类的生长代谢、抑制光合作用、减少细胞色素、导致细胞畸变、改变自然环境中的藻种组成等。

④ 病原体去除机理。菌藻共生系统去除废水中病原体的机理包括营养物质的竞争、pH 和溶解氧水平的升高、藻类毒素等。微藻吸收废水中氮磷营养物和碳源，和病原体形成竞争关系。微藻与病原体之间的营养竞争最终导致病原体的死亡。微藻进行光合作用消耗 CO_2 以及微藻对 NH_4^+ 的吸收通常会导致 pH 的升高，因为 NO_3^- 还原为 NH_4^+ 会产生 OH^-，此外由于大气中 CO_2 的转移和微生物的氧化过程，废水的 pH 会进一步升高，从而导致病原体死亡。pH 的波动会对大肠菌群的生存产生不利影响，因此能有效去除水体中的大肠菌群，如大肠杆菌、肠球菌和产气荚膜杆菌；微藻通过光合作用可将水体的 DO 值提高至 0.5 mg/L 以上，从而抑制病原体的生长繁殖。此外，绿藻可以通过分泌叶绿素 a 来清除大肠菌群。

(2) 菌藻共生系统影响因素。

① 光照。光合作用是藻类生长繁殖的基础，藻类通过光作用提供能量并合成自身需要的营养物质以保证自身生长。当控制其他环境条件不变的情况下，藻类的生长速率会随着光强的升高而升高。但这种变化趋势是有一定范围的，这一范围称之为适光范围。适光范围的上限叫作最适光照强度，也被称为饱和光照强度。适光范围的下限叫作补偿光照强度。当光照强度低于下限时，藻类无法正常生长；当光照范围正好等于下限时，呼吸作用吸收的氧与光合作用释放的氧相等，藻细胞只能维持基础代谢，也不能生长。当光照强度大于补偿光照强度时，微藻开始生长。光照强度与光照时间像这样相互调节，可以使藻类更适应环境的变化，有利于藻类的生长繁殖。藻类的生长满足

光间歇原理，即在光暗交替的环境下的生长效率要高于一直光照的生长效率。每种藻类都有其最适宜的光照周期。

② 营养物质。每种藻类的最适氮磷比都有所不同，当环境中的氨氮浓度过高时会抑制藻类的生长，但高浓度的氮可以使藻类长时间保持绿色。另外光照与氮源之间有一定的交互作用，在周期短，光强低的情况下，氮浓度对菌藻共生体的影响并不明显，但是在光照强度高的条件下，氮更利于藻类生长。环境中的有机负荷浓度不同时，会有不同的藻类成为优势物种。并不是所有的有机物浓度对污染物去除的影响都是正面的，为了保证处理污水的效率，必须确定池中易腐解的有机物种类、量等与藻类生长的关系。

③ pH。研究表明，NH_3会中断光合作用的暗反应，在高浓度的NH_3和高pH的环境中，藻类无法固定CO_2并产生糖类储存在自身体内，从而抑制藻类的生长。但是，当pH升高，虽然对细菌不利，但磷会与水中的金属离子反应形成沉淀而被去除。

④ 温度。温度对菌藻共生体的影响是多方面的，温度可以通过影响酶的活性、营养物质的吸收利用效率及细胞分裂的周期进而影响藻类的光合反应和呼吸作用的强度，从而调节着藻类的生长和发育。在适宜的温度范围内，藻类可快速繁殖，超出适宜温度范围，藻类生长会受到抑制，甚至死亡。藻类在高温环境中受到化学性损害，在低温环境中受到机械性损害，所以藻类对高温的耐受能力低，对低温的耐受能力相对高一些。当然，光照强度的改变以及营养物质的改变会使藻类的最适温度范围产生变化。

（3）菌藻共生系统在污水处理中的应用。

① 悬浮菌藻系统。在悬浮生长过程中，细菌附着在藻细胞表面有利于絮凝，提高沉降性能。典型的悬浮菌藻系统有高效藻类塘和活性藻处理系统。高效藻类塘是在传统生物稳定塘的基础上添加细菌、微藻等微生物形成的菌藻共生的复杂生态系统。高效藻类塘是第一种利用菌藻共生关系处理污水的实践。它是在一般稳定塘的基础上通过改进塘内共生关系发展起来的，此后，高效藻类塘技术迅速发展，得到了广泛的应用。其机制如图3-6所示。

高效藻类塘建设成本低，可以直接利用鱼塘、水库等，运行耗能低，维护简单，适合在气候温暖阳光充沛的地区应用。但是，高效藻类塘主要依靠半机械手段和藻类进行污水处理决定了其会受到诸多因素的制约，如光照强度、温度、降水、pH等，使得处理效果稳定性受到影响。有研究采用小球藻、光合细菌、乳酸菌、产朊假丝酵母（Candida utilis）和红酵母菌构成的复杂高效菌藻体系，处理猪场养殖污水，48 h内氨氮、BOD_5去除率分别达到98.7%和96.8%。活性藻处理系统是利用藻类和活性污泥的特点，将两者结合起来协同处理污水，采用人工强化培养高浓度的藻类，将其与活性污泥混合培养，使藻类与活性污泥一样，具有良好的絮凝沉淀特性。悬浮菌藻系统处理污水能达到较好的效果，然而聚集的微生物可能由于沉积物属性如剪压力、附着细菌的数量和水流速而重新再悬浮，导致出水水质受到影响，其对污染物的去除仍然是依靠藻类自然生长和半人工控制手段，仍有许多因素限制藻类生长，如光照、生物量、水力停留时间等。虽沉降效果好，但需定期排泥，处理效果不稳定，在实际应用中受到限制。

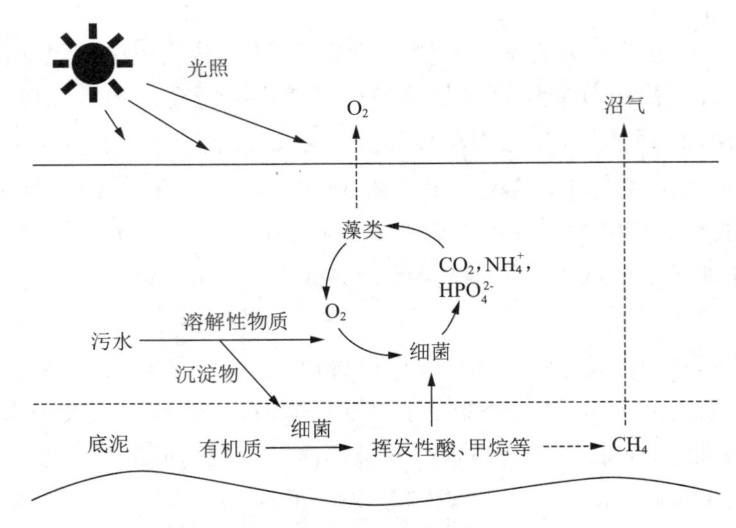

图 3-6 高效藻类塘作用机制示意图

② 固定化菌藻系统。针对悬浮菌藻系统出水水质易受悬浮菌藻的影响，且分离收获困难，产泥量大等特点，菌藻固定化技术随之发展起来。菌藻固定化技术是在细胞固定化技术基础上发展起来的，利用菌藻之间的协同作用，将细菌和微藻按照一定的比例固定在特定的载体上的技术，其主要目的是提高单位面积的生物量，同时利于微藻的收集，常见的载体材料有海藻酸钙、卡拉胶、琼脂、聚丙烯酰胺、聚乙烯醇等。李永华等对比分析了固定化的菌藻体系对污水的处理效果明显好于游离态的菌藻系统。潘辉等以聚乙烯醇作为包埋剂，将活性污泥与小球藻制成包埋球状颗粒，用于高有机物、低氮磷浓度的市政污水的处理，实现了氨氮高达 100% 的去除和磷的 93.6% 的去除效果。虽然固定化技术提高了菌藻系统对污水的处理效果和藻类的生物量，但其在应用过程中还存在一些缺陷，如包埋基质可能会阻碍菌藻代谢产物、氧气和二氧化碳的传递。此外，基质长时间使用会发生降解，产生有毒物质，从而影响菌藻的正常代谢等。固定化的成本较高，很难找到无毒、透明、多孔、稳定而不溶解于处理介质或不易被生物分解的载体，限制了其在污水处理中的应用。

③ 菌藻生物膜系统。菌藻生物膜技术是在固定化技术的基础上发展起来的，它与固定化技术不同之处在于它利用微藻本身易于附着的特性，附着在载体表面，在一定条件下培养驯化形成菌藻生物膜中微藻的密度大大提高，脱氮除磷效果稳定，且处理效果优于普通悬浮藻系统，如图 3-7。相互附着的菌藻群落在固体载体生长形成光合生物膜，光合生物膜的组成和结构根据环境中的非生物和生物因素会有所不同。在生物膜的形成和增长阶段，微藻通过增加或减少特定的启动子的表达影响胞外聚合物（EPS）的产生速率，进而对环境变化做出响应。研究表明，增加营养物质浓度，尤其是氮浓度，能增加硅藻和绿藻 EPS 的产量。此外，温度变化和矿物质（如 Ca^{2+}）积累也能影响藻类的 EPS 产生。

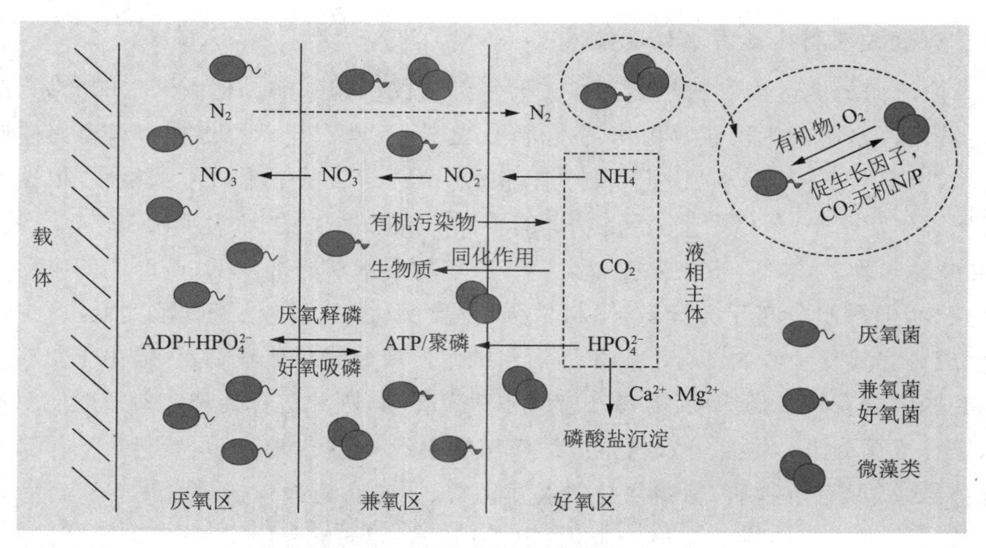

图 3-7　菌藻生物膜系统机理图

菌藻生物膜系统典型的有水力藻类床。水力藻类床系统主要由附着在倾斜水渠中的丝状藻、悬浮的微藻和细菌组成，可以认为是强化藻类作用的高效藻类塘。随着菌藻系统理论的发展，有益于菌藻共生微环境的菌藻生物膜反应器应运而生，例如在生物转盘上接种细菌和微藻，可利用形成的菌藻生物膜处理废水，和活性污泥构成的管状菌藻生物膜光反应器，可实现光合作用的 O_2 和 CO_2、高浓度的氨氮从膜的两边各自扩散，同时高效实现硝化细菌的硝化作用和微藻的光合作用。菌藻生物膜系统处理污水存在一定的优势，能克服悬浮菌藻系统出水含有大量藻类和细菌，影响出水质量的缺点，同时生物膜易于形成，优势菌种和藻类不易流失，菌藻生物膜形成过程中菌藻分泌的 EPS 能够为菌藻共生体提供一个缓冲的微环境，使菌藻生物膜能在不利的环境中保持较高的活性，并持续去除污水中的污染物，成本较低，但存在生物膜脱落问题，设计及运行反应器时应综合考虑光照、水力流速等因素，控制生物膜的增殖衰减与平衡。

菌藻共生系统处理污水的几种类型及其应用的优缺点如表 3-1 所列。

表 3-1　菌藻共生系统在污水处理中的应用及其特点

类型	应用	优点	缺点
悬浮菌藻系统	高效藻类塘 活性藻系统	具有良好的絮凝沉淀特性，易于沉降	沉降的菌藻易悬浮，影响出水水质，优势菌藻易流失，效果不稳定
固定化菌藻系统	流化床光生物反应器系统	固液分离效果好，解决了悬浮藻与出水分离难的问题优势菌藻不易流失	包埋基质阻碍营养物质及代谢物的传递，机制降解产生有毒物，固定化成本高
菌藻生物膜系统	水力藻类床 管状菌藻生物膜光反应器生物转盘	优势菌藻附着在载体表面，形成光合生物膜，优势菌藻不易流失，成本较低	存在生物膜从载体脱落问题，设计运行反应器需考虑光照、水体流速等因素

2. 分散式农村生活污水处理技术

湖泊流域径流区内农村生活污水主要包括居民日常生活过程中产生的粪尿、冲厕污水、洗浴污水和淘米洗菜等厨房污水，除此之外，一些农户养殖过程中禽畜粪便排放和雨水冲刷所产生的污水也属于农村生活污水范畴。与城镇生活污水相比，根据不同村落居民生活水平、风俗习惯、经济状况的不同，分散式农村生活污水表现出以下特点：① 用水量分散、标准低，变化幅度较大。一般农村用水量标准较低，则产生的生活污水量比较少，但污水分布十分分散，随机性强，幅度变化大。② 污染物浓度低，可生化性强，但成分比较复杂。大部分农村生活污水的水质成分相对比较稳定，但由于农村生活污水粪尿中含有较多病原菌，容易在空气中大量传播，因此进行处理之前一般应对生活污水进行灭菌处理。大部分农村生活污水水质中 N、P 含量较高，主要包括的污染成分有固体悬浮物、有机物质、氮磷氧化物及病菌等，同时含有少量的重金属等有毒有害物质。各污染物成分的排放浓度一般为：BOD_5 120 ～ 200 mg/L，COD 250 ～ 400 mg/L，TP 2.5 ～ 5 mg/L，NH_3-N 40 ～ 60 mg/L。

农村分散式污水处理系统主要受当地农村的气候状况、农村经济、居民生活习性和农村人口分布特点等综合因素的影响，在农村污水治理规划中应根据当地居民的实际情况，因地制宜采用合理的规模和可行的技术措施。分散式农村生活污水处理技术主要有以下几种。① 厌氧生物处理技术：利用厌氧微生物降解有机物，实现污水的净化。该技术具有能耗低、维护简便等优点，但不适用于处理含有大量氨氮、磷等营养物质的污水。② 好氧生物处理技术：通过向污水中供氧，促进好氧微生物的生长繁殖，从而降解有机物。该技术可有效去除氨氮、磷等营养物质，但需要消耗大量能源。③ 生态湿地处理技术：利用湿地植物、微生物等自然生态系统的净化作用，对污水进行自然处理。该技术具有处理效果好、成本低等优点，但受气候、地域等因素影响较大。④ 膜生物反应器（MBR）技术：结合生物处理和膜分离技术，实现污水的净化。该技术具有处理效率高、占地面积小等优点，但膜组件易堵塞、更换频率高。

3. 农业面源径流阻控技术

农业面源污染是指在农业生产活动中，氮、磷等营养物质、农药以及其他有机或无机污染物质，通过农田地表径流或渗漏，汇入地表水体造成的水环境污染。国内外相关研究普遍认为，农业面源的污染贡献占流域氮、磷负荷的 60% 以上，国内有些调查研究认为农业面源的污染负荷可能高达 70% 以上。农业面源污染具有分散性、不确定性、滞后性等特点，治理、监管难度大。农业面源污染治理应遵循总量控制原则，采取源头控制、过程阻断、末端强化 4 个方面相结合的途径，并遵循氮、磷营养盐与水的资源化利用原则，力争将农田面源污染控制与农村生态文明建设相结合。

农业面源径流阻控技术是指用于减少和控制农业活动产生的非点源污染物进入水体的技术和方法。非点源污染物通常包括农田径流中的氮、磷等营养物质，这些物质是导致水体富营养化的主要原因之一。尽管农业面源污染过程涉及土—水、土—气迁移和废弃物排放等多种过程，但是污染物土壤释放后随水介质的迁移是农业面源污染的普遍形式和特征。因此，在进入受纳水体前，将水迁移的营养盐等污染物采用合适的技术或手段拦截于流域土地系统，是控制农业面源污染的最主要和普遍的任务和工作内容。农业面源污染具有量大但浓度低的特征。农业面源污染物主要是氮、磷营养盐，排放的大部分污染物经农田进入水体后浓度相对较低，总氮浓度一般 <10 mg/L，总磷浓度一般 <2 mg/L。常见于废水处理的传统脱氮除磷工艺去除效率较低且成本高、见效慢。因此，该部分污染基本均是利用自然处理系统，通常分为田内污染拦截和离田污染拦截两大类。

田内污染拦截技术主要包括以下几个方面典型技术。

（1）生态田埂技术：一种结合了生态学原理和土壤保护理念的农业生产模式，旨在提高农田生态系统的健康和生产力，同时减少对环境的负面影响。生态田埂通过增加农田的植被多样性，如种植不同类型的植物、引入有益昆虫等，促进农田内的生物多样性。这些植物和昆虫可以提供栖息地和食物来源，有助于生态平衡的维持。生态田埂在农田设计和管理中注重水资源的高效利用和保护，通过合理的排水系统和植被覆盖，减少土壤侵蚀、水流速度和泥沙冲积，改善水质，保护河流和湖泊的健康。生态田埂技术强调土壤的生物修复和保护，通过种植具有深根系的植物来改善土壤结构和增加有机物质的含量，从而提高土壤的保水性和抗旱能力。生态田埂技术有助于减少化学农药和化肥的使用，采用自然的生态调节措施来抑制病虫害的发生，降低农业对环境的负荷，提高农田的生态系统稳定性和长期的可持续性。生态田埂不仅有助于保护环境和提高农田生产力，还能够改善农民的生计和社区的生活质量。通过提供生态系统服务，如水资源保护、气候调节和食品安全性，促进农业的经济发展和社会稳定。总之，生态田埂技术通过最大限度地利用自然生态系统的调节能力，实现农业生产与生态环境的良性互动，在生物多样性增强、水资源管理、土壤保护与改良、农业可持续性、社会经济和生态环境效益等方面有较好的效果，是现代可持续绿色农业发展的重要方向之一。

（2）植物篱技术：植物篱技术是一种利用多种植物形成的生物屏障，用于边界定义、风蚀控制、生态保护和景观美化的农业和生态工程方法。植物篱可以作为农田或土地边界的自然屏障，用来界定土地范围并防止土壤风蚀。植物篱的密度和高度可以有效地减少风速，减少风对土壤的侵蚀和水分蒸发。植物篱通过种植不同种类的植物，如乔木、灌木、草本植物等，增加生物多样性，提供野生动物栖息地和食物来源。这些植物还能够过滤空气和水质，改善环境质量。植物篱的根系可以渗透土壤深层，增加土壤结构的稳定性，防止土壤侵蚀和水土流失。植物篱还能够吸收大气中的污染物质，净化土壤和水源。植物篱不仅在农田和农村地区用于功能性目的，如风蚀控制和生态保护，还可以用于城市和城镇的绿化美化。它们提供自然美景，改善居民生活环境，并增强社区的生态意识和生态文化。植物篱不需要大量的能源和资源投入，成本较低，同时能够长期稳定地提供生态系统服务。它们帮助农业实现可持续发展，减少对化学农药和化肥的依赖，提高农田的生产力和抗逆性。综上所述，植物篱技术通过利用自然生态系统的调节功能，有效地实现了多种环境和经济效益，是现代农业和生态工程中重要的生物工程技术之一。

（3）生态拦截缓冲带技术：农田生态拦截缓冲带技术是一种通过在农田周围设置

植被带或者水体带，以减少农业活动对环境的负面影响，并提升生态系统服务能力的方法。生态拦截缓冲带通常沿着河流、湖泊或农田周边设置，能有效拦截来自农田的污染物，如化肥、农药、沉积物和兽药等。植物和土壤的作用可以过滤和吸收这些污染物，净化水质，保护水生生物的栖息地。缓冲带通过种植深根植物和草本植物，可以有效减缓雨水流动速度，降低水土流失和土壤侵蚀的程度。这些植物的根系有助于增强土壤的结构稳定性，保持土壤肥力和水分。缓冲带的植物多样性和结构复杂性提供了丰富的生态位和栖息地，吸引和维持多样的生物群落。这些生物不仅有助于生态系统的稳定，还能够提供食物链的支持，促进生态平衡。缓冲带不仅可以净化水质和保护土壤，还能够在一定程度上调节当地的气候。植被的覆盖和蒸发作用有助于调节周围区域的温度和湿度，同时美化农田周围的景观。生态拦截缓冲带技术有助于减少化学农药和化肥的使用，提高农田的生产力和可持续性。它不仅有助于环境保护，还能够提升农业生产的抗逆能力，降低农业活动对周边生态系统的压力。总体而言，农田生态拦截缓冲带技术是一种综合利用生物工程原理的有效方法，通过最大化地利用自然生态系统的调节功能，实现环境保护与农业发展的双赢。

（4）生态沟渠技术：生态沟渠技术是一种结合了工程措施和生物学特性的生态工程手段，旨在改善水体质量、减少水土流失、提升生态系统服务功能的技术方法。生态沟渠通过设计特定的沟渠结构和植被覆盖，能有效拦截和净化来自农田和城市排水系统的污染物，如悬浮物、营养物质和有机物质。植被在沟渠中的根系和微生物的作用可以降解和吸收这些污染物，改善水体质量。生态沟渠通过控制和导引径流，减缓水流速度，减少水土流失和土壤侵蚀。沟渠内的植被和土壤结构有助于固定土壤颗粒，防止土壤被冲刷和剥蚀。生态沟渠的设计考虑到生物多样性的促进，选择适宜的植被种植和栖息地提供，有助于恢复受损的生态系统，支持当地的野生动植物种群。生态沟渠可以通过有效地储存和调节雨水，减少城市和农村地区的洪涝风险，同时有助于提升周边区域的景观价值和生态环境品质。植被的蒸发作用和水分循环有助于调节当地的气候和温度。生态沟渠技术不仅有助于环境保护和资源可持续利用，还能提升社会对水资源管理和生态保护的认知与参与度。通过提高水体质量和生态系统服务功能，促进当地经济发展和社会福祉。综上所述，生态沟渠技术作为一种综合应对水资源管理和生态保护挑战的工程手段，具有显著的环境、经济和社会效益，是推动可持续发展的重要工具之一。

（5）农田氮磷污染生态拦截沟渠技术：这是针对农田排水中的氮、磷等营养物质污染问题而设计的一种生态工程措施。这些营养物质通常来自农业生产活动，如化肥和农药的使用，以及动物粪便等。它们可通过农田排水进入河流、湖泊和其他水体，引发水体富营养化问题，导致藻类过度生长和水生生物生境破坏。生态拦截沟渠通常是在农田或农业排水通道中设计和建设的，目的是截留和拦截从农田流出的污染物质。这些沟渠通常会采用特定的梯田、堤坝和植被结构，以最大限度地减少营养物质进入水体的量。沟渠中常种植特定的湿地植被，如芦苇、香蒲，这些植被具有良好的吸附和吸收能力，能有效地减少水中的氮、磷等营养物浓度。同时，它们的根系和生物群落可以促进微生物降解有机物，进一步提升水质净化效果。生态拦截沟渠技术不仅有效地拦截污染物质，还可以通过合理设计和管理排水系统，调节水流的速度和量，以优化污染物质的截留效果。拦截的污染物质可以定期或定量进行收集和处理，以防止再次进入水体，例如通过生物降解或其他适当的处理方式。通过减少水体富营养化和污染物质的输入，生态拦截沟渠技术有助于恢复和保护水体生态系统的健康状态，提升其提供的服务功能，如水源保护、生物多样性维护等。总之，农田氮磷污染生态拦截沟渠技术是一种有效的生态工程手段，可以显著改善农田排水对水体环境的负面影响，是促进农业可持续发展和水资源管理的重要工具之一。

（6）生态护岸边坡技术：生态护岸边坡技术是一种结合生物工程和土木工程原理的技术，旨在通过植物根系和土壤结构来增强和保护岸边的稳定性，并改善岸线的生态环境。这种技术通常用于河岸、湖泊岸边、海岸线等地的防护和生态修复工程中。生态护岸边坡技术利用植物根系的生长和发育来固定土壤，减少岸坡的侵蚀和滑坡风险。植物的根系可以有效地增强土壤的抗冲刷能力，防止土壤被水流冲刷或侵蚀。选择适合当地生态环境和岸坡条件的植物，不仅可以提供岸坡稳定性所需的工程效益，还能促进当地生物多样性的恢复和增强。例如，一些植物种类不仅有固土作用，还能提供栖息地和食物来源。相比传统的岸坡保护工程，生态护岸边坡技术更环保和可持续。它减少了对人工材料的需求，同时提供了生态系统服务，如水质净化、栖息地提供。设计生态护岸边坡时，需要考虑植物的选择、植栽密度、土壤类型和坡度等因素。定期的维护和管理对于保持岸坡的稳定性和生态功能至关重要，包括植物的修剪和监测岸坡的变化。生态护岸边坡技术广泛应用于河流治理、湖泊和水库岸线修复、海岸防护等项目中。通过结合土木工程的技术和生物学的特性，可以有效地提高岸坡的抗冲刷能力，改善水体边坡的生态环境。总体而言，生态护岸边坡技术不仅提供了传统岸坡防护的功能，还能够在保护自然生态系统和增强生态系统服务方面发挥重要作用，是生态工程领域的重要创新之一。

4. 湖滨缓冲带生态修复工程技术

湖滨缓冲带生态修复工程技术是一种旨在恢复和保护湖泊岸线生态系统完整性的方法。这些技术通常包括以下几个方面：① 岸线形态的恢复：人类活动常常改变湖岸线的形态，例如通过建造钢桩、挡墙和木栅等技术结构来取代自然岸。生态修复工程应致力于恢复典型的河岸和近岸生境结构，如芦苇带和粗大木质残骸，以及改善沉积物特性。② 生态工程方法：适当设计的堤坝池塘系统、近岸林地系统和重建的水禽栖息地能够捕获来自上游的营养物质并阻止土壤侵蚀。这些生态工程方法可以减少环境影响并优化生态服务。③ 植被缓冲区的建立：在无法替换的挡墙情况下，应通过保护上层近岸区域免受湖泊侧干扰（如划船活动）来促进芦苇丛的建立。④ 生态服务的恢复：在城市地区，生态修复项目更为复杂，但也更有价值，因为它们需要长期生存并适应特定的位置和情况。⑤ 宏观植物的恢复：自 20 世纪 90 年代中期以来，宏观植物的恢复被提出并广泛推广作为控制湖泊富营养化和改善水质的经济有效的生态解决方案。⑥ 湖泊缓冲区的界定：湖泊缓冲区与传统的湖岸带和植被带不同，它具有更广的范围和更大的规模。确定湖泊缓冲区边界的关键步骤是确定关键源区（CSAs）和生态敏感区（ESAs）。⑦ 人工植被恢复：在河湖交界带进行人工植被恢复是抑制富营养化和湿地退化的最有效方法。综上所述，湖滨缓冲带生态修复工程技术是一种多方面的综合方法，旨在通过恢复和保护湖泊岸线的自然特征，提高生态服务功能，同时减少人类活动对湖泊生态系统的负面影响。

3.1.2.2 控制内源性营养物质输入技术

湖泊内源污染控制技术是指用于减少或消除湖泊沉积物中污染物释放的技术，这些污染物包括养分（如氮和磷）和有机物，在外源污染源得到控制情况下它们可以促进藻类生长，导致水华等问题。为了有效控制湖泊内源污染，需要采取综合措施，包括减少外源养分输入和控制内源养分释放。此外，还需要考虑到湖泊的特定条件，如水文动力学、沉积物特性和生态系统结构，以选择最合适的控制策略。目前常用的湖泊内源污染控制技术主要有：环保疏浚技术、原位覆盖技术、底泥氧化技术、底泥钝化技术、水生植物修复技术等。

（1）环保疏浚技术。

环保疏浚技术：用人工或机械的方法把富含营养盐、有毒化学品及毒素细菌的表层底泥进行适当去除，来减少底泥内源负荷和污染风险的技术方法。典型环保疏浚船见图 3-8。

图 3-8　典型环保疏浚船图片

1998 年滇池草海实施了底泥疏浚一期工程，是我国首例大型底泥疏浚工程。该工程疏浚面积为 2.88 km^2，疏浚工程量为 432.69×10^4 m^3，工程实施后水质得到了明显改善。TN、TP、BOD_5、COD 以及叶绿素 a 与疏浚前相比分别下降了 36.4％、64.7％、40.5％、37.8％和 62.5％。去除污染物 TN 约 8 230.45 t，TP 约 1 884.54 t，重金属约 4 440.72 t，水体透明度由小于 0.37 m 提高到 0.8 m。

选择合适的疏浚技术时，应考虑底泥的物理和化学特性、成本、安全性、环境影响、技术的成熟度和社会接受度。此外，还应考虑到湖泊的特定条件，如水文动力学、沉积物特性和生态系统结构，以选择最合适的控制策略。为了全面评估疏浚污泥处理和处置技术的环境和经济负担，生命周期评估（LCA）分析是一个紧迫的需求，这有助于决策者选择最佳技术。

湖泊底泥环保疏浚技术的核心在于在疏浚过程中平衡生态保护和工程需要，采用科学和可持续的方法处理和利用底泥，以实现长期的环境保护和水资源管理目标。

（2）原位覆盖技术。

原位覆盖是将一层粗沙等清洁物质沉积在污染的沉积物上面来有效地限制沉积物对上覆水体的影响的技术。采用的覆盖物主要有未污染的底泥、清洁沙子、砾石、钙基膨润土、灰渣、人工沸石、水泥，还可以采用方解石，粉煤灰，土工织物或一些复杂的人造地基材料等。原位覆盖可以起到以下三方面的功能：① 通过覆盖层，将污染底泥与上层水体物理性隔开；② 覆盖作用可稳固污染底泥，防止其再悬浮或迁移；③ 通过覆盖物中有机颗粒的吸附作用，有效削减污染底泥中污染物进入上层水体。目前覆盖法已经在河道、近海、河口等地有成功使用。覆盖法可以与疏浚相结合，尤其是在航道中，先疏浚后覆盖。如日本的Biwa湖沉积物治理项目中采用先疏浚后沙盖的两步处理来限制沉积物中磷的释放。覆盖法的不足是降低了水深，对底栖生态系统具有破坏性，在浮泥较多的水域，覆盖法如果施工不当，覆盖层上很快又会有一层富含有机质、N、P及有毒污染物的浮泥沉积下来，继续对水体产生危害，降低了覆盖法的工程效果。另外，覆盖法的一个大问题是寻找便宜清洁的沙土来源。在美国西雅图，由于清洁沙土难以获得，曾经利用清洁沉积物来覆盖污染的沉积物，尽管这种方法在远离海岸的深水区是成功的，但由于担心船只螺旋桨会搅起沉积物而破坏覆盖层，该方案在近岸区难以实施。

（3）底泥氧化技术。

底泥内源营养盐的释放与湖泊底部水体溶解氧的缺乏、氧化还原电位的下降有关，通过物理或化学方法增加底部水体的溶解氧，可以控制底泥内源污染负荷，具体的措施包括人工曝气和化学增氧等。湖泊底泥氧化技术是一种用于改善湖泊水质和生态环境的技术手段，主要通过增加底泥中氧气的供应，促进有机质的降解和减少有害物质的释放，从而改善湖泊底部的环境条件。这是一种常用的技术，通过向湖泊底部注入氧气，提高底泥中的氧气浓度。充足的氧气可以促进底泥中有机质的分解，减少硫化物等有害物质的生成，从而改善水质和减少恶臭。定期对湖泊底部的底泥进行搅拌和翻动，可以增加氧气的进入，并促进底泥中微生物的活动。这些微生物能够分解有机质，进而减少底泥中的富营养化物质释放。引入适宜的生物群落，如硫还原菌等，通过它们的代谢活动，可以加速底泥中有机物质的降解过程，同时有助于抑制硫化物等有害物质的产生。有时会使用化学氧化剂，如过氧化氢等，直接施加在底泥中，以提高氧化还原环境，促进有机质的分解和去除有害物质。通过湖泊水位、流动和循环的管理，优化水体的氧气输送和分布，有助于改善湖泊底部的氧化条件。这些技术通常会根据具体的湖泊特征和问题定制方案，以达到保护和恢复湖泊生态系统的目的。综合利用多种技术手段，可以有效地管理和改善湖泊底泥的环境质量，从而提升水体的整体生态健康水平。

（4）底泥钝化技术。

污染底泥原位钝化技术是利用加入对底泥污染物具有钝化作用的钝化剂（如采用硫酸铝、改性膨润土、氢氧化钙新型复合钝化剂），经过沉淀，吸附等理化作用达到净化水体的目的，是一种高效的湖泊内源污染控制技术。原位钝化技术的核心是利用加入对污染物具有钝化作用的人工或天然物质，即钝化剂；经沉淀、吸附等理化作用降低湖泊水体中的磷浓度，同时将污染底泥中污染物惰性化，在污染底泥表层形成隔离层，增加底泥对磷的束缚能力，减少底泥中污染物向上覆水体的释放，从而达到净化底泥和水体的作用，其原理示意图见图3-9。原位钝化技术处理污染底泥主要有以下三方面功能：① 加入钝化剂在沉降过程中能捕捉水体中的磷和颗粒物，从而使水体中污染物得到较好去除；② 钝化层形成后可有效吸附并持留底泥中释放的磷，从而有效减少由底泥释放进入上覆水中的污染物量；③ 钝化层的形成可有效压实浮泥层，减少底泥再悬浮。

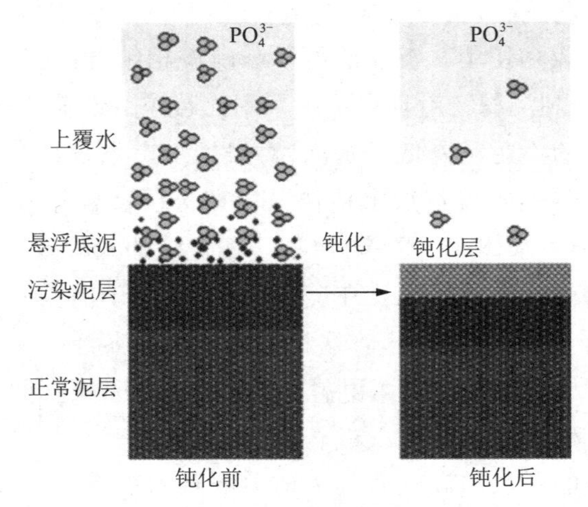

图 3-9　湖泊污染底泥原位钝化技术工作原理示意图

污染底泥钝化技术通常需要根据具体的水体特征和底泥污染情况选择和调整，以最大程度地减少对水体生态系统的负面影响，同时保护和恢复水体的健康状态。

（5）水生植物修复技术。

污染底泥水生植物修复技术，即利用水生植物对受污染的沉积物进行修复的技术，是一种生态友好且成本效益高的方法。这种技术的关键在于选择合适的植物种类，因为不同的植物在去除污染物方面的效率和机制各有不同。以下是一些关于水生植物修复技术的关键点：水生植物修复技术（phytoremediation）是一种利用植物去除、转化或稳定水体、沉积物或土壤中的各种污染物的技术。水生和湿地植物因其在去除重金属、放射性核素、爆炸物和有机／无机污染物方面的显著效率而在全球范围内受到重视。水生植物的选择至关重要，因为它们在去除污染物方面具有物种和基因型的特异性，这与它们的地上部分功能性状和地下部分根区功能性状有关。水生植物修复技术是一种低成本方法，与许多传统技术相比具有成本优势，并且已被广泛研究用于沉积物的修复。在实施水生植物修复技术时，需要考虑以下因素：① 植物的选择应基于其对特定污染物的吸收和积累能力，以及其对当地环境的适应性。② 植物的根系特征对于矿化和吸收污染物至关重要，包括根系释放的分泌物和与微生物的共生关系。③ 水生植物还可以通过根系释放的氧和微生物介导的生物转化来减少沉积物中的砷生物有效性。

水生植物修复技术是一种有效的底泥污染治理方法，通过选择合适的植物种类和优化植物的功能性状，可以有效地去除沉积物中的污染物，同时提高生态系统的整体健康。

3.1.2.3　去除湖泊水体中污染物工程技术

在去除湖泊水体中污染物的工程技术方面，目前已经开发出多种方法，包括生物、物理和化学技术方法。本书主要关注湖泊水体污染物的生态修复技术，主要包括以下几项技术。

（1）生物调控技术。

生物调控系指通过人为或工程手段，使水体的初级生产力维持在合理的水平范围内，藻型湖泊初级生产力的主要控制方法包括大型水生植物调控技术、生物操纵技术。草型湖泊初级生产力调控主要包括平衡收割与资源化利用技术。引入适宜的水生植物如浮叶植物（如睡莲、荷花）、沉水植物（如香蒲、茭白）、漂浮植物（如水葫芦）等，有助于提高水体的稳定性和富营养化物质的吸收能力，同时为水生动物提供栖息和繁殖场所。通过合理的渔业管理和人工增殖，控制湖泊中鱼类的种群密度和结构，促进湖泊食物网的平衡。鱼类对浮游生物和底栖动物的捕食有助于调节生态系统的结构和功能。利用底栖生物如蠕虫、蜉蝣等，促进底泥的通气和有机质的降解，有助于减少底泥中的富营养化物质释放。这些生物调控技术通常需要结合湖泊的具体特征和问题，制订综合性的管理方案。通过有效的生物控制和生态修复手段，可以提升湖泊生态系统的稳定性和健康状态，实现长期的生态保护和恢复目标。

（2）大型水生植物调控技术。

大型水生植物依其生活型不同可分为浮叶植物、挺水植物、沉水植物及湿生植物。大型水生植物是湖泊生态系统中最主要的生产者，也是将光能转化为有机能的实现者，是食物链能量的最主要来源。大型水生植物能够显著的影响水中的溶解氧、pH、无机碳及藻类对 N、P 的利用率，同时对水生态系统的演替及水生动物群落的稳定都起着重要的作用。人们利用不同的水生植物，研发出了多种水生植物调控技术，比如以浮叶植物为主的植物滤床技术，以挺水植物为主的浮床、浮岛技术及大型沉水植物群落控藻技术。

（3）植物浮床或浮岛调控技术。

浮床或浮岛由基板、水生植物及锚组成，主要由植物、根际微生物的协同作用吸收转化水体的营养物质、抑制藻类的生长。基板的主要材料包括竹片、塑料花盆、生态砖、PVC 管。浮床或浮岛中常用的水生植物主要包括美人蕉、再力花、香蒲、菖蒲、芦苇、千屈菜、鸢尾及黑麦草等，不同的水生植物有不同的种植密度，对于丛生的水生植物因规格不同而异，规格大一些的，密度可适当小一些，反之则密度大一些，常见的范围一般为 6～25 株 /m^2 。锚主要起固定浮床或浮岛的作用。研究表明，挺水植物的释氧效果显著，芦苇光合作用传递氧气效率高达 2.1 g/（m^2•d）。芦苇释放出的化感物质，如 2- 甲基乙酰乙酸乙酯，可降低铜绿微囊藻的光合作用速率，促进了铜绿微囊藻叶绿素 a 的降解，可以有效地抑制藻类的生长。

（4）沉水植物调控技术。

沉水植物是水体自净生态系统生物链中重要的“生产者”，直接吸收底泥中的N、P等营养，利用透入水层的太阳光和水体好氧生化分解有机物过程产生的CO_2进行光合作用并向水体复氧，从而促进水体好氧生化自净作用；同时沉水植物又为水体其他生物提供生存或附着的场所，提高生物多样性，促进水体自净。研究表明沉水植物可以通过对营养物质的竞争、改变水体的理化环境，影响藻类对N、P的利用率，可以有效地抑制藻类的生长。常用的沉水植物主要包括马来眼子菜、红线草、狐尾草、金鱼藻、苦草、黑藻、微齿眼子菜、菹草等。沉水植物原则上采取植物带状分布方式种植，由河（湖）岸向河中心分布；沉水植物主要采取无性繁殖植株种植。金鱼藻、狐尾草、苦草、黑藻、马来眼子菜和微齿眼子菜采取无性繁殖植株移栽方法，菹草则采取播种生殖芽体的方法。

（5）生物操纵调控技术。

生物操纵调控技术包括经典生物操纵技术与非经典生物操纵技术。① 经典的生物操纵技术指通过控制牧食浮游动物的鱼类，来提高浮游动物的数量，进而控制藻类生物量的方法，即上行效应。浮游动物只能控制细菌和小型藻类等，可以起到提高水体透明度的作用，而对于丝状藻和大型藻类如微囊藻的水华，则是无能为力的。② 非经典生物操纵认为可用食浮游生物的鱼类直接控制微囊藻水。链、鳙鱼能滤食10 μm至数个毫米的浮游植物，而枝角类仅能滤食40 μm以下的较小浮游植物，与枝角类相比，鲢、鳙鱼可有效地摄取形成水华的群体蓝藻，有效控制大型蓝藻。

3.2 河流水环境生态工程

3.2.1 河流及其污染概况

（1）河流概况。

河流是指在重力作用下，集中于地表凹槽内的经常性或周期性的天然水道的统称。在中国有江、河、川、溪、涧等不同称呼。河流沿途接纳很多支流，形成复杂的干支流网络系统，这就是水系。多数河流以海洋为最后归宿，另一些河流注入内陆湖泊或沼泽，或因渗漏、蒸发而消失于荒漠中，于是分别形成外流河和内陆河。世界著名的亚马孙河、尼罗河、长江、密西西比河等为外流河，中国新疆的塔里木河等为内陆河。

在地球表面的总水量中，河流中的水量所占的比重很小（占全球总水量的0.000 1%），但周转速度快（12～20天），在水分循环中是重要的输送环节，也是自然环境中各种物质相互转换的主要动力之一。

河流是地球表面淡水资源更新较快的蓄水体，是人类赖以生存的重要淡水体。河流与人类历史的发展息息相关。古代文明的发源地大都与河流（如尼罗河、黄河等）联系在一起。至今一些大河的冲积平原和三角洲地区（如密西西比河、长江、珠江、多瑙河、莱茵河等)仍然是人类社会经济、文化的发达地区。

中国大陆地区由于地域宽广,气候和地形差异大,境内河流主要流向太平洋,其次为印度洋,少量流入北冰洋。中国境内“七大水系”均为河流构成,为“江河水系”,均属太平洋水系。从北到南依次是:松花江水系、辽河水系、海河水系、黄河水系、淮河水系、长江水系、珠江水系。

(2)河流污染概况。

2022 年,长江、黄河、珠江、松花江、淮河、海河、辽河七大流域和浙闽片河流、西北诸河、西南诸河主要江河监测的 3 115 个国控断面中(水质状况见图 3-10),Ⅰ～Ⅲ类水质断面占 90.2%,比 2021 年上升 3.2 个百分点;劣Ⅴ类水质断面占 0.4%,比 2021 年下降 0.5 个百分点。主要污染指标为化学需氧量、高锰酸盐指数和总磷。长江流域、珠江流域、浙闽片河流、西北诸河和西南诸河水质为优,黄河流域、淮河流域和辽河流域水质良好,松花江流域和海河流域为轻度污染。

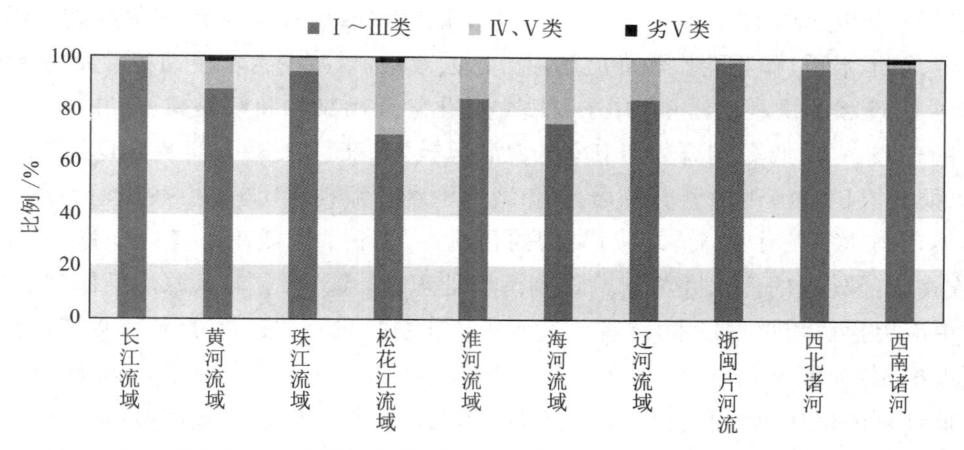

图 3-10　2022 年七大流域和浙闽片河流、西北诸河、西南诸河主要江河水质状况

3.2.2 河流水环境生态工程

目前的自然河流大多都被人为改造过,虽然河流的生态恢复最好是把河流还原原始状态,但要完全恢复到人工干预之前的自然形态,实际上是非常困难且不现实的事情,毕竟,这些河流的现状是大量物力和财力换来的结果,而且,它们通常都解决了水利方面的某一问题。虽然,人类在解决某一问题的时候,往往又会派生出其他新的问题;但是,现今人类已没有足够的时间和空间,完全消除人的意志让自然去慢慢恢复,人类只有通过适应性技术的突破去解决日益尖锐的人地矛盾。河流水环境生态工程就是在河道陆地控制范围内,满足防洪排涝和引水的基本功能的基础上,再通过人工修复措施促进河道水生态系统的恢复,从而构建健康完整稳定的河湖治理的水生态系统。河流水环境生态工程不仅包括开发、设计、建立和维持新的生态系统,还包括生态恢复、生态更新、生态控制等内容,同时充分利用水调度手段,使人与环境、生物与环境、社会经济发展与资源环境达到持续的协调统一。

其中生态修复和重建应注意以下几点：① 种植水生植物要选择适合的种类和品种并合理搭配；② 生态修复要选择适当的时机；③ 生态修复要创造适宜的生物生长环境；④ 合理养殖水生动物；⑤ 提倡乡土品种，防止外来有害物种对本地生态系统的侵害；⑥ 优化群落结构。

河流水环境生态工程应包含控源减污、基础生境改善、生态修复和重建、优化群落结构等。河流水环境生态工程主要包括：河流控源截污工程、河流生态缓冲带生态修复技术、河流水体修复技术。

3.2.2.1 河流控源截污工程

河流控源截污工程是一系列的措施和技术的应用，旨在减少河流污染，保护水质和生态系统。这些工程通常包括以下几个方面：① 截污和预处理设施的建设：通过铺设管道来截取雨水、工业废水和生活污水，然后在这些污水进入处理厂之前，通过预处理设施去除污染物。② 污水处理厂的建设：建立污水处理厂以去除污染水中的有害物质，确保水质达到排放标准。③ 最佳管理实践（BMPs）：在农业流域中实施 BMPs，如缓冲带、草地水道、作物轮作和粪肥施用方法的改进，以减少土壤侵蚀和营养物质流失。④ 集中管理和二次利用污染物：在乡镇中心化管理污染物和动物粪便，并加强生态屏障带的建设。⑤ 低影响开发（LID）生物滞留技术：在污染源头安装 LID 生物滞留设施，以捕获农田径流中的营养物质。⑥ 城市雨水径流控制：通过拦截初期雨水径流来控制城市雨水径流中重金属等污染物的传输。⑦ 下水道截流系统：在河岸建立截流器，收集未经处理的污水并将其输送到污水处理厂。⑧ 农业非点源污染控制技术：在农田中应用拦截和吸收技术，以控制污水中无机物质的流失。⑨ 河流管理和保护的长期制度机制：如河长制，确保水安全并从根本上改善水生态系统健康。⑩ 跨界流域废水负荷许可的优化分配和交易：通过双层规划方法，控制污水总量，为水环境改善提供决策参考。这些措施和技术的应用，有助于减少河流污染，提高水质，保护和恢复生态系统。

3.2.2.2 河流生态缓冲带生态修复技术

河流生态缓冲带（riparian buffer）由水生植物、乔木、灌木、草等组成的水域与陆地之间，具有一定宽度的植被缓冲区域，起到阻控面源污染、提升水体自净能力、降低人类活动对河流负面影响的作用。污染物排入河流之前采用的人工湿地、养分拦截沟渠、生态围堰、植草沟等生态处理措施，具有水质净化、降低氮磷污染物入河等作用，也可归入生态缓冲带范围。

科学设定河流缓冲带生态修复应实现的目标，重点确定河岸带修复、水质净化、生物多样性保护等。生态修复目标：根据河流缓冲带生态修复目标，细化主要修复指标。河流岸线、护岸（坡）修复指标主要包括：河流生态缓冲带修复长度和面积、河流生态缓冲带自然化率增加值、生态护岸增加比例等。水质净化方面的修复指标主要包括：水体透明度、水质指标提升与改善程度。生物多样性保护方面的修复指标主要包括：植物物种数（种）、本土植物物种百分比（种）、缓冲带植被覆盖率、植被平均生物量、生物多样性指数等指标。

根据河流与河岸带情况，建议采用的缓冲带生态修复措施见表3-2。具有特殊水环境功能与生态保护目标的河段，应结合区域管控与相关规范要求，采取相应的缓冲带生态修复或组合技术措施。

表3-2 河流缓冲带生态修复主要措施

河段类型	河岸带情况	主要修复措施
林草型河段	林地、草地河段	封育与自然恢复
堤防型河段	堤内具有河滩地	恢复河滩地水生植物与功能强化
	堤内护坡和河滩地	生态护岸改造
城镇型河段	河滨带和河滩地	结合生态景观、亲水空间，恢复河滩地水生植物与功能强化，自然湿地强化，生境营造
	河堤硬化、堤内护坡紧邻水面	生态护岸改造
农田型河段	农田面源污染河段	采用养分拦截沟渠等梯级生态处理，恢复河滩地水生植物，构建乔灌草植被缓冲带
	水质较差支流、汊港	构建近自然型湿地
村落型河段	村落面源污染河段	结合生态景观、亲水空间、恢复河滩地水生植物与功能强化，构建乔灌草植被缓冲带，自然湿地强化

（1）生态缓冲带保护与自然恢复。

① 生态缓冲带保护：对于山地森林区、自然保护区、风景名胜区、水源保护区等区域内河流，以及自然植被现状良好的河流，应以保护、保持现状生态环境为主，不宜采取过多的人工干预措施。

② 封育与自然恢复：采取全封育或半封育方式，实现生态缓冲带自然恢复，可参照《封山（沙）育林技术规程》（GB/T 15163—2018）。河流上游、水土流失严重地区以及生态脆弱恢复植被较困难区的封育区宜采用全封闭方式；其他植被生长良好、林木覆盖度较大、人畜活动对封育成效影响较小的地区宜采用半封育方式。25°以上坡度区域采取封禁治理等自然修复措施防止水土流失。

（2）河滩地生态修复。

加强河滩地生态修复，维持滩地高低起伏的自然形态，对被束窄的河道应尽量退还河流生态空间，恢复泛洪漫滩；对已硬化的堤脚采用抛石、石笼等方法营造河滩。河滩地生态修复主要包括基底修复、植物群落修复和生境营造。

① 基底修复。

基底的底质物理化学特性调整改造包括淤泥清除、污染底泥覆盖、部分换土等，以满足水生生物生长、繁殖、栖息要求。首先进行基底调查评估，根据调查结果，对含有重金属以及其他有毒有害污染物的基底，应进行改造和修复，同时防止二次污染环境。常用的生态基底修复方法包括生态清淤、底泥掩蔽、垃圾清理、土壤换填等。挺水植物恢复区为增强生境多样性，可适当清理污染底泥及腐殖质堆积区，或采取覆盖、部分换土的方法进行土质调整；沉水植物恢复区应适当清除淤泥，加强植物根系固着能力，针对清水型植物恢复区，应清除污染底泥，以维持良好水质和底质。

② 植物群落修复。

滩地植物群落修复主要针对由于乱挖、乱占等生产建设活动导致的植物群落被破坏的河滩地。应结合地形、水文条件等，在遵循土著物种优先、提高生物多样性等基本原则的基础上，注重植物的生态习性、空间配置和时间配置，可重点种植常绿植物，提高滩地植物的拦截净化功能，改善河岸生态景观效果。植物群落恢复宜遵循生态系统自身的演替规律，按照生态位和生物多样性的原则构建生态系统结构和生物群落，实现植被的自然演替。滩地植物群落恢复应适应河滩地的水流条件，从而确保植物群落修复后的稳定性。滩地植被恢复范围为设计高、低水位之间的岸边水域，一般保证有 3 ～ 5 m 的宽度范围。植被恢复种类包括沉水植物、浮叶植物、挺水植物和湿生植物，主要以挺水植物和湿生植物恢复为主。河道有行洪排涝需求时，不宜种植沉水植物、浮叶植物和大型木本植物。通过人工措施或辅助人工措施，配置沉水植物群落形成水下森林系统。水下森林主要用于对水质较好的水体进行深度净化，直接快速地对水体中污染物进行吸收同化，削减氮磷等营养物质，改善水体溶氧环境，抑制藻类生长，达到促进河道自净和内部循环改善的效果。水下森林对水体的 COD、SS 等指标的削减能力较弱，若用于净化水质混浊的水体，需在前期辅以其他措施改善水体透明度，满足沉水植物生长所需光照条件等。水生植物种植要点见表 3-3。

表 3-3　水生植物种植要点

类型	技术要点	适用条件	限制要素
挺水植物	采用扦插、籽播方式种植，种植密度根据不同种类控制 10 ～ 30 株 / 平方米	配置在水位变动带或浅水处，多数种植植物水深以 0 ～ 0.4 m 为宜	易蔓延品种宜采取定值措施加以控制
浮叶植物	采用扦插、穴埋方式种植，种植密度根据不同种类控制在 1 ～ 10 株 / 平方米	配置在水深 0.5 ～ 1.5 m 的静水或缓流水域	易蔓延品种宜采取定植措施加以控制
漂浮植物	采用移植方法种植，种植密度根据不同种类控制在 10 ～ 30 株 / 平方米	不受水深条件制约，仅在污染较为严重、具备种植条件的静水水域适当种植	管护不当易造成水面泛滥
沉水植物	采用扦插、籽播方式种植，种植密度根据不同种类控制在 10 ～ 30 丛 / 平方米	配置在水深不低于 0.5 m、水深不超过 2.5 m 的静水或缓流水域	水体透明度较低、流速较快、水深较浅、重度缺氧情况不配置

③ 生境营造。

滩地生境营造和改善技术措施包括：a. 受人为活动影响大、栖息地结构单一的城市河流，条件允许时，构筑必要的滩、洲、湿地、砾石群等，提升河道的生物或生境多样性。b. 宜适度形成深浅交替的浅滩和深潭序列，构建急流、缓流和滩槽等丰富多样的水流条件及多样化的生境条件。深潭和浅滩的设计包括断面宽度、位置、占河流栖息地百分比及河床底质的确定等。c. 浅滩和深潭可结合小型结构物(导流装置、生态潜坝)、河床抛石(面积不超过河底面积 1% ~ 3%,直径不小于 0.3 m)、人工鱼巢等设计。d. 河滩地中构建的过水区域(深潭浅滩等)应注意对流量、流速和泥沙淤积的管理。具备基础资料条件的应通过河床淤积数值模拟来确定最优的修复形态。e. 丰富生态系统和生物群落。利用本地现有物种,增加植物、动物种类多样性,形成小型生态系统,通过人工辅助措施恢复生物种群数量,包括研究确定植被种植、食物链生物投放模式等。f. 营造栖息稳定生境。基于生物群落修复,创造两栖类、鸟类、底栖、鱼类等生物的栖息环境。限制人类干扰活动,必要情况下通过人工手段加以保护,营造动物栖息地封闭区域。如采用木桩、铺草、抛石、沉石等模拟自然状态,并增设人工渔礁,营造鱼类繁殖场所。保持河漫滩和河滨带结构的完整性,保护沙洲景观,促进浅滩与边滩发育。g. 构建湿地保护空间。基于现状湿地,根据水生动植物对生境要求的差异,通过保障水源、营造鸟岛、涵养水生植物等措施,形成丰富的湿地环境,构建湿地保护空间。h. 针对平原区河流地势较为平坦、受人类干扰破坏较为强烈的状况,可重点通过抛石、丁坝等营造河流丰富的流态,提高河流蜿蜒度,并定期开展修复后生境评估;针对山区河流海拔高、河流坡降大、水流速度快、河流下切侵蚀强烈的山区陡峭河流生境,在生境类型的修复中,采用河流地貌自然结构营造生境,针对高坡降、垂直侵蚀大的特点构建人工阶梯-深潭等合适的生境。

(3) 陆域缓冲区生态修复。

① 基底修复。

乔灌草植被区域基底地形地貌改造应衔接汇水区域地形,沿等高线设置植被带,使径流均匀、平缓流过生态缓冲带区域。基底地形地貌改造主要包括侵占物拆除、地形平整和重建。将侵占河岸缓冲带的构筑物拆除,根据植被恢复要求因地制宜地对地形进行整理,一般无须调整底质的物理化学特性。固土技术、基质配置可参考《裸露坡面植被恢复技术规范》(GB/T 38360—2019)。

② 植物群落构建。

植物的选取应遵循自然规律,优先选择土著优势物种,且要选择对氮、磷等营养性污染物去除能力较强、用途广泛、经济价值较高、观赏性强的物种,并兼顾常绿树种与落叶树种混交、深根系植物和浅根系植物搭配、乔灌草相结合等。植物搭配采用草 + 乔、草 + 灌、草 + 灌 + 乔三种配置方式。乔灌草植被区域一般分为邻水区、中间过渡区和近陆区。邻水区位于河流水陆交错区,以乔木林带为主,可保护堤岸、去除污染物,为野生动物提供栖息地。中间过渡区属岸坡缓冲带,以乔灌木树种为主,考虑植物的多样性,可减少河岸侵蚀、截留泥沙、吸收滞纳营养物质、增加生物多样性和野生动物栖息地。近陆区位于外侧远离河岸的区域,属岸坡缓冲带,主要以草类植物为主,可穿插配置灌木,用于阻滞地表径流中的颗粒物,吸收氮、磷和降解农药等污染物。径流进入植被缓冲带前,可通过设置草障分散汇集的径流水流。草障宜选取茎秆较硬的草本植物,平行于缓冲带种植,作为屏障减缓和蓄集径流,促进径流中颗粒物的入渗和沉积。

③ 物种选择。

树(草)种选择。选择根系发达、耐水湿、固持土壤、培肥改土能力强的植物种类。不同区域的选择如下。a. 邻水区：根系发达、生长量大、固土能力强，耐水淹的乔灌树种。b. 过渡区：根量多、根系分布广、改良土壤作用强，生长量大、生长稳定、抗逆性强的乔灌树种和草本植物。c. 近陆区：根系发达、生长旺盛、固土力强，能大量过滤水中沉淀物和化学物质的草本植物。

自然乔草带修复，宜注重与现有景观融合，采用小片区种植，细化植物种类和布局，在乔草带内铺设透水铺装，满足群众休闲娱乐功能；灌草带以彩叶灌木、花灌木为主，采用孤植、丛植和行列栽植，植株下设置开花草被拦截面源污染。植物选用根系发达、冠幅大、防风保水能力强的乔木树种。构建防护林，以达到减小风速、固坡护岸、减少泥沙和污染物入河的生态功能。灌草带可缩窄其设计宽度，为乔草带保留更多空间，以防治水土流失。村落－农田地区缓冲带内乔草带修复根据地区偏远程度选择，远离农村的地区，可种植根系发达、冠幅大、防风保水能力强的乔木树种作为防护林，近农村区域可考虑选种经济作物。

(4) 河流湿地生态修复。

人工湿地一般由基质和生长在基质上的水生植物组成，形成基质－植物－微生物生态系统，利用湿地中填料、水生植物和微生物之间的相互作用，通过一系列物理、化学及生物过程实现对污水的净化。湿地建设总体要求如下。

① 选址及布置要求。应充分结合河流水文、地质条件，选择面积适宜，对河道流态影响较小的区域布置湿地设施，避免因选址不当导致的湿地裂损、倒灌、排水不畅等问题。应选择便于施工、维护和管理的位置布置设施。

② 工艺类型选择。根据河流生态缓冲带的空间位置及结构形态，污染负荷削减需求等因素，选择适合的工艺组合。

③ 出水水质要求。应保证湿地出水水质要求不低于河流目标水质要求。

④ 针对支流河口、汊港或有污水厂尾水排放的区域，可优先选择对总氮、总磷等去除效果较好的潜流人工湿地或者生态滤池，形成基质－植物－微生物生态系统。人工湿地设计过程中，应突出湿地的自然特点，充分利用生态系统自我修复能力。应注意功能型湿地或滤池表面标高，避免低于洪水水位。

⑤ 城市湿地的构建应注重城市生态景观，宜结合滞洪区建设，兼具滞洪区的功能。充分利用河道景观、公园、水塘、公路两侧排石沟，构建浅水湿地，水深一般不超过 0.5 m，最深不超过 1.5 m，利用自然跌水富氧，低成本运行。当人工湿地的进水负荷较高时，城市段应结合海绵城市建设，降低进水负荷。

(5) 缓冲带的功能强化。

生态修复宜配合生态拦截沟渠建设、绿篱隔离带、下凹式绿地、生物滞留带等措施或梯级组合工艺，强化生态缓冲带功能。河湖缓冲带的设计与分区见图 3-11。

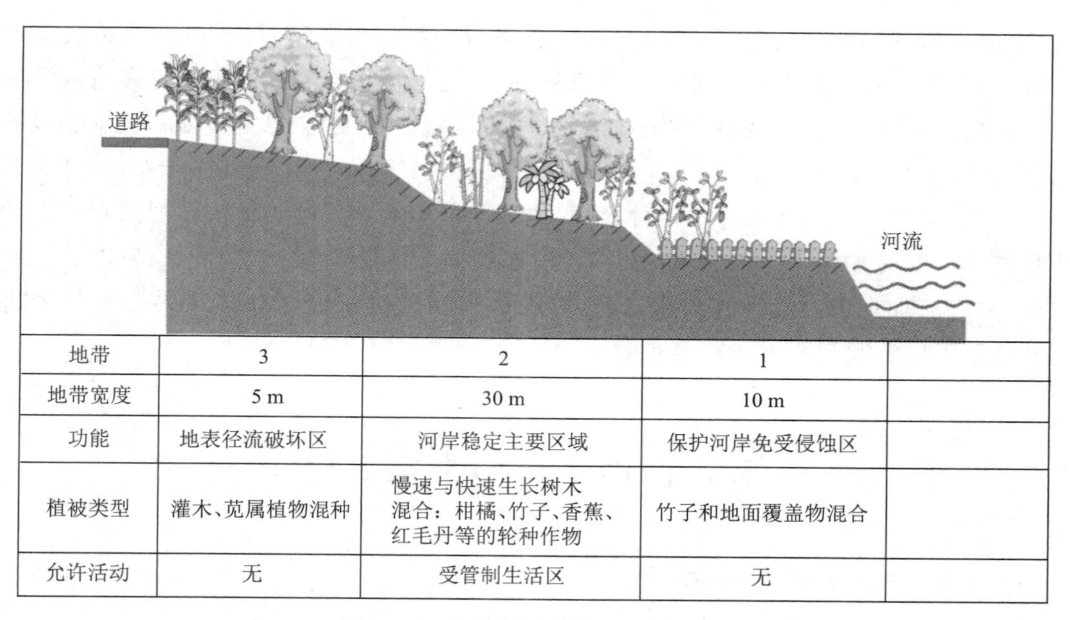

地带	3	2	1	
地带宽度	5 m	30 m	10 m	
功能	地表径流破坏区	河岸稳定主要区域	保护河岸免受侵蚀区	
植被类型	灌木、苋属植物混种	慢速与快速生长树木混合：柑橘、竹子、香蕉、红毛丹等的轮种作物	竹子和地面覆盖物混合	
允许活动	无	受管制生活区	无	

图 3-11 河湖缓冲带的设计与分区

3.2.2.3 河流水体修复技术

河道修复是一项重要的环境保护工程，旨在恢复河道的水生态平衡，保障河流的健康和可持续发展。以下是河道修复常用的技术方法。

（1）物理修复：① 清淤疏浚：清除河道内的淤泥和污染物，以恢复河道的过流能力和水体自净能力。② 河岸固化：通过工程技术手段对河岸进行加固和稳定，防止水土流失和滑坡等问题。③ 水系连通：恢复河道与周边水系的连通，提高水体的流动性，增强水体的自净能力。

（2）化学修复：① 絮凝沉淀：通过投加化学药剂，使污染物在水中产生絮凝沉淀，进而去除污染物。② 氧化还原：利用化学氧化剂或还原剂将污染物转化为无害物质。③ 营养盐控制：通过控制水体中的营养盐含量，以抑制水体中藻类的生长，从而改善水质。

（3）生物修复：① 生态浮岛：利用浮力原理，在河道中设置生态浮岛，以增加水生植物的多样性，提高水体的自净能力。② 生物膜技术：通过在河道内设置生物膜反应器，利用微生物膜净化水质。③ 生物操纵：通过调整水生生物的种群结构，以改善水质和恢复生态平衡。

（4）生态修复：① 湿地修复：通过恢复和重建湿地生态系统，以增加湿地的生态功能和保护生物多样性。② 植被修复：在河道两岸种植植被，以防止水土流失、美化环境、提高水质。③ 环境友好型材料：使用环保、可降解的材料来替代传统的建筑材料，减少对环境的污染。

（5）综合性修复技术：① 多技术联合修复：将物理、化学、生物和生态等多种修复技术相结合，以实现综合性的修复效果。例如，在清淤疏浚的基础上，可以结合生态浮岛、湿地修复等技术来改善水质和提高生态系统的稳定性。② 基于自然的解决方案（NBS）：这是一种以生态系统为中心的修复方法，通过模仿自然过程来恢复和增强河流生态系统的功能。NBS 方法包括植被修复、河流地貌恢复、水文修复等多种技术手段的综合应用。

总之，河道修复的技术方法多种多样，实际应用中需要根据具体的情况选择适合的修复方案。同时加强公众教育和宣传工作，提高公众环保意识和对河道修复的认识和支持；政府应加大资金投入和技术支持力度；加强相关法规政策的制定和执行，以促进河道修复工作的顺利开展和取得实效。

3.3 湿地水环境生态工程

3.3.1 湿地类型及分布

3.3.1.1 湿地的概念

湿地是地球上最重要的生态系统之一，它们在调节水文循环、维持生物多样性和提供生态服务方面发挥着关键作用。湿地类型的分布和特征受到多种因素的影响，包括气候、地形、水文条件和人类活动等。了解湿地类型及其分布对于湿地的保护和管理至关重要。随着气候变化和人类活动的影响，湿地生态系统面临着诸多威胁。狭义湿地是指地表过湿或经常积水，生长湿地生物的地区，湿地的研究活动往往采用狭义定义。“湿地”，泛指暂时或长期覆盖水深不超过 2 米的低地、土壤充水较多的草甸，以及低潮时水深不过 6 米的沿海地区，包括各种咸水淡水沼泽地、湿草甸、湖泊、河流以及洪泛平原、河口三角洲、泥炭地、湖海滩涂、河边洼地或漫滩、湿草原等。

湿地是水陆相互作用形成的特殊自然综合体，是地球上最富生物多样性的生态系统和人类最重要的生存环境之一。到 2017 年为止，国际上尚没有统一的湿地定义，不同学者从各自的学科角度赋予湿地不同的含义。1971 年，在伊朗的拉姆萨尔（Ramsar）会议上通过了《关于特别是作为水禽栖息地的国际重要湿地公约》，简称《湿地公约》。该公约指出：“湿地系指不论其为天然或人工、长久或暂时性的沼泽地、湿原、泥炭地或水域地带；水域不论其为静止或流动，淡水或半咸水或咸水者，包括低潮时不超过 6 m 的浅海区域。”这个湿地定义从保护水禽栖息地和防止湿地的人为改变出发，使用最为广泛。湿地是地球上重要的生态系统之一，对于维护生态平衡、人类福祉和可持续发展具有重要意义。然而，由于城市化、农业扩展和污染等人类活动的影响，全球的湿地面积正在逐渐减少，保护和恢复湿地已经成为全球环境保护的紧迫任务之一。

3.3.1.2 湿地的类型

湿地与森林、草原、农田、荒漠、海洋等生态系统共同构成了我国社会经济发展的生命支持系统，并通过生态过程向人类提供淡水、食物、工业原料、能源、物种、基因、栖息地，以及多方面的环境调节功能等生态系统产品与服务。2021 年 8 月自然资源部公布的第三次全国国土调查主要数据成果显示，我国各类湿地（包括湿地地类、水田、盐田、水域）总面积 8 606.07 万公顷。按照《湿地公约》对湿地类型的划分，31 类天然湿地和 9 类人工湿地在我国均有分布。

大体上湿地可分为天然湿地和人工湿地两大类。《湿地公约》中湿地类型分类系统有两种分类方式：① 按照湿地的海、陆以及人类活动作用形式的不同，将湿地划分为海岸咸水湿地、内陆淡水湿地和人工湿地三类；② 按照地貌类型和湿地作用过程将湿地划分为海域、海陆、潟湖、湖泊、沼泽和各种人工湿地类型。

3.3.1.3　湿地的分布

我国是全球湿地类型最丰富的国家之一，按照《湿地公约》对湿地类型的划分，31 类天然湿地和 9 类人工湿地在我国均有分布。其中天然湿地 3 600 多万公顷，广泛分布在全国各地，从寒温带到热带、从沿海到内陆、从平原到高原都有分布。总的说来，我国湿地分布状况为东多西少，东部湿地面积约占全国的 3/4，其中河流、沼泽、滨海湿地分布较多；而西部干旱区湿地较东部明显偏少，主要湿地类型为湖泊、沼泽湿地，大多分布于高原与山地，平原地区湿地较少。进一步在地图上将东西两部分横向切开，会发现东部湿地分布呈现出北多南少的特征，其中东北部地区沼泽湿地多，主要集中于东北山地和平原，这部分湿地面积占全国天然湿地面积的一半左右；西部则呈现出南多北少的趋势，西南部的青藏高原具有世界海拔最高的大面积高原沼泽和湖群，且多为咸水湖和盐湖，湿地面积仅次于东北地区，约占全国天然湿地面积的 20%。根据湿地分布，可以将我国湿地划分为 6 个主要区域：沿海湿地、东北湿地、长江中下游湿地、西北湿地、云贵高原湿地和青藏高原湿地。

参照《湿地公约》的分类将中国的湿地划分为近海与海岸湿地、河流湿地、湖泊湿地、沼泽与沼泽化湿地、库塘等 5 大类 28 种类型。其中，近海及海岸湿地类包括浅海水域、潮下水生层、珊瑚礁、岩石性海岸、潮间沙石海滩、潮间淤泥海滩、潮间盐水沼泽、红树林沼泽、海岸性咸水湖、海岸性淡水湖、河口水域、三角洲湿地共 12 型；河流湿地类包括永久性河流、季节性或间歇性河流、泛洪平原湿地共 3 型；湖泊湿地类包括永久性淡水湖、季节性淡水湖、永久性咸水湖、季节性咸水湖共 4 型；沼泽湿地类包括藓类沼泽、草本沼泽、沼泽化草甸、灌丛沼泽、森林沼泽、内陆盐沼、地热湿地、淡水泉或绿洲湿地共 8 型；人工湿地类有多种类型，但从面积和湿地功能的重要性考虑，全国湿地调查只调查了库塘湿地 1 型。我国湿地的类型及面积统计见表 3-4。

表 3-4　我国湿地的类型及面积（根据 2013 年第二次全国湿地资源调查结果）

<table>
<tr><td colspan="5">湿地（5 342.06 万 hm²）</td></tr>
<tr><td colspan="4">自然湿地（4 667.47 万 hm²）</td><td rowspan="2">人工湿地
674.59 万 hm²</td></tr>
<tr><td>近海与海岸湿地
579.59 万 hm²</td><td>沼泽湿地
2 173.29 万 hm²</td><td>湖泊湿地
859.38 万 hm²</td><td>河流湿地
1 055.21 万 hm²</td></tr>
</table>

中国的湿地生境类型众多，其间生长着多种多样的生物物种，不仅物种数量多，而且很多为中国所特有。据初步统计，中国湿地植被约有101科，其中维管束植物约有94科，高等植物中属濒危种类的有100多种。中国湿地的鸟类种类繁多，在亚洲57种濒危鸟类中，中国湿地内就有31种，占54%；全世界雁鸭类有166种，中国湿地就有50种，占30%；全世界鹤类有15种，中国仅记录到的就有9种；此外，还有许多是属于跨国迁徙的鸟类。在中国湿地中，有的是世界某些鸟类唯一的越冬地或迁徙的必经之地，如在鄱阳湖越冬的白鹤占世界总数的95%以上。

3.3.2 湿地的保护与修复

2023年2月2日，是我国的第27个世界湿地日，主题为：湿地修复（Wetland Restoration）。旨在提高公众对湿地为人类和地球所做贡献的认识，促进采取行动来修复湿地。湿地的主要功能和作用：① 调节气候：湿地水汽充足，一定程度增加降水量；湿地富含水，水的比热容较大，升温慢，降温也慢，温差较小。② 涵养水源、调节径流、调洪防旱。③ 净化水质：湿地中的土壤、植物等能将水中杂质过滤、吸收，泥沙沉积，使得水质清澈。④ 美化环境，丰富生物多样性，能为生物提供生存场所。

我国是一个人口大国，粮食问题始终是各级政府十分关注的问题。湿地地势平坦，面积辽阔，土壤肥沃；一遇扩大耕地面积时，首先想到开垦与围垦湿地，这是可以理解的。但现实问题在于实际操作中缺乏统一的规划和科学论证。盲目而无限制地开垦与围垦湿地，造成天然湿地大面积丧失，并随之造成湿地生物多样性和生态功能的丧失。湿地的盲目开垦与围垦，以东北三江平原和长白山区、长江中游的湖泊围垦及滨海湿地的围垦问题最为突出。

三江平原是黑龙江、松花江和乌苏里江冲积形成的低平原，总面积10.89万km^2。从1949年以来，经多次大规模排水开垦沼泽与沼泽化草甸湿地，耕地面积已由78.6万hm^2增至524.0万hm^2。由此，沼泽与沼泽化草甸湿地由1949年的489.8万hm^2减至2000年的90.7万hm^2，天然湿地面积丧失80%以上。平原地区的沼泽率由73.5%降至13.6%，而垦殖率则由11.8%增至78.0%。长白山区的沟谷和河漫滩沼泽也有70%以上被垦为水田与旱田。几十年来，全国围垦湖泊面积达130万hm^2，丧失湖泊调蓄容积350亿m^3，因围垦而消失的天然湖泊近1 000个。地处长江中游的湖北省原有湖泊1 066个，有“千湖之省”之称，到2017年湖泊仅剩309个。湖泊面积的缩小更为普遍。如洞庭湖面积由4 350 km^2（1954年）缩小为2 625 km^2（1995年），减小了1 725 km^2；鄱阳湖面积由4 400 km^2（1954年）缩小为2 933 km^2（1998年），减小了1 467 km^2；洪湖面积由760 km^2（1951年）减小为348 km^2（2001年）。

湿地面积的丧失导致湖泊调蓄功能衰退，湖区洪涝灾害频繁，经济损失越来越严重。滨海湿地的围垦面积也很大。全国现有滨海湿地面积594.9万hm^2，几十年来已围垦滩涂湿地119.2万hm^2，若加上潮间带城乡工矿用地96.5万hm^2，人工养殖面积19.5万hm^2，已占海岸带天然湿地面积的40%左右。在滨海湿地中，红树林湿地的破坏和丧失十分严重。历史上我国红树林湿地较为丰富，大约在 150 年前，仅广西沿海就有红树林 24 000 hm^2，是如今广西红树林湿地的 3 倍。20 世纪 50 年代全国红树林湿地为 48 266 hm^2；1957 年全国自然资源清查统计为 40 000 hm^2，而如今红树林湿地仅有 22 024.7 hm^2。由此可以看出，我国红树林面积不断减少。与 20 世纪 50 年代相比，大约减少了 54.4%。

湿地所面临的问题不仅仅是生态环境问题，还有人口、经济问题。湿地保护需要放在经济社会环境这个大系统中考虑。湿地退化有着深刻的社会经济根源。我国政府在湿地保护和利用方面采取了一系列的措施，取得了巨大的成绩。中国建立的湿地自然保护区有 353 处，其中 30 块湿地被列入《湿地公约国际重要湿地名录》，湿地保护区总面积达 5 635 万 hm^2，40% 的天然湿地和 33 种国家重点珍稀水禽得到了有效保护。我国湿地保护工作得到国际社会高度认可，2004 年湿地国际将世界上首个“全球湿地保护与合理利用杰出成就奖”授予我国。

湿地的保护与修复应注重以下几个方面的工作。

（1）全流域生态管理。

由于水的流动性和水生态系统的整体性，决定了湿地保护应以流域为单元进行统一管理。为了从根本上解决流域中下游湿地利用面临的问题，实现湿地资源的可持续利用，解决区内上下游用水的供需矛盾，实现水资源的优化配置，只有按照湿地的流域分布规律，运用流域生态学理论与实践成果，进行流域生态管理，才能从根本上协调好方方面面的关系，从而推动区域湿地保护工作顺利、有效地开展。

（2）科研支持与环境监测评估。

湿地科学是研究湿地形成、发育、演化、生态功能与生态过程的科学，涉及湿地生物多样性、劣化湿地恢复与重建、湿地生态系统健康评价等，因此需要运用新技术、新手段与新方法，为湿地保护提供科技支撑。

（3）加强湿地保护。

《中华人民共和国湿地保护法》于 2021 年 12 月 24 日通过，2022 年 6 月 1 日起施行。

我国的湿地恢复研究起步较晚，进入 21 世纪后，我国湿地生态恢复工作有了较大发展，在不同地区建立了湿地生态恢复示范区。湿地生态系统恢复工程与技术是应用生态工程的原理和方法对湿地进行保护、构建、恢复和调整，以达到湿地正常功能的运行和生态系统服务功能的可持续性发挥的综合技术体系，一般可简称湿地生态工程。实际上，湿地生态系统恢复工程与技术主要包括自然湿地恢复和人工湿地构建。前者是指通过生态技术或生态工程对退化或消失的湿地（主要是沼泽、湖泊、河流）进行修复或重建，再现干扰前的结构和功能，以及相关的物理、化学和生物学特性，使其发挥应有的作用。主要包括提高地下水位来养护沼泽，改善水禽栖息地；增加湖泊的深度和广度以扩大湖容，增加鱼的产量，增强调蓄功能；迁移湖泊、河流中的富营养沉积物以及有毒物质以净化水质；恢复泛滥平原的结构和功能以利于蓄纳洪水，提供野生生物栖息地，同时也有助于水质恢复。后者主要指由人工建造和监督控制，充分利用湿地系统净化污水的能力，利用生态系统中的物理、化学和生物的三重协同作用，通过过滤、吸附、沉淀、离子交换、植物吸收和微生物分解等来实现对污水的高效净化。湿地生态恢复类型与关键技术见表 3-5。

表 3-5　湿地生态恢复类型与关键技术一览表

<table>
<tr><th colspan="2">湿地生态恢复类型</th><th colspan="2">关键技术</th></tr>
<tr><td rowspan="16">自然湿地</td><td rowspan="8">湿地生境恢复</td><td rowspan="4">湿地基底恢复技术</td><td>湿地基底改造技术</td></tr>
<tr><td>水土流失控制技术</td></tr>
<tr><td>清淤技术</td></tr>
<tr><td>水利工程技术</td></tr>
<tr><td rowspan="4">湿地水体恢复技术</td><td>污水处理技术</td></tr>
<tr><td>水体富营养化控制技术</td></tr>
<tr><td>土壤污染控制技术</td></tr>
<tr><td>土壤肥力恢复技术</td></tr>
<tr><td rowspan="6">湿地生物恢复技术</td><td colspan="2">物种选育和培植技术</td></tr>
<tr><td colspan="2">物种引入技术</td></tr>
<tr><td colspan="2">物种保护技术</td></tr>
<tr><td colspan="2">种群动态控制技术</td></tr>
<tr><td colspan="2">群落结构优化配置与组建技术</td></tr>
<tr><td colspan="2">群落演替控制与恢复技术</td></tr>
<tr><td rowspan="2">生态系统结构与功能恢复</td><td colspan="2">生态系统总体设计技术</td></tr>
<tr><td colspan="2">生态系统构建与集成技术</td></tr>
<tr><td rowspan="2">人工湿地</td><td rowspan="2">污水处理</td><td colspan="2">微生物修复技术</td></tr>
<tr><td colspan="2">植物修复技术</td></tr>
</table>

3.3.3　人工湿地

人工湿地（Constructed Wetland，CW）是指人工构筑的水池或沟槽，底面铺设防渗漏隔水层，充填一定深度的基质层，种植水生植物，利用基质、植物、微生物的物理、化学、生物三重协同作用使污水得到净化的工程设施。1901 年在美国专利局登记了第一个有关人工湿地的专利；1903 年英国约克郡 Earby 州建立了世界上第一个用于污水处理的人工湿地，该人工湿地连续运行到 1992 年；1959 年德国马克斯－普朗克研究所的凯西•赛德尔博士详细研究了水生植物吸收和分解化学污染物的能力，并于当年发表了她的研究成果，是人工湿地处理污水的机理研究的起点；1977 年德国的 Seidel 和 Kickuth 提出了根区理论：由于植物根系的输氧作用使得根系周围形成一个好氧区域，同时由于好氧生物膜对氧的利用而使各系较远的区域呈缺氧、厌氧状态，使硝化、反硝化得以实现。

人工湿地是一种可持续的、低投资和低维护成本的技术，它可以补充或替代传统的水处理方法。在过去的几十年中，人们对于利用湿地进行工程化处理的兴趣显著增加。

然而，这些人工湿地出水口的水体污染水平往往高于可接受的阈值，因此我们希望从物理角度（如水文动态、水力滞留时间、水路、农药和水样采集、物质平衡、河道坡度、水力粗糙度等）和生物角度（如植物选择、生物增强、生物刺激等）优化这些区域的功能。

人工湿地的研究表明，它们在去除二级废水中的硝酸盐方面具有出色的效能，且相对于其他处理过程，能耗更低。此外，构建浮动湿地（CFWs）作为大规模废水处理的技术已经获得了巨大的关注。全球范围内，人工湿地已在 50 多个国家用于可持续地处理废水。这些构建湿地（CWs）利用自然的生物地球化学和物理过程来去除有机物和营养物质，同时提供生态系统服务和娱乐等共同好处。然而，它们的性能可能会变化，因为当地的气候条件、废水成分和操作可能会影响污染物的去除。

人工湿地作为基于自然的解决方案的代表性技术，综合具有净化污染、保护生物多样性、涵养水源、蓄洪抗旱、回收资源等多种生态功能，对于加强水生态环境保护修复、促进区域再生水循环利用和推进生态文明建设具有重要意义。但人工湿地作为一种多介质复合系统，工程设计仍靠经验或半经验（半理论）的方法，且易受环境条件、工艺结构、操控参数等多种因素的综合影响，进而导致人工湿地工程的水质净化效率波动较大，出水水质稳定性不足，严重影响人工湿地技术的规模化应用和长期运行效果。

3.3.3.1　人工湿地的分类

人工湿地按照填料和水的位置关系，分为表面流人工湿地、潜流人工湿地和潮汐流人工湿地，潜流人工湿地按照水流方向，分为水平潜流人工湿地和垂直潜流人工湿地。

表面流人工湿地（Surface Flow Constructed Wetlands，SFCWs）是指水面在土壤表面以上，水从进水端流向出水端的人工湿地。表面流人工湿地的水深一般为 0.3 ～ 0.5 m。表面流人工湿地的底质通常包含砾石、黏土或泥炭土和碎石等，这些材料与植物根际区域相结合，参与污染物的净化过程。表面流人工湿地是一种有效的生态工程技术，能够模拟自然湿地的净化功能，处理各种水体和废水。它们的设计和运作需要考虑到多种环境和工程因素，以确保其有效性和可持续性。表面流人工湿地见图 3-12。

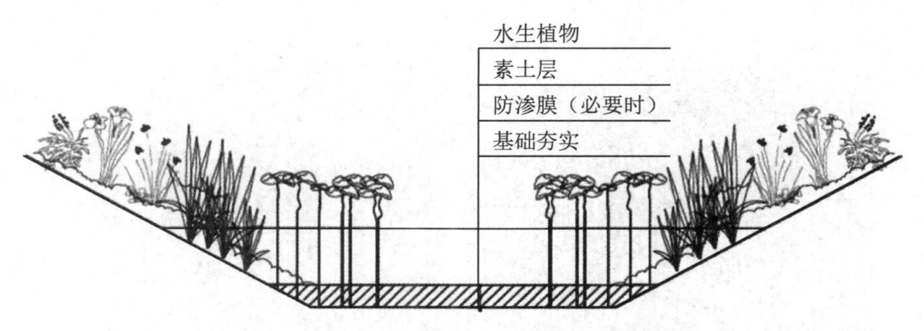

图 3-12　表面流人工湿地剖面示意图

潜流人工湿地指水面在填料表面以下，水从进水端水平或垂直流向出水端的人工湿地（见图 3-13、图 3-14）。水平潜流人工湿地：指水面在填料表面以下，水从进水端水平流向出水端的人工湿地。垂直潜流人工湿地：指水垂直流过填料层的人工湿地。按水流方向不同，又可分为下行垂直流人工湿地和上行垂直流人工湿地。潜流人工湿地系统中，污水在湿地床表面下流动，一方面可充分利用填料表面生长的生物膜、丰富的植物根系及表层土和填料截留等作用，以提高处理效果和处理能力；另一方面，由于水流在地表下流动，故保温性好，处理效果受气温影响小，卫生条件较好，应用较多。水平潜流湿地对 COD、BOD_5、SS、重金属等去除效果较好，垂直潜流对氮磷处理效果较好，尤其是氨氮。潜流人工湿地污染物去除机理见图 3-15。

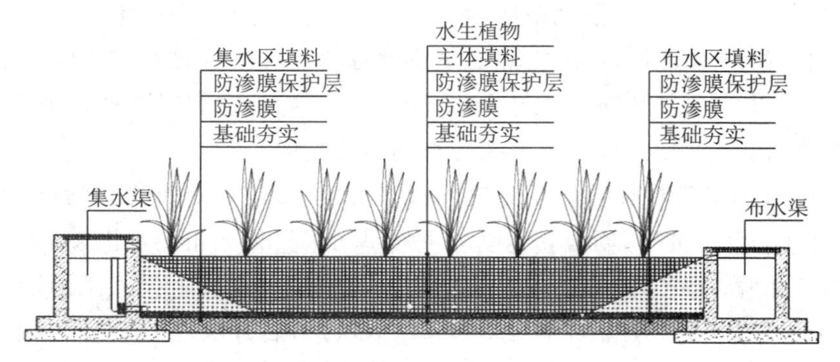

图 3-13　水平潜流人工湿地剖面示意图

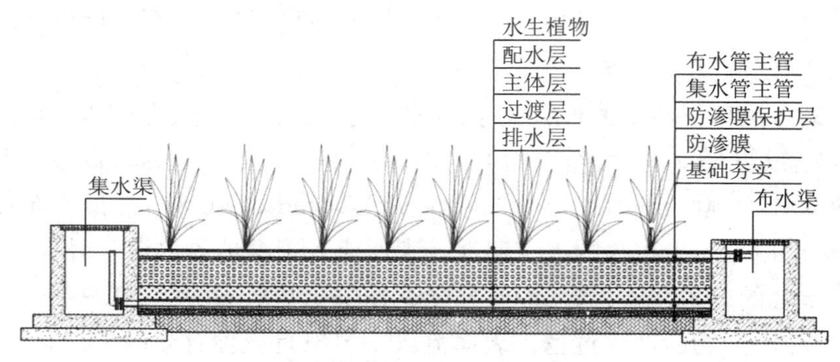

图 3-14　垂直潜流人工湿地剖面示意图

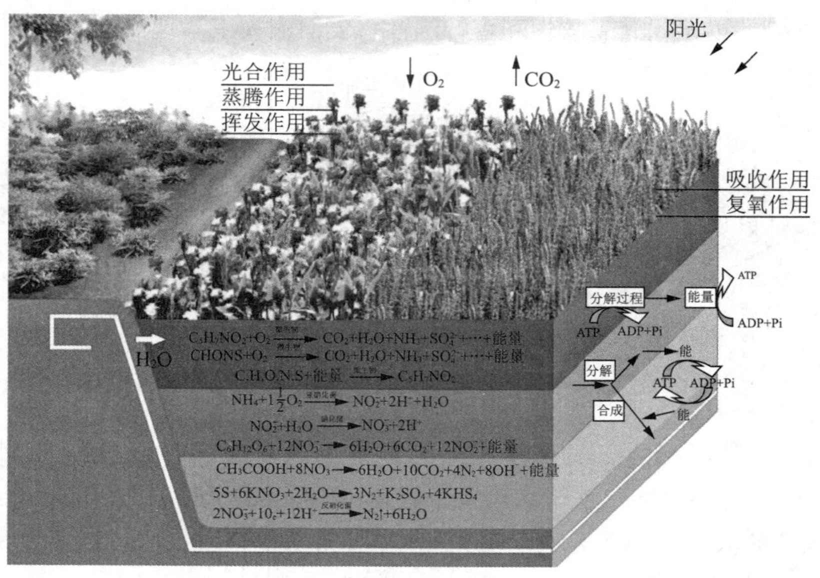

图 3-15　潜流人工湿地污染物去除机理示意图

潮汐流人工湿地（Tidal Flow Constructed Wetlands，TFCWs）是一种模拟自然潮汐运动的工程技术，通过周期性地注水和排水来模拟潮汐环境，从而增强氧气的传输能力和利用率，提高污水处理效率。潮汐流人工湿地利用周期性的注水和排水过程，模拟自然潮汐的动态变化，这种“被动泵”作用能够促进空气进入湿地基质，增强湿地的曝气效果，从而提高污染物的生物降解效率。实验结果显示，在较高的水力和有机负荷率下，潮汐流人工湿地能够实现较高的污染物去除效率，如 COD 77%，BOD_5 78%，SS 66%，NH_4^+-N 68%和 TP 38%。

3.3.3.2　人工湿地设计

（1）人工湿地的进水方式及进出水水质。

人工湿地的进水方式：常用的有推流式、回流式、阶梯式、综合式四种；回流式可稀释进水有机物和 SS 浓度，增加水中溶解氧，并减少处理出水中可能出现臭味等问题，同时可促进湿地床内硝化反硝化脱氮作用；阶梯进水式可避免处理湿地床前部堵塞，使植物长势均匀，有利于后部的硝化脱氮作用；综合式则一方面设置了出水回流，另一方面又将进水分布至填料床的中部，以减轻填料床前段的负荷。

为保证人工湿地水质净化功能和可持续运行，人工湿地进水水质需考虑水生态环境目标要求、当地水污染物排放标准、社会经济情况、用户需求、湿地处理能力等因素综合确定。当处理对象为集中式污水处理厂出水时，进水应达到当地水污染物排放标准。当处理对象为河湖水、农田退水时，进水应优于当地水污染物排放标准。人工湿地出水水质原则上应达到受纳水体水生态环境保护目标要求。当有再生水回用需求时，出水水质需满足再生水回用用途要求。

设计水量。当处理对象为污水处理厂出水时，设计水量需与污水处理厂出水量相匹配；当处理对象为河湖水、农田退水时，设计水量应考虑受纳水体水质改善需求、可利用土地面积、湿地耐冲击负荷能力等因素合理确定。人工湿地系统进水水质和污染物去除效率见表 3-6、表 3-7。

表 3-6　人工湿地系统进水水质要求（mg/L）

人工湿地类型	BOD_5	COD_{Cr}	SS	NH_3-N	TP
表面流人工湿地	≤ 50	≤ 125	≤ 100	≤ 10	≤ 3
水平潜流人工湿地	≤ 80	≤ 200	≤ 60	≤ 25	≤ 5
垂直潜流人工湿地	≤ 80	≤ 200	≤ 80	≤ 25	≤ 5

表 3-7　人工湿地系统污染物去除效率（%）

人工湿地类型	BOD_5	COD_{Cr}	SS	NH_3-N	TP
表面流人工湿地	40 ~ 70	50 ~ 60	50 ~ 60	20 ~ 50	35 ~ 70
水平潜流人工湿地	45 ~ 85	55 ~ 75	50 ~ 80	40 ~ 70	70 ~ 80
垂直潜流人工湿地	50 ~ 90	60 ~ 80	50 ~ 80	50 ~ 75	60 ~ 80

（2）人工湿地设计主要参数。

① 水力停留时间（hydraulic retention time，HRT）指污水在人工湿地内的平均驻留时间、潜流人工湿地的水力停留时间计算如下：$t=V\times\varepsilon/Q$；式中，t 为水力停留时间，d；V 为人工湿地基质在自然状态下的体积，包括基质实体及其开口、闭口孔隙，m^3；ε 为孔隙率，%；Q 为人工湿地设计水量，m^3/d。

② 表面有机负荷（Surface organic load，q_{os}）：指每平方米人工湿地在单位时间去除的 BOD_5 的量。$q_{os}=Q\times(C_0-C_1)\times10^{-3}/A$。

③ 表面水力负荷：指每平方米人工湿地在单位时间所能接纳的污水量；计算如下：$q_{hs}=Q/A$，q_{hs} 为表面水力负荷，$m^3/(m^2\cdot d)$；Q 为人工湿地设计水量，m^3/d；A 为人工湿地面积，m^2。

④ 水力坡度：指污水在人工湿地内沿水流方向单位渗流路程长度上的水位下降值。$i=\Delta H/L\times100\%$，表面流人工湿地的水力坡度宜小于 0.5%、潜流人工湿地的水力坡度宜为 0.5% ～ 1%。人工湿地主要设计参数见表 3-8。

表 3-8　人工湿地的主要设计参数

人工湿地类型	BOD_5 负荷 [$kg/(hm^2\cdot d)$]	水力负荷 [$m^3/(m^2\cdot d)$]	水力停留时间 /d
表面流人工湿地	15 ～ 50	＜ 0.1	4 ～ 8
水平潜流人工湿地	80 ～ 120	＜ 0.5	1 ～ 3
垂直潜流人工湿地	80 ～ 120	＜ 1.0	1 ～ 3

人工湿地设计主要参数设计例题：设计一块湿地把 BOD 从 60 mg/L 削减至出水浓度年平均值为 15 mg/L。流量为稳定量 3 786 m^3/d，请确定表面流人工湿地面积的大小。

a. 达到设计目标，每天去除 BOD_5 的量：（60−15）×3 786 =170 370（g）=170.37（kg）

b. 选取 BOD_5 负荷，优先选中间值［如本题表面流湿地选 30 $kg/(hm^2\cdot d)$］，对应本题表面流人工湿地设计设计面积为：（170.37/30）×10 000 = 5.679×10 000 = 56 790（m^2）

c. 复核水力负荷：3 786/56 790=0.066 7［$m^3/(m^2\cdot d)$］＜ 0.1，满足规范要求。

d. 同时可复核确定表面流人工湿地有效水深：若选取水力停留时间为 6 d，表面流人工湿地中污水体积 V=3 786×6=22 716 m^3，有效水深 H=22 716/56 790 = 0.4 m，符合设计规范要求。

⑤ 人工湿地几何尺寸。

不同类型人工湿地几何尺寸设计应符合以下要求。

a. 水平潜流人工湿地几何尺寸设计，应符合下列要求：

• 单个单元面积不宜大于 2 000 m^2，多个处理单元并联时，其单个单元面积宜平均分配；

• 长宽比宜小于 3∶1，长度宜取 20 ～ 50 m；

• 水深宜为 0.6 ～ 1.6 m，超高宜取 0.3 m，池体宜高出地面 0.2 ～ 0.3 m；

• 水力坡度宜选取 0 ～ 0.5 %。

b. 垂直潜流人工湿地几何尺寸设计，应符合下列要求：

•单个单元面积宜小于 1500 m²，多个处理单元并联时，其单个单元面积宜平均分配；

•长宽比宜为 1∶1 ～ 3∶1，可根据地形、集布水需要和景观设计等确定形状；

•水深宜为 0.8 ～ 2.0 m。

c. 表面流人工湿地几何尺寸设计，应符合下列要求：

•单个处理单元面积不宜大于 3 000 m²，由天然湖泊、河流和坑塘等水系改造而成的表面流人工湿地可根据实际地形，在避免出现死水区的前提下，因地制宜设计处理单元面积及形状；

•长宽比宜大于 3∶1；

•水深应与水生植物配植相匹配，一般为 0.3 ～ 2.0 m，平均水深不宜超过 0.6 m，超高应大于风浪爬高，且宜大于 0.5 m。

表面流人工湿地宜分区设置，一般分为进水区、处理区和出水区。处理区需设置一定比例的深水区，深水区水深宜为 1.5 ～ 2.0 m，一般控制在 30% 以内。对形状不规则的人工湿地，应设置防止短流、滞留的导流设施，保证水力分配均匀。

（3）人工湿地设计填料。

填料的选择与铺设应符合以下要求：

a. 填料应选择具有一定机械强度、比表面积较大、稳定性良好并具有合适孔隙率及表面粗糙度的填充物，主要技术指标应符合《水处理用滤料》（CJ/T 43—2005）及《建设用卵石、碎石》（GB/T 14685—2022）中的有关规定。

b. 填料选择在保证处理效果前提下，应兼顾当地资源状况，选用土壤、砾石、碎石、卵石、沸石、火山岩、陶粒、石灰石、矿渣、炉渣、蛭石、高炉渣、页岩或钢渣等材料，也可采用经过加工和筛选的碎砖瓦、混凝土块材料或对生态环境安全的合成材料。填料选择及布置应符合以下要求：

•填料层可采用单一填料或组合填料，填料粒径可采用单一规格或多种规格搭配；

•填料应预先清洗干净，按照设计级配要求充填，填料有效粒径比例不宜小于 95%；

•填料充填应平整，且保持不低于 35% 的孔隙率，初始孔隙率宜控制在 35% ～ 50%；

•填料层厚度应大于植物根系所能达到的最深处；

•采用矿渣、钢渣等作为填料时，应考虑其会引起锌、砷、铅等重金属物质溶出，在满足出水水质要求的情况下使用；同时钢渣、矿渣可能会引起水中 pH 升高，建议与其他填料组合使用，并设计防范措施。

c. 水平潜流人工湿地的填料铺设区域可分为进水区、主体区和出水区。

d. 垂直潜流人工湿地填料宜同区域垂直布置，从进水到出水依次为配水层、主体层、过渡层和排水层。

e. 对磷或氨氮有较高去除要求时，可铺设对磷或氨氮去除能力较强的填料，其填充量和级配应通过试验确定，磷或氨氮的填料吸附区应便于清理或置换。

f. 在保证净化效果的前提下，水平潜流人工湿地填料宜采用粒径相对较大的填料，进水端填料的布设应便于清淤；

g. 人工湿地填料层的填料粒径、填料厚度和装填后的孔隙率，可按试验结果或按相似条件下实际工程经验设计。

（4）人工湿地设计植物。

人工湿地植物的选择和种植应符合以下要求。

a. 人工湿地植物的选择应遵循以下原则：

•宜选择适应当地自然条件、收割与管理容易、经济价值高、景观效果好的本土植物；

•宜选择成活率高、耐污能力强、根系发达、茎叶茂密、输氧能力强和水质净化效果好等综合特性良好的水生植物；

•宜选择抗冻、耐盐、耐热及抗病虫害等较强抗逆性的水生植物；

•禁止选择水葫芦、空心莲子草、大米草、互花米草等外来入侵物种。

b. 人工湿地可选择一种或多种植物作为优势种搭配栽种，增加植物的多样性和景观效果。根据湿地水深合理配植挺水植物、浮水植物和沉水植物，并根据季节合理配植不同生长期的水生植物。

c. 应根据人工湿地类型、水深、区域划分选择植物种类。

3.3.3.3　人工湿地的施工与验收

（1）施工基本规定。

① 原材料、半成品或成品的质量标准，《人工湿地水质净化技术指南》有规定的，可参照执行；无规定的，按现行国家有关标准执行。

② 施工过程中除参照《人工湿地水质净化技术指南》外，施工单位的资质、施工技术、劳动安全、卫生、消防和水利等应符合国家现行标准的有关规定。

③ 施工过程应满足以下要求：

•土建工程施工应按《城镇污水处理厂工程质量验收规范》（GB 50334—2017）、《给水排水管道工程施工及验收规范》（GB 50268—2008）和《给水排水构筑物工程施工及验收规范》（GB 50141—2008）及其他相关标准进行；

•设备安装工程施工应按《工业安装工程施工质量验收统一标准》（GB/T 50252—2018）、《机械设备安装工程施工及验收通用规范》（GB 50231—2009）和《城镇污水处理厂工程质量验收规范》（GB 50334—2017）及其他相关标准进行。

（2）验收基本规定。

① 验收分为质量验收和竣工环境保护验收。

② 验收过程中除参照本指南外，还应符合劳动安全、卫生、消防和水利等国家现行标准的有关规定。

③ 质量验收应按土建工程质量验收、设备安装工程质量验收、植物栽种验收、竣工

验收等程序进行。单位(子单位)工程、分部(子分部)工程、分项工程(验收批)的划分可按工程概预算相关划分依据而定,质量验收记录应按《给水排水构筑物工程施工及验收规范》(GB 50141—2008)《给水排水管道工程施工及验收规范》(GB 50268—97)及其他相关标准填写。

④ 土建工程质量应按《城镇污水处理厂工程质量验收规范》(GB50334—2017)《给水排水管道工程施工及验收规范》(GB 50268—2008)、《给水排水构筑物工程施工及验收规范》(GB 50141—2008)及其他相关标准进行验收。

⑤ 设备安装工程单机及联动试运转应按《工业安装工程施工质量验收统一标准》(GB/T 50252—2018)《机械设备安装工程施工及验收通用规范》(GB 50231—2009)《城镇污水处理厂工程质量验收规范》(GB 50334—2017)及其他相关标准进行验收。

3.3.3.4　人工湿地的运行与调试

为保证人工湿地系统能够长期稳定运行,必须注意系统的维护:应采取必要的工程技术措施使人工湿地水力负荷满足设计要求,防止人工湿地水力负荷超设计值运行;人工湿地进水做好预处理、植物管理等。

3.4　滨海水环境生态工程

滨海水环境生态工程是指在沿海地区实施的旨在保护和恢复水环境生态系统的工程项目。这些工程通常包括生态修复、海岸线保护、生态防波堤建设等,目的是提高沿海地区的生物多样性,减少城市化和气候变化对自然栖息地的影响。

城市化沿海地区的基础设施往往成为主导性栖息地,但这些人造结构通常不能很好地替代自然栖息地。为了增强这些基础设施的生物多样性,已经尝试了多种生态工程方法,但效果各异。生态工程项目(EEP)已被用来缓解沿海湿地的退化。然而,EEP对沿海湿地地貌影响的文献记录不多。

具体来说,滨海水环境生态工程可能涉及以下几个方面的实施。① 湿地恢复和建设:利用人工手段或恢复自然过程,重建和保护滨海湿地,如沼泽、河口湿地和盐沼,这些湿地不仅能够净化水质,还能提供鸟类和水生动物的栖息地。② 海岸带植被恢复:通过种植适应性强的植物,如红树林和其他沿海植物,加强海岸带的稳定性和抗风蚀能力,防止土壤侵蚀和海岸线的退缩。③ 人工堤防和海岸保护:设计和建设人工海岸保护结构,如堤坝、人工岛屿和沿岸植被带,以减少风浪对沿海地区的影响,保护沿海生态系统和人类居住区。④ 水质治理和监测:通过引入植物、微生物和人工过滤系统,改善滨海水体的水质,减少污染物质的输入和积累,保护渔业资源和水生生态系统。⑤ 生态旅游和社区参与:利用生态修复和保护成果,开发生态旅游项目,提升公众对滨海生态环境保护的认识和参与度,促进可持续发展。

滨海水环境生态工程的设计理念已经引起了广泛的兴趣,例如生态基础的海岸填海工程。这些工程的设计和优化需要对生态过程的理解。生态工程解决方案，如生态防波堤和生态海岸线，被认为是对抗气候变化导致的侵蚀和洪水威胁的有效方法。海岸生态系统服务的研究需要考虑过去和未来的土地利用和土地覆盖变化动态。为了提高滨海水环境生态工程的效果，需要针对不同生态系统创造的各种栖息地进行科学研究，并在新的开发项目中采用生态友好的工程设计。通过科学规划和工程实施，提升滨海地区的整体生态环境质量，实现生态与经济的双赢。

参考文献

[1] ROMERO O C, STRAUB A P, KOHN T, et al. Role of Temperature and Suwannee River Natural Organic Matter on Inactivation Kinetics of Rotavirus and Bacteriophage MS2 by Solar Irradiation[J]. Environmental Science & Technology, 2011, 45(24):10385-10393.

[2] EMADIAN S M, SEFILOGLU F O, BALCIOGLU I A, et al. Identification of core micropollutants of Ergene River and their categorization based on spatiotemporal distribution[J]. Science of the Total Environment, 2021, 758:143656.

[3] 刘鸿亮. 湖泊富营养化控制[M]. 北京:中国环境科学出版社, 2011.

[4] 金相灿,屠清瑛. 湖泊富营养化调查规范[M]. 北京:中国环境科学出版社, 1990.

[5] YAO X C, CAO Y, ZHENG G D, et al. Use of life cycle assessment and water quality analysis to evaluate the environmental impacts of the bioremediation of polluted water[J]. Science of the Total Environment, 2021, 761:143260.

[6] LONGYANG Q Q. Assessing the effects of climate change on water quality of plateau deep-water lake-A study case of Hongfeng Lake[J]. Science of the Total Environment, 2019, 647:1518-1530.

[7] TOMCZYK N J, ROSEMOND A D, KOMINOSKI J S, et al. Nitrogen and phosphorus uptake stoichiometry tracks supply ratio during 2-year whole-ecosystem nutrient additions[J]. Ecosystems, 2023, 26(5):1018-1032.

[8] SATPATI GG, DIKSHIT P K, MAL N, et al. A state of the art review on the co-cultivation of microalgae-fungi in wastewater for biofuel production[J]. Science of the Total Environment, 2023, 870:161828.

[9] RAY A, NAYAK M, GHOSH A, et al. A review on co-culturing of microalgae:A greener strategy towards sustainable biofuels production[J]. Science of the Total Environment, 802:149765.

[10] RAY A, BANERJEE S, DAS D, et al. Microalgal bio-flocculation:present scenario and prospects for commercialization[J]. Environmental Science and Pollution Research, 2021, 28(21):26294-26312.

[11] 蒋克彬,彭松,张小海. 农村生活污水分散式处理技术及应用[M]. 北京:中国建筑工业出版社, 2009.

[12] LORENZ S, PUSCH M T, MILER O, et al. How much ecological integrity does a lake need? Managing the shores of a peri-urban lake[J]. Landscape and Urban Planning, 2017, 164:91-98.

[13] LI C H, WANG Y K, YE C, et al. A proposed delineation method for lake buffer zones in watersheds dominated by non-point source pollution[J]. Science of the Total Environment, 2019, 660:32-39.

[14] TANG W X, LIU S G, FENG S L, et al. Evolution and improvement options of ecological environmental quality in the world' s largest emerging urban green heart as revealed by a new assessment framework[J]. Science of the Total Environment, 2023, 858: 159715.

[15] YAN Z W, WU L, LV T, et al. Response of spatio-temporal changes in sediment phosphorus fractions to vegetation restoration in the degraded river-lake ecotone[J]. Environmental Pollution, 2022, 308: 119650.

[16] WANG P Y, LI H X, PENG X Q, et al. New ecological dam for sediment and overlying water pollution treatment based on microbial fuel cell principle[J]. Environmental Science and Pollution Research, 2019, 26(18): 18615-18623.

[17] ZHANG Y H, HU Y M, PENG Z L, et al. Research on application of a new bottom trap technology to catch particles rich in nutrients in a large shallow lake[J]. Journal of Environmental Management, 2021, 300: 113798.

[18] HOSSAIN M U, WANG L, CHEN L, et al. Evaluating the environmental impacts of stabilization and solidification technologies for managing hazardous wastes through life cycle assessment: A case study of Hong Kong[J], 2020, 145: 106139.

[19] CHEN Q F, YANG Z, QI K M, et al. Different pollutant removal efficiencies of artificial aquatic plants in black-odor rivers[J]. Environmental Science and Pollution Research, 2019, 26(33): 33946-33952.

[20] ALI F, JILANI G, FAHIM R, et al. Functional and structural roles of wiry and sturdy rooted emerged macrophytes root functional traits in the abatement of nutrients and metals[J]. Journal of Environmental Management, 2019, 249: 109330.

[21] LI C, DING S M, MA X, et al. Sediment arsenic remediation by submerged macrophytes via root-released O_2 and microbe-mediated arsenic biotransformation[J]. Journal of Hazardous Materials, 2023, 449: 131006.

[22] 中华人民共和国生态环境部．2022 中国生态环境状况公报 [R/OL].（2023-05-29）[2024-05-15]. https://www.mee.gov.cn/hjzl/sthjzk/zghjzkgb/202305/P020230529570623593284.pdf

[23] GARRIS H W, MITCHELL R J, FRASER L H, et al. Forecasting climate change impacts on the distribution of wetland habitat in the Midwestern United States[J]. Global Change Biology, 2015, 21(2): 766-776.

[24] 李文华，闵庆文，张强．生态气象灾害 [M]. 北京：气象出版社，2009.

[25] 赵魁义．湿地生物多样性保护 [M]. 北京：中国林业出版社，2008.

[26] 唐小平，黄桂林．中国湿地分类系统的研究 [J]. 林业科学研究，2003, 16(5): 531-539.

[27] ARSLAN M, WILKINSON S, NAETH M A. Performance of constructed floating wetlands in a cold climate waste stabilization pond[J]. Science of the Total Environment, 2023, 880: 163115.

[28] WANG W, WU Y, ZHAO C, et al. Constructed wetlands for pollution control. Nature Reviews Earth & Environment, 2023, 4: 218-234.

[29] MALDONADO I, TERRAZAS E G M, VILCA F Z, et al. Application of duckweed (Lemna sp.) and water fern (Azolla sp.) in the removal of pharmaceutical residues in water: State of art focus on antibiotics[J]. Science of the Total Environment, 2022, 838: 156565.

[30] WU H, WANG R G, YAN P H, et al. Constructed wetlands for pollution control[J]. Nature

reviews earth & environment[J], 2023, 4:218-234.

[31] 生态环境部. 人工湿地水质净化技术指南[S/OL].(2021-06-12)[2024-05-15]. https://www.mee.gov.cn/xxgk2018/xxgk/xxgk06/202104/W020210430543446469098.pdf.

[32] ZHAO Y Q, SUN G, ALLEN S J, et al. Purification capacity of a highly loaded laboratory scale tidal flow reed bed system with effluent recirculation[J]. Science of the Total Environment, 2004, 330(1-3): 1-8.

[33] SHUTES R B E. Artificial wetlands and water quality improvement[J]. Environment International, 2001, 26(5-6): 441-447.

[34] 环境保护部. 人工湿地污水处理工程技术规范: HJ 2005-2010[S]. 北京: 中国环境科学出版社, 2010.

[35] WU W T, YANG Z Q, CHEN C P, et al. Tracking the environmental impacts of ecological engineering on coastal wetlands with numerical modeling and remote sensing[J]. Journal of Environmental Management, 2022, 302: 113957.

[36] XU Y, CAI Y P, SUN T, et al. Ecological preservation based multi-objective optimization of coastal seawall engineering structures[J]. Journal of Cleaner Production, 2021, 296(1-3): 126515.

[37] MORRIS R L, KONLECHNER T M, GHISALBERTI M, et al. From grey to green: Efficacy of eco-engineering solutions for nature-based coastal defence[J]. Global Change Biology, 2018, 24(5): 1827-1842.

[38] LI C W, FANG S B, GENG X L, et al. Coastal ecosystem service in response to past and future land use and land cover change dynamics in the Yangtze river estuary[J]. Journal of Cleaner Production, 2023, 385: 135601.

思考题

1. 按照污染来源控制方式可将湖泊水环境生态工程分为哪几类，分别进行阐述。
2. 人工湿地的设计要点主要包含哪几个方面。
3. 按照污染来源控制方式可将湖泊水环境生态工程分哪几类？
4. 简述人工湿地的分类。

第4章

地下水环境生态工程

4.1 地下水环境概述

地下水(Ground Water)是指赋存在地表以下岩层空隙中的水,狭义上是指地下水面以下饱和含水层中的水。地下水是水资源的重要组成部分。在国家标准 GB/T 14157—2023《水文地质术语》中,地下水是指埋藏在地表以下各种形式的重力水。国外学者通常对地下水的定义与国际水文学委员会(International Association of Hydrogeologists, IAH)提供的定义相似。根据 IAH 的定义,地下水是指"地球表面以下土壤和岩石裂隙或岩层孔隙中的水体"。这种定义强调地下水主要存在于土壤和岩石的孔隙和裂隙之中,而不是在地表水体中,如河流或湖泊。地下水与地表水之间有交互作用,包括补给和排泄过程,对于农业、工业和城市用水等方面有重要作用。总体而言,地下水的定义通常涵盖了其在地下环境中的存在形式以及与周围环境的交互作用。

地下水水量庞大。据估算,全世界的地下水总量多达1.5亿立方千米,几乎占地球总水量的十分之一,比整个大西洋的水量还多。根据《联合国世界水发展报告》(WWDR2022),地下水约占地球上液态淡水总量的99%,保障着人类饮用水供应、卫生系统、农业、工业和生态系统。全球50%的居民生活用水来源于地下水,约有25%的农业灌溉用水也来源于地下水,浇灌了世界上38%的灌溉用地。中华人民共和国自然资源部发布《2023年中国自然资源公报》显示,2022年,中国地下水储存量520 985.8亿立方米。

根据地下埋藏条件的不同,地下水有不同的类型或分类,这些分类通常依据地下水所在的地质环境、水文地质条件以及水文地质特征来进行。按照地下水的类型分类可分为:① 孔隙水(Porosity Water):存在于岩石或沉积物的孔隙中,如砂岩、砾石等多孔介质中的水。② 裂隙水(Fracture Water):存在于岩石的裂隙或节理中,这些裂隙可以是天然形成的或人工开采形成的。③ 岩溶水(Karst Water):存在于岩溶地质中的水体,这些地区通常是由于溶解作用形成了大量裂隙和溶洞,例如石灰岩地区。按照地下水的分布分为:① 潜水层水(Confined Aquifer Water):处于不透水层(如黏土或不透水岩石)下方的水层中,其水位受上覆不透水层的约束。② 自由水(Unconfined Aquifer

Water):在地表下无任何约束的水层,其水位直接受到大气压力和降水影响。按照地下水的来源分为:① 降水入渗水(Meteoric Water):大气降水通过渗透进入地下形成的地下水。② 地表水入渗水(Surface Water Seepage):河流、湖泊等地表水体通过渗透进入地下形成的地下水。这些分类和类型可以帮助地质学家和水文地质学家更好地理解和管理地下水资源,因为不同类型的地下水具有不同的水文地质特征和开发利用潜力。

地下水中分布最广的是钾、钠、镁、钙、氯、SO_4^{2-} 和 HCO_3^- 7 种离子。地下水中各种离子、分子和化合物的总量称总矿化度,总矿化度小于 1 g/L 称淡水,1～3 g/L 称微咸水,3～10 g/L 称咸水,10～50 g/L 称盐水,大于 50 g/L 称卤水。地下水中钙、镁、铁、锰、锶、铝等溶解盐类的含量称硬度,含量高的硬度大,反之硬度小。

地下水环境是地下水及其赋存空间环境在内外动力地质作用和人为活动作用影响下所形成的状态及其变化的总称。2022 年,全国监测的 1 890 个国家地下水环境质量考核点位中,Ⅰ～Ⅳ类水质点位占 77.6%,Ⅴ类占 22.4%(见图 4-1),主要超标指标为铁、硫酸盐和氯化物。

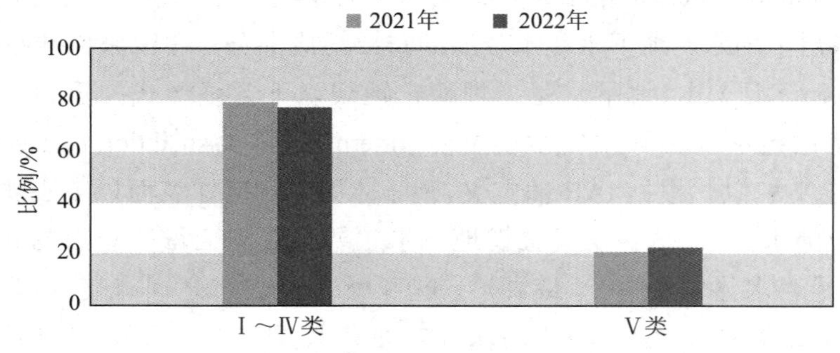

图 4-1 2022 年全国地下水总体水质状况及年际变化

(注:数据来源于《2022 中国生态环境状况公报》)

地下水环境对生态系统的健康和人类活动具有重要影响。地下水质量不仅影响植被分布,还是人类生产和生活的重要资源。因此,地下水质量是评估地质环境脆弱性的重要因素。地下水环境的保护和管理是一个复杂的过程,需要跨学科的合作和综合性的方法。

4.2 地下水污染及防治

4.2.1 地下水污染

地下水污染(ground water pollution)主要指人类活动引起地下水化学成分、物理性质和生物学特性发生改变而使质量下降的现象。地表以下地层复杂,地下水流动极其缓慢,因此,地下水污染具有过程缓慢、不易发现和难以治理的特点。地下水一旦受到污染,即使彻底消除其污染源,也得十几年,甚至几十年才能使水质复原。

（1）地下水污染原因。

地下水污染是指地下水中出现有害物质或污染物质，影响其水质和可用性的现象。地下水污染的原因可以分为自然因素和人为因素两大类。

自然因素主要包括以下两方面。① 地质特征：地下水流经不同的地质层和岩石时，可能会受到天然矿物质（如含铁岩石中的铁）的溶解，从而改变水质。② 地表水入渗：降水、湖泊、河流等地表水通过渗透进入地下层，如果这些地表水本身受到污染，可能会导致地下水的污染。

人为因素主要包括以下几方面。① 工业和农业活动：工业废水、农业化肥、农药和农场排放物会通过渗漏、排放或非法倾倒进入地下水层，造成污染。② 城市化和城市排放：城市区域的废水排放、垃圾填埋场的渗滤液以及化学品的使用和处置，如石油产品和溶剂，都可能污染地下水。③ 地下存储设施泄漏：地下储罐中的化学品或石油产品的泄漏，如加油站的地下储油罐可能导致地下水污染。④ 不适当的废物处置：未经妥善处理的固体废物、医疗废物或危险废物可能通过渗漏或溢出污染地下水。

这些因素的组合和相互作用通常导致地下水质量下降，严重时可能威胁人类健康和生态系统的稳定性。因此，有效的水资源管理和污染防治措施对于保护地下水非常重要。

（2）地下水污染特点。

地下水污染具有几个显著的特点，这些特点使得地下水污染问题相比其他水体污染具有独特性。主要体现在以下几个方面。① 隐蔽性：地下水位于地表之下，通常不容易被直接观测到，因此地下水污染的发现和监测比表层水体更为困难。污染物质可能在地下水层中长时间滞留而不被察觉，直到水质恶化到对人类健康或环境造成显著影响才会被发现。② 传播速度慢：地下水运动速度通常较慢，污染物质在地下水中的传播速度比在地表水体中要慢得多。这导致污染物可能在较长时间内逐渐扩散到广泛的区域，使得污染治理和恢复难度增加。③ 治理困难：地下水属于深层资源，其开采和治理技术相对于地表水更为复杂和昂贵。污染地下水的恢复和修复成本往往也较高，而且常常需要较长的时间和技术支持。长期影响：地下水污染的修复过程可能需要数十年甚至更长时间，因为污染物质可能在地下水层中长时间滞留。这会对地下水的持续可用性和质量产生长期的不利影响，影响当地居民的生活和生产活动。④ 生态影响：地下水污染不仅影响人类的饮用水供应，还可能影响地下水生态系统，如地下水生物和湿地生态系统，从而影响生物多样性和生态平衡。

因此，地下水污染的特点决定了我们必须采取有效的预防措施、监测手段和污染治理技术，以保护和维护地下水资源的可持续性和健康。

（3）地下水污染来源。

进入地下水的污染物主要来自人类活动和自然过程。主要污染来源包括：① 生活污水和生活垃圾会造成地下水的总矿化度、总硬度、硝酸盐和氯化物含量的升高，有时也会造成病原体污染。② 危险废物填埋场中的渗滤液或其他污染物从填埋场漏出，那样会对地表水和地下水造成负面影响。③ 工业废水和工业废物可使地下水中有机和无机化合物的浓度增加。④ 农业施用的化肥和粪肥，会造成大范围的地下水硝酸盐含量增高。农药对地下水的污染较轻，且仅限于浅层。农业耕作活动可促进土壤有机物的氧化，如有机氮氧化为无机氮（主要是硝态氮），随渗水进入地下水。天然的咸水会使地下天然淡水受咸水污染等。这些来源的污染物质可能单独存在或混合在地下水层中，严重影响地下水的质量和可持续利用。有效的污染防控和治理需要综合考虑各类污染源，并采取合适的监测、管理和修复措施。

（4）地下水污染的危害。

地下水污染不仅会导致传染性疾病等社会公害的发生，还会因其失去作为水资源的经济和生态价值而加剧水资源短缺的紧张局面，严重制约经济和社会的可持续发展。

① 危害人体健康。地下水污染直接影响饮用水源的水质。当饮用水源受到合成有机物污染时，会导致腹水、腹泻、肠道线虫、肝炎、胃癌、肝癌等很多疾病的产生，特别是人们饮用被硝酸盐污染的地下水后可以导致癌症，还可能引起高铁（变形）血红蛋白症，导致患者死亡。疾病给广大居民身心带来极大损害，同时也增加了巨额医疗费用，与不洁的水接触会染上如皮肤病、沙眼、血吸虫、钩虫病等疾病。地下水污染严重区甚至可导致雌激素增加，影响人类的繁殖能力，造成自然流产或是先天残疾。

② 降低农作物的产量和质量。很多地区的农民有喜欢用污水浇灌农作物的习惯。当农作物吸收污水废水和化学肥料中过量的氮素（硝酸盐、亚硝酸盐和氨氮）时，这些有害氮素能降低农作物（如土豆等）对机械损伤的抵抗力，降低水果和蔬菜的质量，减少香味和冬季的耐藏力；还能降低某些农作物的养分。

③ 加速生态环境的退化和破坏。地下水污染造成的水质恶化对生态环境的影响也是巨大的。污染物排入河流、湖泊后除了对水体中天然鱼类和水生物造成危害外，对水体周围生态环境的影响也是一个重要方面。过量的硝酸盐进入河、湖后，使河、湖水酸化并有腐蚀性，影响水中生物的正常生长，甚至能导致某些水中生物的灭绝。

④ 造成经济损失。地下水污染对人体健康、农业生产、生态环境的负面影响，都会表现为经济损失。地下水污染的检测和治理成本高昂，且一旦发生污染，修复过程漫长且难以逆转，这限制了经济和社会的可持续发展。

4.2.2 地下水污染防治

地下水污染的防治是一个复杂而长期的过程，需要综合考虑多种因素和采取多层次的措施。

（1）监测和评估：建立完善的地下水监测网络，定期监测地下水质量和水位变化；对潜在的污染源进行评估和监测，包括工业区、农业区、垃圾填埋场等。

（2）污染源控制：强化污染源的管理和监管，对工业排放、农业化肥农药使用、垃圾填埋场等进行严格管理，减少污染物的释放和泄漏。

（3）土地利用规划：合理规划和管理城市发展、农田利用等，减少污染源与地下水之间的直接接触和渗透。

（4）治理技术和工程措施：开展地下水污染的治理工程，如污水处理厂的建设和提升，修复受污染的地下水层等；使用地下水采样井、水文地质工程等技术手段进行地下水的监控和修复。

（5）教育和意识提升：加强公众对地下水保护的意识和参与度，提倡节水和环保生活方式；对相关行业和从业人员进行环境保护和地下水保护方面的培训和教育。

（6）法律法规和政策支持：制定和完善地下水保护相关的法律法规，加强对污染行为的监管和处罚力度；提供财政支持和政策激励，鼓励企业和公众参与地下水保护和污染治理工作。

综合运用上述措施，可以有效减少地下水污染的发生和传播，保护和恢复地下水资源的质量，从而保障人类健康和生态环境的可持续发展。

4.3 地下水环境生态工程修复技术

地下水是人类宝贵的淡水资源，但随着社会工业化进程的不断发展，废水排放、工业废渣、农业灌溉、填埋场泄漏、石化原料的运输管线和储罐的破损等都有可能造成地下水污染，使原本紧张的水资源短缺问题更加严重，而且给人居健康、食品安全、饮用水安全、区域生态环境、经济社会可持续发展甚至社会稳定构成严重威胁与挑战，地下水修复已成为当前备受公众和社会关注的环境问题。

地下水修复技术包括抽出－处理技术、多相抽提技术、空气注入技术、循环井技术、电动修复技术、原位热处理技术、原位化学氧化技术、原位化学还原技术、可渗透反应墙技术、微生物技术、植物修复技术和自然衰减技术，本书将对以上修复技术进行简要介绍。

（1）抽出－处理技术。

抽出－处理（pump and treatment，P & T）技术是修复受包括工业溶剂、重金属和石油在内的溶解性化学物质污染的地下水的常用方法，见图 4-2。地下水从井或井群中抽出，送至地表的污水处理系统处理并去除污染物，抽取出来的污染地下水，可以采用如活性炭吸附、吹脱、化学氧化以及微生物处理等多种方法进行处理，如果地下水中含有不同种类的污染物或含有浓度很高的单一污染物，则需要多种处理方法进行处理，处理达标后的地下水可进行排放、回用或回灌到地下。抽出－处理技术也常被用来控制污染羽，通过将污染地下水抽向井群来控制污染羽的扩散，并使含水层介质中的污染物通过向水中转化而得到清除。这种抽出可避免污染物到达饮用水井、湿地、河流以及其他自然资源。

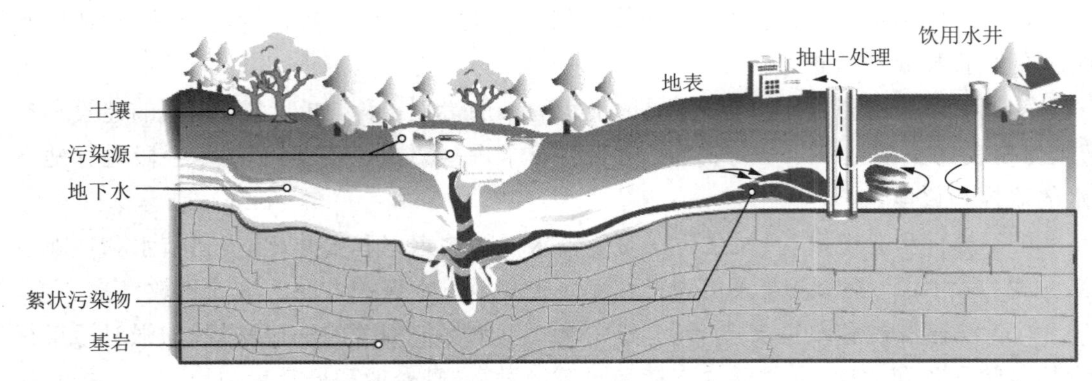

图 4-2　抽提 - 异位处理技术示意图

抽提 - 异位处理可应用于地下环境中易溶污染物的治理，有时可通过注入表面活性剂来增强吸附在含水层介质颗粒上的有机污染物的溶解性能，从而加快抽提 - 异位处理的速度。当地下水污染物浓度较高，特别是在污染源附近采用抽提 - 异位处理方法非常有效，能够极大程度地减轻污染，去除污染物。但在地下水污染修复的后期，由于污染物从含水层固相介质向水中的转化速率越来越小，存在“拖尾效应”和“回弹效应”。

异位处理技术曾一度是主流的地下水净化方法。然而，随着时间的推移，现场处理技术（in-situ）逐渐受到更多的关注和应用。现场处理技术因其潜在的低成本、对环境的干扰小以及减少工人接触有害物质的风险而变得越来越受欢迎。尽管如此，选择合适的修复技术仍然需要考虑特定场地的水文地球化学条件。

（2）热强化生物修复技术。

热强化生物修复技术（Thermally enhanced bioremediation，TEB）是近年来提出的一个新概念，是一种结合了热处理和生物修复技术的环境治理方法。它的主要原理是利用热能加速土壤或地下水中污染物的生物降解过程。该技术将热处理与生物修复相结合，以解决生物修复效率低和持续时间长的问题。TEB 已作为热处理后的生物强化技术而被应用，这是解决地下水修复过程中污染物拖尾反弹的一种经济有效的方法。然而，TEB 仍存在许多亟待解决的问题，未来的研究需进一步提高 TEB 在污染土壤和地下水修复中的基本认识和应用。

之前研究发现，温度的充分升高可促进生物修复。例如，Yadav 等研究了土壤水温对甲苯生物修复的影响，发现土壤水温每升高 10 ℃，甲苯降解量增加 2 倍。同样，Naga Raju 等报道称，在 30 ℃～ 40 ℃的温度下，土壤中柴油的微生物降解率最高。温度的升高通常伴随着扩散系数 / 传质的增加和有机化合物黏度的降低，导致污染物的生物利用度增加，从而提高生物修复效率。此外，污染物对微生物的毒性也会降低，这是因为低分子量有机化合物在较高温度下更容易快速挥发，可以使用特定的污染物收集器直接收集。因此，热强化生物修复（TEB）是近年来提出的一个新概念，将热处理和生物修复这两种传统修复方法结合起来，以提高高温下的生物利用度和微生物代谢活性，从而提高生物修复效率。此外，TEB 可以克服热处理的缺点。热处理是一种能源密集型的处理方式，使用过程中可能会破坏土壤性质从而阻碍土地再利用。

将生物降解过程与热处理相结合，可提高生物修复的效果，缩短生物修复的时间。将温度提高到适当范围可以改变土壤性质，提高污染物的生物有效性和微生物活性。此外，提高温度还可以促进酶的富集、EPSs 和生物表面活性剂的产生，从而进一步提高污染物的修复。

热强化生物修复技术未来研究前景广阔，随着生物技术和环境科学的发展，生物修复技术已成为环境修复领域的重要手段，其应用范围广泛，包括土壤污染修复、水体污染修复等。生物修复技术通过利用微生物、植物等生物体的自然作用，对污染物进行吸附、转化、降解，从而实现环境污染的修复和治理。近年来，生物修复技术的研究重点主要集中在提高修复效率、拓展应用领域、优化修复过程等方面。① 优化技术和工艺。进一步优化热能输入和分布方式，以提高能源利用效率和修复效果。开发新的热能应用技术，如微波和电磁加热，探索更有效的热能传递方式。② 提高生物修复效率。引入具有高效降解能力的微生物菌种，优化菌株选择和适应性。研究并优化生物修复过程中的环境条件，如温度、湿度和氧化还原条件等。③ 多污染物修复。扩展热强化生物修复技术的适用范围，包括处理多种污染物的复合污染场地。探索多种污染物协同修复的机制和策略，提高修复综合效果。④ 应用拓展和市场应用。推动热强化生物修复技术的商业化应用，促进其在全球范围内的实际应用和市场普及。探索热强化生物修复技术与其他环境修复技术的整合和协同作用，提高修复效率和经济性。总体而言，热强化生物修复技术在环境治理领域的未来研究前景广阔，需要跨学科的合作与创新，以应对复杂的污染场地和环境挑战。

（3）循环井技术。

地下水循环井是一种可以去除地下水和饱和土壤中污染物的原位修复技术。该技术是由双层套管及上下两部分筛管组合形成的井中井模式，其将抽提-处理技术和原位处理技术相结合，可以通过下部筛管将含水层中的水引入井内，然后将水重新从上部筛管注入含水层，而不将其带出地面，同时使得地下水围绕循环井进行反复循环，不断将地下水中溶解的挥发性污染物进行气液分离并抽离至地面上进行处理，或通过上部筛管排放到包气带，通过原位生物修复进行降解，直至污染物得到充分清除。同时，可通过臭氧、活性炭和生物技术强化污染物的处理效果，其主要应用于处理挥发性有机化合物（VOCs）、半挥发性有机化合物（SVOCs）、石油产品以及无机物。此外，地下水循环井技术还可以与其他技术联合作用，如生物修复、表面活性剂技术、氧化技术等。

一个有机污染物场地是否适用于 GCWs，主要取决于污染物性质和场地水文地质条件。GCWs 适用于处理 VOCs、SVOCs、石油类、农药和放射性核素等污染物。其适宜的水文地质条件为饱和带 1.5 ～ 35 m，非饱和带 1.5 ～ 300 m，水平渗透系数大于 0.3 m/d，各向异性为 3 ～ 10。在保证能够形成地下水循环的前提下，适当增加花管间距，可利于水气接触，促进地下水循环。适宜的抽提速度以及曝气量可提升修复效果。当抽提速率过小时，污染物会随水循环再次进入含水层，过大则会增大运行成本；适当增大曝气量可提高地下水循环强度，增强对土壤的垂直冲刷作用，可使吸附或残留在介质中的污染物在机械扰动作用下解吸或溶解进入水相，过大的曝气量则会造成无谓的损耗。

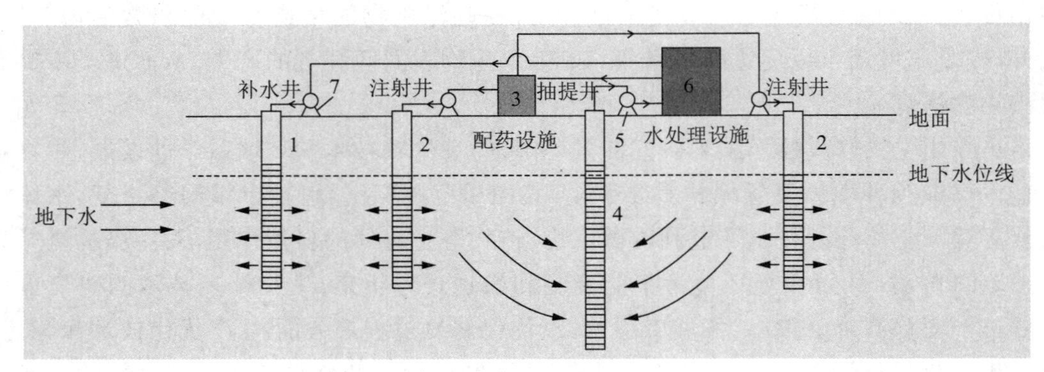

图 4-3 地下水循环井技术示意图

地下水循环井修复技术是一种原位修复技术，该技术将曝气、气提、吹脱集成于一体，克服了地下水抽出处理周期长、水处理费昂贵、曝气处理影响半径有限、去除速率低的缺点，在国外被广泛使用，但在国内目前仅处于实验室小试模拟研究阶段，见图 4-3。因此，未来应积极展开中试研究，并与软件联用，模拟循环井形成的地下水流场，预测影响区域面积，从而推动该技术的实际应用。

（4）空气注射技术。

地下水空气注射（air sparging，AS）技术是原位修复挥发性有机污染地下水的一种技术，先在地下水浸泡的土壤中钻一口或多口深至地下水位以下的井，然后利用地表的空气压缩机将空气或氧气注入饱和带中，促使含水层中的污染物逸出并挥发进入包气带中，再采用气相抽提技术将空气和污染蒸汽的混合物抽出，抽出的尾气可通过汽水分离和活性炭吸附等方法进行处理，从而达到去除地下水中有机污染物的目的。见图4-4。

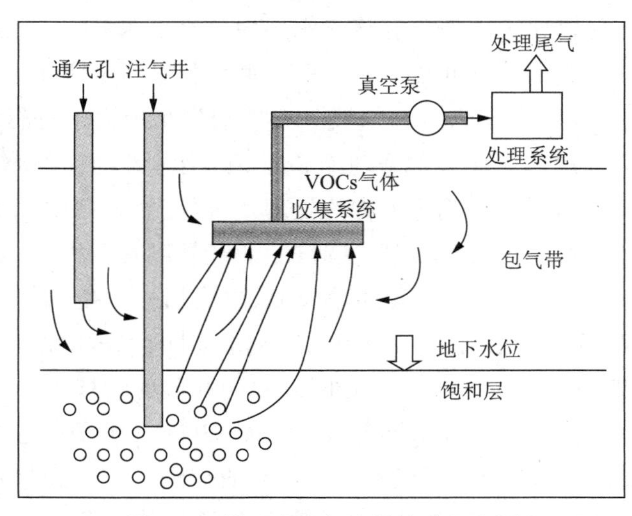

图 4-4 地下水空气注射技术示意图

AS 技术中控制污染物去除的主要机制是相间传质和生物降解，该技术设备简单，安装方便，易操作，对操作工人和社区的风险和影响小，适用于渗透性、均质性较好的岩层以及挥发性较大、溶解性较大的污染物。

（5）原位化学氧化技术。

原位化学氧化（in-situ chemical oxidation，ISCO）技术是将氧化剂注入到地下水中，利用氧化剂与污染物之间的氧化反应将污染物转化为无毒无害物质或毒性低、稳定性强、移动性弱的惰性化合物，从而达到对地下水修复的目的。为促进混合，可通过抽出—回灌实现地下水和氧化剂在井之间循环，通过循环可以更快地处理更大范围的污染。另外也可通过机械搅拌和挖掘设备进行氧化剂的注射和混合，这特别有助于黏性土壤的修复。原位化学氧化技术实施过程在原位进行，不需要挖出污染土壤或抽出地下水。原位化学氧化技术可以用于处理多种污染物，如油类、溶剂和杀虫剂。这一技术适用于处理地块中的污染源，尤其是还未下渗到地下水的污染源。在使用化学氧化技术修复地块时，通常也组合采用其他修复技术，如地下水抽提技术，来处理残余的污染物。

原位化学氧化技术所用到的四种主要氧化剂有过硫酸盐、过氧化氢、高锰酸钾和臭氧，有时某些氧化剂会用到催化剂，和单独使用氧化剂相比，这样的混合物能变得更有活性来破坏更多的污染物。该技术可相对快速的处理污染源，具有快速、高效，可大规模用于污染场地修复等突出优点。见图 4-5。

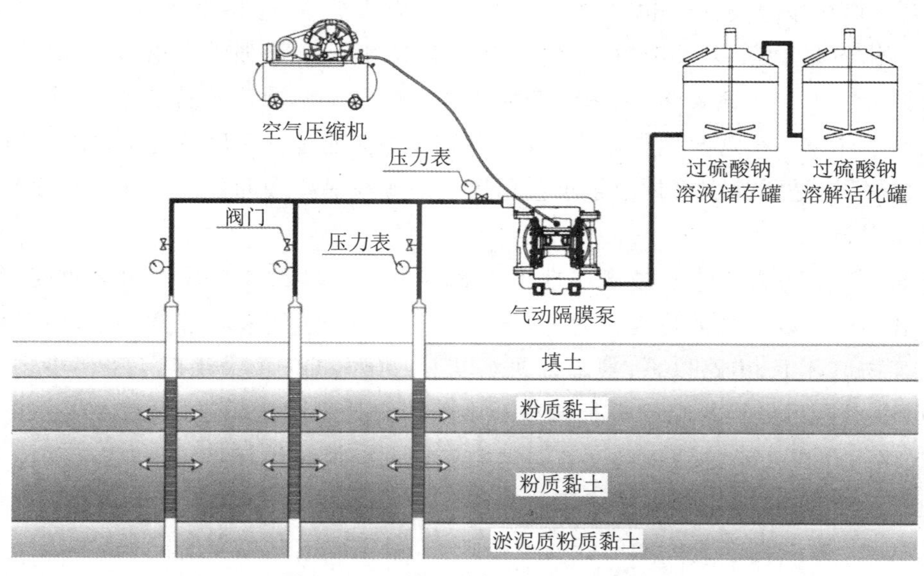

图 4-5　原位化学氧化技术示意图

（6）原位化学还原技术。

原位化学还原技术是使用还原剂与污染物发生化学反应，来去除或降低污染物的毒性。这种修复技术不需要挖出污染土壤或抽出地下水，所以称为“原位化学还原技术”。原位化学还原技术是将还原剂注入受污染的土壤和地下水中，使还原剂与污染物发生反应。例如，高毒性的六价铬可以与还原剂反应生成毒性很小的三价铬，三价铬不溶于水，不会扩散到其他地方。常用的还原剂是零价金属，最常见的是还原铁粉（零价铁）。铁粉在使用时，必须磨成微小颗粒，有时要根据实际需求磨成纳米级颗粒。

例如天津市某镀锌厂铬污染场地，原为镀锌厂主要从事小型零件和大型电镀锌制品的加工和销售，经场地调查发现该厂在前处理、酸洗、镀锌和钝化等步骤中易出现重金属和有机污染试剂掉落地面的情况，从而造成大面积的土壤和地下水双重污染。污染区域属于土壤和地下水复合污染情况，主要污染为重金属铬污染，土壤污染面积约为586 m^2，污染深度分布在 2 ～ 6 m 之间，污染场地修复土方量为 4 282 m^3，地下水修复范围为 1 765 m^2。选用原位化学还原技术作为六价铬污染土壤的修复技术，采用二重管法的高压旋喷技术作为化学药剂的注射技术。经处理后六价铬降低到《土壤环境质量 建设用地土壤污染风险管控标准（试行）》（GB 36600—2018）中第一类用地的筛选值 3.0 mg/kg 以下。

（7）地下水电动－微生物协同修复技术。

电动修复（electrokinetic remediation）技术是利用电动力学原理对地下水环境进行修复的一种绿色修复新技术，可以用来清除一些有机污染物和重金属离子，具有环境相容性、多功能实用性、高选择性、适用于自动化控制、运行费用低等特点。电动修复技术可以与生物修复技术、超声技术和化学氧化技术等优化组合，克服各自的缺点，从而提高有机污染物的降解效率。

电动－微生物修复过程也是电动力学效应（电渗析、电迁移以及电泳）、电化学反应（电解、氧化还原反应）以及微生物修复（提供微生物能量，增强微生物活性）等几种修复技术的耦合过程。研究表明，土壤污染物往往存在于土壤颗粒的晶格之间，而污染物电解反应也往往发生在这些地方。土壤颗粒越小，整体的运行速度就越快，相对应的修复效果就越好，这是因为土壤颗粒越小会导致土壤颗粒晶格表面更容易产生氧化基团，分布也更加均匀。

电动－微生物联合修复技术在地下水修复中已经显示其有效性和高效性，尤其适合在常规手段难以修复的场地。此外，导电桩安装的角度可以是任意角度，所以可以安装在建筑物地坪下、道路以下，甚至是铁轨以下。导电桩的安装深度不受污染物深度的控制，可以根据污染物的深度进行调整。由于额定处理电压较小，只有 10 ～ 20 V。因此，本技术对于野生动物或人类而言是非常安全的。能量消耗量较小，在一些电力连接不方便的地方，可以采用太阳能或风能替代。

但电动－微生物修复技术仍存在一些缺点，最重要的是修复时间长，多达几个月或几年。此外，一些寒冷地点常常无法作用。因此，现在电动微生物修复技术主要的发展路线是如何优化修复条件，以缩短修复时间。对于土壤电动微生物修复技术，主要的影响因素有电场强度、污染物的生物可降解性以及微生物种群特点。其中，电场强度作为微生物和污染物之间传质的驱动力，电场越强大就会有更好的修复效果。然而随着场强的增加，对周围环境的安全性、微生物及生物酶活性都会降低，该技术的能耗也会增加，如何平衡电场强度和生物活性是将来研究的重点。污染物的生物可降解性也会影响修复的最终效果和适用条件，高效微生物制剂的联合添加修复技术将会是该技术的一个大的补充和研究方向，对于微生物种群的研究来说，会进一步明确修复机理和提高修复效率。

（8）可渗透反应墙技术。

可渗透反应墙（permeable reactive barrier，PRB）技术是在受污染地下水流经的方向建造由反应材料组成的反应墙，污染地下水从反应墙的一侧流入、另一侧流出，通过反应材料的吸附、沉淀、化学降解或生物降解等作用去除地下水中的污染物。PRB 的建设通常是在污染地下水的流经路径上开挖一道狭长的沟槽，沟槽内填充反应材料，反应材料可以是零价铁、活性炭、泥炭、蒙脱石、石灰或其他物质，反应材料的选择取决于地下水中污染物的类型。PRB 技术不需要动力，维护成本低，地表无处理设施，工程设施较简单，该技术的局限性是设施全部安装在地下，更换修复方案很麻烦，反应介质的堵塞、介质的更换等。

可渗透反应墙技术优点：① 不需抽取地下水至地面处理系统，反应介质消耗慢，运行时间长；② 除需长期监测外，几乎不需要运行费用；③ 地下水水温恒定，反应不易受外界气温影响。

可渗透反应墙技术缺点：① 所加基质均匀分布在蓄水层较困难，控制地下水水流方向困难，处理效果较难控制；② 大量脱氮菌和反应产生的氮气，会引起土壤堵塞；③ 原位修复投加的有机碳可能对地下水产生二次污染。④ 短流现象：在脱氮沟构建中，由于地下水流向判断失误而构筑墙体，都可能导致部分地下水绕过脱氮墙而流向下游，这种情形下，地下水中硝酸盐未能得到拦截处理，表现为过墙后的监测井中地下水硝酸盐浓度与过墙前的监测井中地下水硝酸盐浓度大体相当，故称之为脱氮沟的“短流”现象。

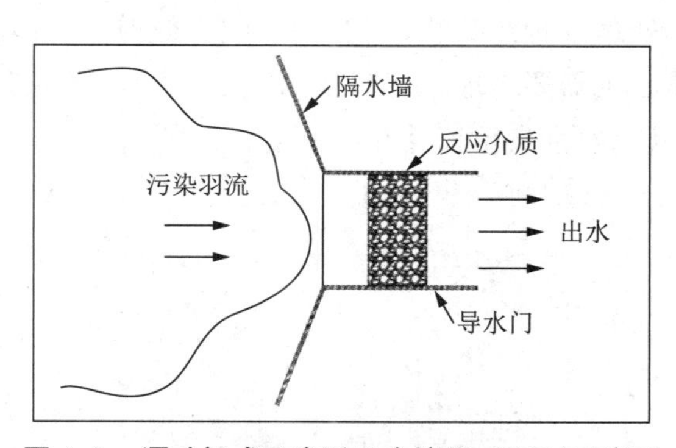

图 4-6　漏斗门式可渗透反应墙（FGPRB）示意图

为克服可渗透反应墙技术的“短流”现象，《地下水污染管控或修复技术指南漏斗门式可渗透反应墙（FGPRB）》团体标准提出了漏斗门式可渗透反应墙（FGPRB）技术。漏斗门式可渗透反应墙（FGPRB）定义是在受污染地下水水流方向建造低渗透性隔水墙（漏斗）和具有一定渗透能力的导水门，在导水门中填充反应介质，利用隔水墙控制和引导地下水流通过导水门，经反应介质吸附、沉淀、化学和生物等作用去除地下水中的污染物，见图 4-6。

(9) 地下水微生物修复技术。

微生物修复(bioremediation)技术是利用微生物将污染物降解为水和二氧化碳或转化为无害物质的工程技术。地下水中重要的微生物主要有三种类型细菌、真菌和藻类。地下水微生物修复的要素包括微生物的种类、电子受体、营养物质和环境因素等,其中用于原位修复的微生物一般分为土著微生物、外来微生物和基因工程菌。微生物技术常用来处理包括油类、石油产品、溶剂和杀虫剂等污染物。地下水的微生物修复技术采用自然过程进行场地修复,所需设备、劳动力和能源较少,具有操作简单、环境扰动小、二次污染小、成本低和处理效果好等优点,而且实施后现场的降解生物群活性通常可保持几年以上,使微生物修复具有持续效果。

(10) 地下水植物修复技术。

地下水植物修复(phytoremediation)技术是通过植物将污染物吸收至根、枝干或叶中,或将有害的化学物质转变为无害的化学物质,或将污染物通过蒸发作用释放到空气中,或通过根际圈的微生物将污染物降解为无害的物质等机理修复污染地下中的如重金属、杀虫剂、炸药和油类等污染物,植物修复的修复范围为其根系所达到之处。这项技术自 20 世纪 80 年代以来逐渐发展,并被认为是一种可持续发展的、有前景的土壤和地下水污染问题的处理技术。植物修复常被用来减缓污染地下水的流动,植物通过根系像泵一样将地下水抽过来,形成水力控制,能够减缓污染地下水向干净区域移动。

植物修复技术(见图 4-7)适用于低浓度污染的修复,高浓度污染可能会限制植物生长和导致修复时间过长。植物修复技术利用植物自然生长过程,比其他方法所需的设备、劳动力和能源少,而且植物修复能够控制水土流失,减少噪声和改善周边空气质量,使得场地更具吸引力。地下水植物修复技术是一种具有广泛应用前景的环境修复技术,它不仅能够有效处理各种污染物,而且具有成本效益高、环境友好和美观等优点。然而,这项技术的成功应用需要考虑植物种类、污染物类型、环境条件等多种因素,并且需要进一步的研究和示范项目来验证其在不同场景下的效果。

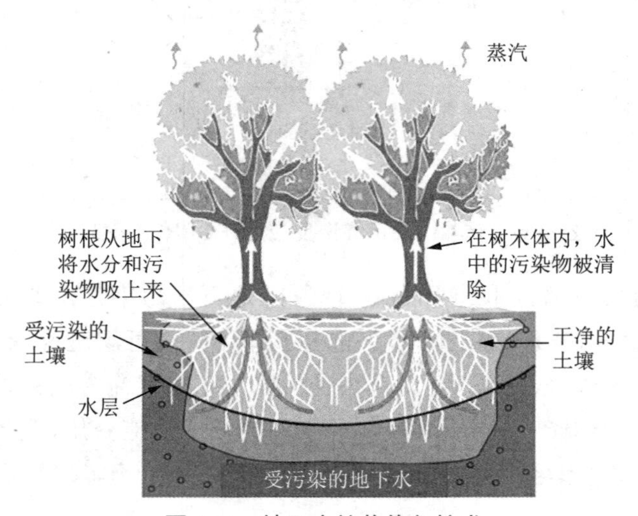

图 4-7 地下水植物修复技术

（11）地下水自然衰减技术。

地下水自然衰减技术是一种依赖自然生物学、化学和物理过程来处理地下水或土壤污染物的方法，而不是采用工程化的处理系统。这种技术在处理由泄漏的地下储存罐引起的汽油污染地下水方面已成为主要的治理方法。1997 年，它在超过 15 000 个地点被使用。在 EPA 的 Superfund 项目中，自然衰减作为处理污染地下水的方法从 1990 年的 6% 增长到 1997 年的超过 23%。

自然衰减（natural attenuation，NA）技术是利用污染区域自然发生的物理、化学和生物学过程，如吸附、挥发、稀释、扩散、化学反应、生物降解、生物固定和生物分解等，降低污染物的浓度、数量、体积、毒性和移动性。自然衰减技术的优点是一般不会产生次生污染物，对生态环境的干扰程度较小，工程设施简单，对污染场地周围环境破坏小，运行和维护造价低，修复费用远远低于其他修复技术，但该技术适用范围较窄，最好是在污染源已经被去除的情况下应用，修复周期长，监测费用较高，对区域环境和污染物自然衰减能力要求较高，一般仅适用污染程度较低、污染物自然衰减能力较强的区域。

尽管存在多种地下水修复技术，但在选择合适的技术时，需要考虑污染场地的特定条件。地下水修复技术的选择和应用是一个多因素决定的过程，涉及技术的有效性、成本、风险、法律责任以及场地特定条件。地下水资源是水资源的重要组成部分，我国地下水存在一定的污染，地下水污染控制与修复工作的开展对地下水资源的可持续利用有着重要意义。在地下水污染场地修复工作中，面对不同水文地质条件、污染情况和开发需求的污染场地，研究、提出和选择科学、合理、可行的地下水修复技术是修复工程顺利开展的核心。这些技术通常与现场地质条件、污染物质种类和浓度、地下水流动速度等因素密切相关，选择合适的技术组合和操作策略，可有效提升地下水环境生态系统的修复效率和效果。

参考文献

[1] 肖长来，梁秀娟，王彪．水文地质学［M］．北京：清华大学出版社，2010.

[2] LOUGHEED T. A Clear Solution for Dirty Water[J]. Environmental Health Perspectives, 2006, 114(7): A424-A427.

[3] EL ASHMAWY A A, MASOUD M S, YOSHIMURA C, et al. Accumulation of heavy metals by *Avicennia marina* in the highly saline Red Sea coasty[J]. Environmental Science and Pollution Research, 2021, 28(44): 62703-62715.

[4] LI Y, BI Y H, MI W J, et al. Land-use change caused by anthropogenic activities increase fluoride and arsenic pollution in groundwater and human health risk[J]. Journal of Hazardous Materials, 2021, 406: 124337.

[5] TROUDI N, TZORAKI O, HAMZAOUI-AZAZA F, et al. Estimating adults and children’s potential health risks to heavy metals in water through ingestion and dermal contact in a rural area, Northern Tunisia[J]. Environmental Science and Pollution Research, 2022, 29(37): 56792-56813.

[6] JARSJO J, ANDERSSON-SKOLD Y, FROBERG M, et al. Projecting impacts of climate change on metal mobilization at contaminated sites: Controls by the groundwater level[J]. Science of the

Total Environment, 2020, 712: 135560.

[7] LIAO X W, CHAI L, LIANG Y, et al. Income impacts on household consumption' s grey water footprint in China[J]. Science of the Total Environment, 2021, 755: 142584.

[8] RENE E R, BUI X T, NGO H H, et al. Green technologies for sustainable environment: an introduction[J]. Environmental Science and Pollution Research, 2021, 28(45): 63437-63439.

[9] 赵勇胜. 地下水污染场地污染的控制与修复 [J]. 吉林大学学报(地球科学版), 2007, 37(2): 303-310.

[10] 陈梦舫. 我国工业污染场地土壤与地下水重金属修复技术综述 [J]. 中国科学院院刊, 2014, 29(3): 327-335.

[11] THOMAS B, VINKA C, PAWAN L, et al. Sustainable groundwater treatment technologies for underserved rural communities in emerging economies[J]. Science of the Total Environment, 2022, 813: 152633.

[12] WANG Q, GUO S W, ALI M, et al. Thermally enhanced bioremediation: A review of the fundamentals and applications in soil and groundwater remediation [J]. Journal of Hazardous Materials, 2022, 433: 128749.

[13] 环保部污染防治司. 污染场地修复教程 [M]. 北京: 中国环境出版社, 2015.

[14] BUREZQ H, ALIEWI A. Using phytoremediation by decaying leaves and roots of reed (Phragmites austrates) plant uptake to treat polluted shallow groundwater in Kuwait[J]. Environmental Science and Pollution Research, 2018, 25(34): 34570-34582.

[15] DANIELESCU S, VAN STEMPVOORT D R, BICKERTON G, et al. Use of mature willows (Salix nigra) for hydraulic control of landfill-impacted groundwater in a temperate climate[J]. Journal of Environmental Managemnt, 2020, 272: 111106.

[16] BETTS K S. Green building's clean air could help set indoor standards[J]. Environmental Science & Technology, 2000, 34(9): 201A.

[17] GIBSON J M. Peer Reviewed: evaluating natural attenuation for groundwater cleanup[J]. Environmental Science & Technology, 2000, 34(15): 346A-53A.

[18] HAN P L, XIE J Y, QIN X M, et al. Experimental study on in situ remediation of Cr (VI) contaminated groundwater by sulfidated micron zero valent iron stabilized with xanthan gum[J]. Science of the Total Environment, 2022, 828: 154422.

[19] 刘晓娜, 程莉蓉. 地下水曝气技术(AS)的国内外研究进展 [J]. 中国安全生产科学技术, 2011, 7(5): 56-62.

[20] 陈慧敏, 仵彦卿. 地下水污染修复技术的研究进展 [J]. 净水技术, 2010, 29(6): 5-8+89.

[21] 杨宾, 李慧颖, 伍斌, 等. 污染场地中挥发性有机污染工程修复技术及应用 [J]. 环境工程技术学报, 2013, 3(1): 78-84.

[22] 黄国强, 李鑫钢, 李凌, 等. 地下水有机污染的原位生物修复进展 [J]. 化工进展, 2001, 10: 13-16.

思考题

1. 地下水环境生态工程修复技术主要有哪些, 简要介绍技术要点。
2. 地下水污染的主要原因。
3. 简述可渗透反应墙技术的优缺点。

第5章

大气环境生态工程

5.1 大气环境生态工程设计基本原理

5.1.1 大气与空气

按照国际标准化组织(ISO)对大气和空气的定义：大气(atmosphere)是指环绕地球的全部空气的总和；环境空气(ambient air)是指人类、植物、动物和建筑物暴露在其中的室外空气。可见“大气”与“空气”是作为同义词使用的，其区别仅在于“大气”所指的范围更大，“空气”所指的范围相对较小。从地球表面至大约 1 000 km 的高空，绕着地球的空气层称为大气层，它是由多种气体组成的。大气层下层浓密，上层稀薄，其密度随着高度的增加而减小，大气质量约为 99.9% 都集中在 55 km 以下的空间，大气层的质量仅占地球总质量的 0.000 1%。地球的大气层按照热力学垂直分布，可以分为：对流层(高度 10 km 左右)，平流层(高度 25 km 左右)，中间层(高度 85 km 左右，电离层的底部)，暖层(600 km 左右)，散逸层(600 km 以上)。大气垂直分层见图 5-1。

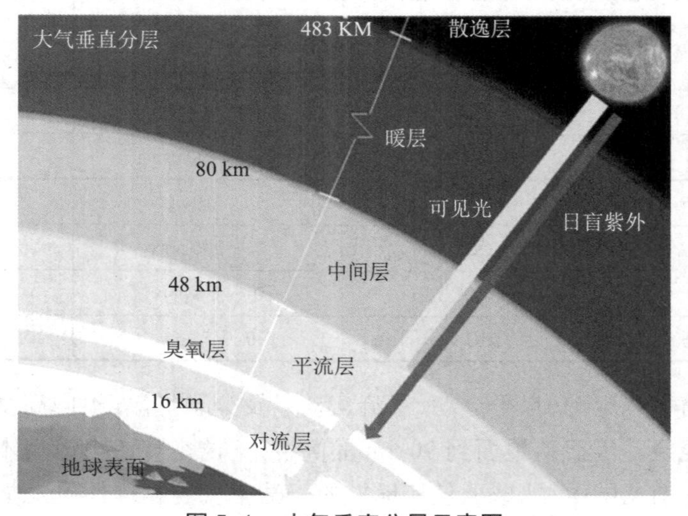

图 5-1　大气垂直分层示意图

5.1.2 大气组成

大气是由多种气体混合而成的，其基本组成可分为以下三部分：干燥清洁的空气、水蒸气和各种杂质（见图5-2）。干洁空气的主要成分是氮、氧、氩和二氧化碳气体，其体积分数占全部干洁空气的99.996%；氖、氦、甲烷、氪等次要成分只占0.004%左右。表5-1是1 atm（101 325 Pa）压力下对流层干洁空气组成。

表5-1　1 atm压力下对流层中干洁空气的组成

气体名称	化学式	体积混合比	停留时间（寿命）
氮气	N_2	78.084%	1.6×10^7 a
氧气	O_2	20.946%	3 000 ～ 4 000 a
氩	Ar	0.934%	-
二氧化碳	CO_2	379 ppmv	3 ～ 4 a
氖	Ne	18.18 ppmv	-
氦	He	5.24 ppmv	-
甲烷	CH_4	1.7 ppmv	9 a
氪	Kr	1.14 ppmv	-
氢气	H_2	0.56 ppmv	约2 a
氧化亚氮	N_2O	0.31 ppmv	150 a
一氧化碳	CO	40 ～ 200 ppbv	约60 d
臭氧	O_3	10 ～ 100 ppbv	几天～几周
非甲烷烃（NMHC）	-	5 ～ 20 ppbv	变化很大
卤代烃	-	3.8 ppbv	变化很大
过氧化氢	H_2O_2	0.1 ～ 10 ppbv	1 d
甲醛	HCHO	0.1 ～ 1 ppbv	约1.5 h
反应性氮	NO_y	10 ～ 1 ppbv	变化很大
氨	NH_3	10 ～ 1 ppbv	2 ～ 10 d
二氧化硫	SO_2	10 ～ 1 ppbv	几天
二甲基硫醚	CH_3SCH_3	10 ～ 100 pptv	0.7 d
硫化氢	H_2S	5 ～ 500 pptv	1 ～ 5 d
二硫化碳	CS_2	1 ～ 300 pptv	约120 h
氢氧自由基	•OH	0 ～ 0.4 pptv	约1 s
过氧氢自由基	HO_2	0 ～ 5 pptv	-

由于大气的垂直运动、水平运动、湍流运动以及分子扩散，不同高度、不同地区的大气得以交换和混合。因而从地面到90 km的高度，干洁空气的组成基本保持不变，而且在人类经常活动的范围内，地球上任何地方的干洁空气的物理性质是基本相同的。

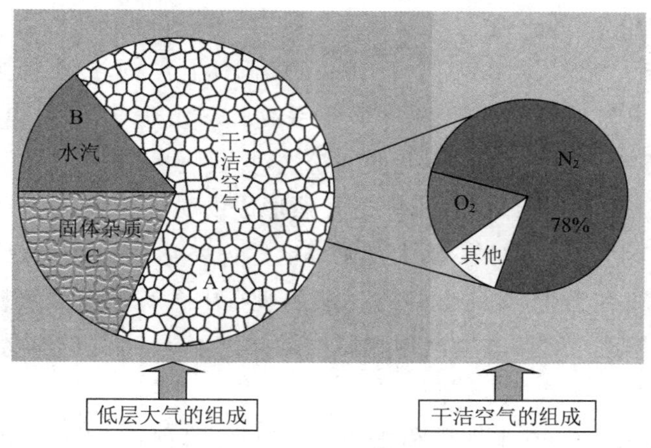

图 5-2 大气组成示意图

大气中的悬浮微粒是由大气中的固体和液体颗粒状物质所组成的。固体微粒是指因自然现象如大风、火山爆发、森林火灾、陨石流星烧毁等过程产生的各种悬浮物,有尘土、火山灰、烟灰、宇宙尘埃以及飘逸的植物花粉、细菌等。液体微粒系指水汽凝结物,如水滴、云雾和冰晶等。由于自然环境因素的不确定性,大气中悬浮微粒物的形状、密度、大小、含量、种类及粒径分布和化学性质总是在不断变化。大气中的水蒸气含量,平均不到 0.5%,而且随着时间、地点和气象条件等不同而有较大变化,其变化范围为 0.01%~0.4%。大气中的水蒸气含量虽然很少,但却导致了各种复杂的天气现象,如云、雾、雨、雪、霜、露等,这些现象不仅引起了大气中湿度的变化,而且还导致大气中热能的输送和交换。此外,水蒸气吸收太阳辐射的能力较弱,但吸收地面长波辐射的能力却较强,所以对地面保温起着重要的作用。

5.2 颗粒污染物环境生态工程

颗粒污染物又称气溶胶,是指沉降速度可以忽略的固体或液体颗粒在气体介质中的悬浮体,其大小可以从微米到数十微米不等。按气溶胶产生的来源和存在的相态,以及物理化学特性等条件,气溶胶可以细分为十多种类型,本书中从大气污染控制的角度将气态溶胶污染物分为以下几种形式。

5.2.1 粉尘

(1)定义。

粉尘指分散悬浮于气体介质中的较小固体,颗粒尺寸为 1 ~ 200 μm,它的形状往往不规则,是在破碎加工运输、建筑施工、农业活动、土壤和岩石风化、火山喷发过程中形成的,在重力作用下能发生沉降,但在一段时间内能保持悬浮状态,粉尘的种类有很多,如煤尘、水泥、金属、粉尘、黏土、石棉等。

（2）大气微细粉尘。

微细粉尘是指大气环境中直径小于 10 μm 的固体悬浮物，此类粉尘在空气中处于悬浮的状态，会随着空气被人吸入肺部，引发一系列肺部疾病，微细粉尘附着于衣物，通过与人体皮肤接触还容易引发过敏，因此微细粉尘对人体健康有一定危害作用。大气环境中的微细粉尘主要来源分为两种：一种是天然形成的微细粉尘，如自然形成的灰尘、沙尘等，还有一些是因为火山爆发、森林火灾等自然灾害形成的微细粉尘；另一种是人类生产、生活形成的微细粉尘，如工业生产排放的废气中含有大量微细粉尘。自然或者人为形成的污染，在排放过程中与空气中物质接触并发生反应后，也容易形成微细粉尘。

（3）防治措施。

根据大气微细粉尘的基本性质和相关作用原理，目前，大气内部的微细粉尘的主要治理途径包括以下几种。

① 通过干法将大气内部的微细粉尘进行有效去除。即通过在大气内部增加污染物的实际重量等方式，使其达到一定重量之后就会自然沉降，并且在空气之中给予去除。通常所使用的仪器就是重力沉降室，还有惯性的除尘器以及旋风除尘器等。

② 通过湿法将环境之中的污染物进行去除。这种去除方式和上种方法有异曲同工之妙。将大气混入一定液体，使得微细粉尘能够变得更为湿润，最终可以将其进行有效去除。主要方法是气体洗涤、泡沫除尘等，经常运用的相关设备有喷雾塔等。

③ 通过过滤的基本形式，促进环境之中的污染物被有效过滤，最终能够有效达到优化环境的基本作用。其中经常会使用到的设备是过滤器等，过滤器的种类也很多，比如颗粒层过滤器等。

④ 通过物理之中的静电形式，对大气内部的微细粉尘进行有效去除，静电能够对其进行捕捉，净化空气。经常会使用到的设备就是干、湿两种静电除尘仪器。

上述四种去除大气微细粉尘的主要方式，各有所长，而且去除的原理都各不相同。所以，针对大气之中的微细粉尘进行去除的时候，需要依照大气环境的基本特征进行选择，其中粉尘的实际构成以及大气污染区域的大小等都是需要考虑的主要因素。

5.2.2 烟尘

（1）分类。

烟尘指气溶胶态物系中由燃烧过程形成的细微颗粒物，通常包括下述三种类型。

① 烟炱：在冶金工程中所形成的固体粒子的气溶胶，它是由熔融物质挥发过程产生的气态物质的冷凝物，在生成过程中总是伴有诸如氧化之类的化学反应，烟炱的粒径非常微小，一般小于 1 μm，如金属铝、锌、铅的冶炼过程中，在高温熔融状态下，这些物质能够迅速挥发并氧化，生成氧化铝、氧化锌、氧化铅等烟尘。

② 飞灰：燃料燃烧中产生的呈悬浮状的非常分散的细小灰粒，包括燃料完全燃烧和不完全燃烧后残留的固体残渣，尺寸一般小于 10 μm，主要在炉窑中产生，以粉煤为

燃料燃烧时排出的飞灰比较多。

③ 黑烟：燃烧产生的能见气溶胶。主要由化石燃料燃烧时，在高温缺氧条件下，烃类物质热分解生成的炭黑颗粒粒径尺寸一般 0.01 ～ 1 μm。

（2）防治措施。

① 滤筒除尘技术。

工作原理：含尘气体从除尘器的进风口进入前箱体，由于进风口外设置了导流挡板，含尘气体中较粗尘粒在惯性和自重作用下，直接落入灰斗中并储存在集灰筒中，起到了预收尘作用。其他较轻烟尘随气流被阻挡在滤筒的外表面，经过滤后的净化气体通过后箱体经管道排出。

② 静电除尘技术。

工作原理：当车间含有烟尘的气体通过高压电场时，阴极开始进行电晕放电，使含有烟尘的气体被分离形成气体离子，此时的气体离子带负电，在高压电场作用下，向阳极板运动，在运动的过程中与烟尘颗粒碰撞，碰撞后的烟尘颗粒则带上了负电，带负电的烟尘颗粒在电场力的作用下，同样向阳极板方向运动，到达阳极板后，进行放电，烟尘颗粒在重力的作用下沉积到阳极板上，除去烟尘的气体排出防尘器外。

③ 水激式除尘技术。

水激式除尘技术是一种利用水喷淋或水雾来清洗空气中颗粒物的技术，主要适用于处理工业排放中的颗粒物，如烟尘和粉尘。以下是水激式除尘技术的工作原理和主要特点。

工作原理：a. 水雾喷淋。空气中的颗粒物经过水雾喷淋区域，颗粒物会与水雾接触并附着在水滴表面；由于水的黏附性，颗粒物会被水滴吸附或吸收，从而减少空气中的颗粒物浓度。b. 洗涤和沉降。水激式除尘设备中的水滴不仅吸附颗粒物，还能够使颗粒物沉降到设备的底部或集尘器中。这些被水滴吸附的颗粒物形成污水，需要进一步处理或处理后排放。c. 清洗周期。水激式除尘技术通常需要定期清洗和更换水滴喷淋装置，以保持设备的有效性和效率。

主要特点：a. 高效净化。水雾能够有效地将空气中的颗粒物捕集和清除，净化效果较好。b. 低能耗。相比于传统的电除尘器或过滤器，水激式除尘技术在能耗方面通常较低，尤其是在高温和高湿度环境下。c. 适应性强。可以应用于不同类型的工业排放场景，特别是对于高浓度和大颗粒的粉尘效果显著。d. 环保性。水激式除尘技术的操作中产生的废水需进行处理，以确保废水排放符合环保标准。e. 维护成本较低。相对于其他高效空气净化技术，水激式除尘技术的维护成本一般较低，但需要定期的设备维护和管理。

水激式除尘技术在一些特定的工业领域中已经得到了广泛的应用，其主要优势在于处理高浓度粉尘和烟尘时表现出的高效和经济性。

5.2.3 雾

雾是大气中微小液体颗粒悬浮体的总称，泛指水蒸气凝结液体，雾化和化学反应而形成的液滴，如水雾、油雾、酸雾、碱雾等，粒径尺寸小于 100 μm，在气象学中则是指造成能见度小于 1 km 的小水滴悬浮体。

5.2.4 细颗粒物

悬浮于大气中的固态和液态气溶胶态污染物的粒径尺寸通常小于 500 μm，大 100 μm 的颗粒易于沉降，对大气造成的危害较小，在大气污染控制中对小于 100 μm 的气溶胶固体颗粒物又分以下几种。其中前两种也属于大气微细粉尘。

① 可吸入颗粒物（PM_{10}）：空气动力学当量直径小于等于 100 μm 的颗粒物，它的粒度小，质量轻，不易沉降，而能长期漂浮于空气中。

② 细颗粒物（$PM_{2.5}$）：空气动力学当量直径小于等于 2.5 μm 的颗粒物。

③ 总悬浮微粒（TSP）：空气动力学当量直径小于等于 100 μm 的所有颗粒物。

生态修复针对细颗粒物的方法主要集中在改善空气质量、减少污染物排放和提高环境质量。以下是部分主要生态修复方法。

（1）植物修复。

① 植物过滤：选择适合的植物，如一些喜湿、耐污染的植物（如银杏、常绿植物等），通过吸收和吸附空气中的颗粒物和有害物质来改善空气质量。

② 绿化：通过增加绿地和树木覆盖率，净化空气，减少细颗粒物的浓度。

（2）湿地和水体修复。主要包括湿地功能恢复和水体清洁。恢复和保护湿地，湿地对吸附和转化空气中的颗粒物有显著效果；改善水质，通过湖泊、河流等水体的净化，减少空气中的颗粒物通过水体的再释放。

（3）生物多样性保护和生态系统恢复。增强生物多样性，保护和恢复自然生态系统，提高生物多样性可以提升生态系统的稳定性和功能，对空气质量的改善有一定帮助。

（4）城市规划和建设。在城市规划和建设中推广绿色建筑标准，包括使用低污染材料、增加绿化覆盖率、优化城市绿地布局等，减少 $PM_{2.5}$ 的排放和浓度。

（5）环境监测和治理。建立有效的空气质量监测网络，实时监测 $PM_{2.5}$ 浓度，及时采取措施进行治理。

这些方法通常需要综合考虑，根据具体环境条件和污染来源制定对策。生态修复是一个长期的过程，需要政府、科研机构、社会组织和公众的共同努力与参与，以实现空气质量的长期改善和生态环境的恢复。

5.3 气态污染物环境生态工程

5.3.1　气态污染物

气态污染物是在常态、常压下以分子状态存在的污染物。气态污染物种类繁多、影响较大，大部分来源于燃料燃烧。依据与污染源的关系，可将气态污染物分为一次污染物和二次污染物。一次污染物是指直接从排放源排到大气中的原始物质；二次污染物是指由一次污染物与大气中已有组分或几种一次污染物之间经过一系列化学或光化学反应而生成的与一次污染物性质不同的新污染物质。主要的一次污染物有硫化合物、氮化合物、碳氧化合物、碳氢化合物，以及某些行业排放的氧化剂如臭氧、氟化物等。二次污染物有光化学烟雾、硫酸烟雾等。通常，二次污染物对环境的危害比一次污染物更大。

（1）含硫化合物主要指 SO_2、SO_3 和 H_2S 等，其中 SO_2 的来源广、数量大，是影响和破坏全世界范围大气质量最主要的气态污染物，尤其在燃用高硫煤的地区。含硫化石燃料的燃烧、有色金属冶炼、火力发电、石油炼制、造纸、硫酸生产及硅酸盐制品熔烧等过程都向大气排放 SO_2，以化石燃料燃烧产生的 SO_2 最多，占 70% 以上。工业生产和生活中的煤燃烧是最大的 SO_2 排放源，火力发电厂排出的 SO_2 浓度虽然较低，但总排放量却最大。SO_3 往往伴随着 SO_2 同时排放，但数量比较少。大气中的 H_2S 来源除了有机物的腐败外，主要是造纸厂、炼油厂、炼焦厂、石化企业、农药制造、染料厂等工业生产中的排放。H_2S 在大气中属于不稳定物质，在有颗粒物存在下，很快就会被氧化成 SO_3 或 SO_2。含硫化合物是造成二次污染硫酸烟雾的主要物质，并参与了酸雨的形成。

（2）含氮化合物大气污染物中含氮化合物种类很多，如 NO、NO_2、N_2O、N_2O_3，以及 NH_3、HCN 等，通常用符号 NOx 表示氮氧化物。其中造成大气污染的 NOx 主要是 NO 和 NO_2。NOx 主要来源于化石燃料的燃烧，大约 83% 的 NOx 是由燃料的燃烧而产生的。各种燃烧设备如锅炉、窑炉、燃气轮机装置，以及各种交通车辆，特别是以汽油、柴油为燃料的机动车辆排放的 NOx 最多。在汽车保有量高的城市，NOx 是最主要的大气污染物。此外，硝酸生产、氮肥厂、石化企业以及炸药制备过程也产生 NOx，土壤和水体的硝酸盐在微生物的反硝化作用下也可生成 N_2O。在燃烧过程中，空气中的氮气和燃料中的含氮化合物在不同的燃烧条件下生成 NOx，其中主要是 NO 和少量 NO_2，进入大气的 NO 在空气中被进一步氧化为 NO_2。

（3）碳氧化合物污染大气的碳氧化合物主要有两种物质，即 CO 和 CO_2。CO 和 CO_2 是各种大气污染物中排放量最大的污染物之一，既来源于人为污染源，也来源于天然污染源。化石燃料的燃烧排放是主要的人为污染源，当燃料完全燃烧时形成 CO_2；在缺氧条件下的不完全燃烧则形成 CO。全世界 CO 每年排放量约为 2.10×10^8 t，排放量为大气污染物之首，主要来源于燃料的燃烧和汽车尾气。虽然 CO 氧化成 CO_2 的速率很慢，但多年来地球上 CO 的浓度并未持续增加，始终保持在大气本底浓度大约为

0.1×10^{-6} mg/m^3 的水平，这表明自然界存在着一定的抑制 CO 增长的机制，如土壤微生物的代谢作用和 OH 羟基自由基的氧化作用能将 CO 转化为 CO_2。但是，对于 CO 排放相对集中的城市，化石燃料的大量使用使城区的 CO 浓度远远超过自然水平。尤其是大城市交通繁忙时或冬季取暖季节，在不利于废气扩散时，CO 的浓度则有可能达到危害环境的水平。此外，向大气释放 CO 的天然源包括：烃类物质的转化，如甲烷经 OH 自由基氧化形成的 CO，海洋生物代谢向大气释放 CO，植物叶绿素的光解产生的 CO，等。

来源于化石燃料燃烧和生物呼吸作用的 CO_2 是无毒气体，参与地球上的碳循环。但 CO_2 是主要的温室气体之一。近年来，化石燃料的大量使用，使地球上的 CO_2 逐年增多，导致全球性气候变暖，即温室效应加强。

（4）碳氢化物，污染大气中的碳氢化合物（HC）通常是指可挥发的各种有机烃类化合物，由碳和氢两种元素组成，如烷烃、烯烃和芳烃等。大气中的碳氢化合物大部分来自植物的分解，人为来源主要是石油燃料的不完全燃烧和石油类物质的蒸发。其中，汽车尾气排放占主要比例，此外，石油炼制、石化工业、涂料、干洗等都会产生碳氢化合物而融入大气。人为排放的碳氢化合物数量虽然有限，但它对环境的影响不可忽视。各种复杂的碳氢化合物，如多环芳烃（PAH）中的苯并芘具有明显的致癌作用，是一种强致癌剂，食物油炸、抽烟会产生苯并芘，更大的危害还在于碳氢化合物和氮氧化合物的共同作用会形成光化学烟雾。

（5）对大气构成污染的卤素化合物，主要是含氯化合物及含氟化合物，如氟氯烃（CFC）、氯化氢（HCl）、氢氟酸（HF）、氟化硅（SiF_4）等。其来源比较广泛，钢铁工业、石油化工、农药制造、化肥工业等工矿企业的生产过程中都有可能排放卤素化合物。虽然这些氟氯烃类气体排放数量不多，但对局部地区的植物生长具有很大的伤害；同时，它也是破坏臭氧层的主要成分之一。

（6）硫酸烟雾是大气中的 SO_2 等含硫化合物，在有水雾、气溶胶以及氮氧化合物存在时，在一定的气象条件下，发生一系列化学或光化学反应而形成的硫酸雾或硫酸盐气溶胶。通常是在相对湿度比较高，气温比较低，并伴有煤烟尘、含有重金属的飘尘等存在时发生的。SO_2 在洁净的大气中比较稳定，但在污染大气中，能在颗粒气溶胶表面上迅速氧化，从而形成硫酸烟雾，在大气中滞留或被远距离输送。

（7）光化学烟雾是在太阳紫外线照射下，大气中的氮氧化物、碳氢化合物和氧化剂之间发生一系列光化学反应而生成的淡蓝色（有时呈紫色或黄褐色）二次污染物，即光化学烟雾，其主要成分是臭氧、过氧乙酰基硝酸酯（PAN）、醛类及酮类等。美国洛杉矶市的地貌和气候特征非常适合光化学烟雾的生成，其在 20 世纪 40 年代工业发展迅速，汽车保有量快速增加，排放出数量巨大的汽车废气，因而是世界上最早发生光化学烟雾的城市。二战后随着工业的快速发展和汽车的普及，在世界各地，如日本、美国、加拿大、法国、澳大利亚等国的大城市，光化学烟雾是一种常见的光化学污染现象。光化学烟雾的危害非常大，如具有特殊的呛人气味，刺激眼睛和呼吸道黏膜，造成呼吸困难，使植物叶片变黄甚至枯萎等。

5.3.2　气态污染物的处理技术

（1）二氧化硫控制技术。

二氧化硫（SO_2）控制技术主要是针对工业和能源生产中排放的二氧化硫气体进行处理，以减少其对环境和健康的负面影响。以下是几种常见的二氧化硫控制技术。

① 燃烧控制技术。燃料转换：使用低硫燃料替代高硫燃料，例如从高硫煤转向低硫煤或天然气。燃烧优化：通过优化燃烧过程，控制燃烧温度和氧化风量，减少二氧化硫的生成量。

② 后处理控制技术。烟气脱硫（Flue Gas Desulfurization，FGD）：这是目前应用最广泛的二氧化硫控制技术之一。主要通过在烟气中加入石灰石或其他碱性吸收剂，使二氧化硫与吸收剂反应生成硫酸盐，达到去除二氧化硫的目的。湿法脱硫：使用液体吸收剂处理烟气中的二氧化硫，形成硫酸溶液，然后再进行处理或回收。半干法脱硫：介于湿法和干法之间，一般使用水喷淋或湿化剂来增加脱硫效率。干法脱硫：通过干式吸收剂（如活性炭、氧化钙等）吸收烟气中的二氧化硫，不需要处理大量的水和废水。

③ 工艺优化技术。燃料清洁化：采用预处理技术或添加剂减少燃料中的硫含量。过程优化：通过优化工业过程和设备设计，减少二氧化硫的生成。

④ 烟囱高度和烟气分布控制技术。烟囱高度调节：通过提高烟囱高度，使烟气排放到空气中的高度增加，减少地面浓度。烟气分布优化：通过设计合理的烟气分布系统，减少二氧化硫对周围环境的影响。

（2）氮氧化物处理技术。

氮氧化物（NOx）的处理技术主要包括以下几种。

① 燃烧控制技术。燃料转换：使用低氮燃料替代高氮燃料，例如从燃煤转向天然气或低氮燃料油。燃烧优化：通过优化燃烧过程，控制燃烧温度和氧化风量，减少氮氧化物的生成。

② 后处理控制技术。选择性催化还原（Selective Catalytic Reduction，SCR）：目前应用最广泛的氮氧化物控制技术之一。主要通过在烟气中喷入氨水或尿素溶液，并在催化剂的作用下，将氮氧化物（主要是 NO 和 NO_2）转化为氮气和水蒸气，从而减少排放。非选择性催化还原（Non-Selective Catalytic Reduction，NSCR）：适用于一些特定的工业过程，不过在 SCR 技术的普及下，应用较少。氨水燃烧：将氨水喷入燃烧过程中，通过高温燃烧将氨转化为氮气和水蒸气，以减少 NOx 的生成。燃烧后再循环（Post-Combustion Control）：将烟气再循环到燃烧过程中，通过控制氧气浓度和温度来减少 NOx 的生成。

③ 工艺优化技术。燃料清洁化：预处理燃料，降低其含氮量。过程优化：优化工业过程和设备设计，以减少 NOx 的生成。

④ 其他技术。烟气再循环（Flue Gas Recirculation，FGR）：将部分烟气再循环到燃烧器中，以降低燃烧温度，从而减少 NOx 的生成。低氮燃烧器：设计特殊的燃烧器，通过改变燃烧器结构和燃烧过程，减少 NOx 的生成。

这些技术通常会根据具体的工业过程和排放要求进行组合和应用，以实现最佳的氮氧化物控制效果。有效的 NOx 控制技术不仅可以减少对环境的影响，还能符合严格的环保法规标准。

（3）挥发性有机污染物（VOCs）控制技术。

挥发性有机污染物（Volatile Organic Compounds，VOCs）是指在常温下具有易挥发性的有机化合物，它们对环境和人体健康都有潜在危害。因此，控制 VOCs 的排放至关重要。以下是一些常见的 VOCs 控制技术。

① 燃烧控制技术（焚烧）。将含 VOCs 的废气或废液通过高温焚烧，将其分解为无害物质如 CO_2 和水蒸气。这种方法适用于高浓度的 VOCs 废气处理。

② 吸附技术。将废气通过活性炭床，利用活性炭的大比表面积和微孔结构吸附 VOCs，从而净化废气。活性炭饱和后可通过加热再生，使其重复使用。

③ 凝结/冷凝技术。通过降低废气温度使 VOCs 冷凝成液体，然后分离和收集。通常需要结合其他技术进行处理，以防止冷凝后的废液再次挥发。

④ 氧化技术。光氧化：利用紫外光或臭氧等氧化剂将 VOCs 氧化成二氧化碳和水。热氧化：通过高温将 VOCs 氧化成二氧化碳和水。这种方法通常用于高浓度 VOCs 的处理，效率较高但能耗较大。

⑤ 生物技术。利用生物滤床中的微生物将 VOCs 降解为无害物质。适用于低浓度 VOCs 和具有特定成分的废气。

⑥ 工艺优化和替代。采用无 VOCs 或低 VOCs 的替代产品和工艺，减少 VOCs 的生成和使用。

这些技术通常会根据废气特性、VOCs 浓度、处理要求以及经济可行性进行选择和组合使用，以实现有效的 VOCs 控制和减排目标。

（4）恶臭控制技术。

恶臭控制技术主要是针对含有恶臭物质的废气或污水进行处理，以减少对周围环境和人体的影响。以下是几种常见的恶臭控制技术。

① 物理隔离。在恶臭源头上方安装罩罐或覆盖物，防止恶臭物质直接释放到空气中，然后通过通风系统将恶臭废气收集和处理。

② 化学中和。使用化学试剂如氧化剂、还原剂或中和剂来中和恶臭物质。例如，氯气或次氯酸钠可以中和含硫化合物的恶臭。

③ 活性炭吸附。利用活性炭的高比表面积和吸附能力吸附恶臭物质，如硫化氢和挥发性有机化合物（VOCs）。

④ 生物滤池。利用微生物降解恶臭物质，将废气通过填充有微生物的滤池，微生物分解恶臭物质为无害物质。

⑤ 氧化技术。光氧化：使用紫外光或臭氧将恶臭物质氧化成无害物质。化学氧化：通过添加化学氧化剂如过氧化氢或高锰酸盐，将恶臭物质氧化成无害物质。

恶臭控制技术的选择取决于恶臭源的性质、恶臭物质的种类和浓度、处理的环境条件以及经济和操作上的可行性。有效的恶臭控制可以显著改善周围环境的质量，保护人员的健康，并降低对区域的负面影响。

（5）卤化物气体控制技术。

卤化物气体控制技术主要针对含有卤化物气体（如氯气、氟气、溴气等）的废气或工业排放进行处理，以减少其对环境和人体健康的危害。以下是几种常见的卤化物气体控制技术。

① 化学吸收。将含卤化物气体的废气通过含有碱性溶液（如氢氧化钠或氢氧化钙）的洗涤塔，卤化物气体会在溶液中溶解或反应生成无害的盐类，如氯化钠或氟化钙。

② 活性炭吸附技术。适用于低浓度的卤化物气体控制，活性炭通过物理吸附将气态卤化物捕集在其表面，从而净化废气。

③ 催化氧化技术。将卤化物气体与催化剂（如白金或铑）在高温条件下催化氧化，将其转化为无害的化合物，例如氯化钠或氟化钙。

④ 冷凝捕集。通过降低废气温度，使卤化物气体冷凝成液体或固体，然后进行分离和处理。

⑤ 生物处理技术。利用特定的微生物对卤化物进行生物降解或转化，例如将氯气转化为氯化物。

⑥ 替代清洁技术。采用不含卤化物或卤化物排放较低的替代产品和工艺，从源头上减少卤化物的生成和排放。

选择适合的卤化物气体控制技术通常依赖于卤化物气体的种类、浓度、处理的环境条件，以及经济和操作上的可行性。有效的控制技术可以显著降低卤化物对环境和人体健康的潜在危害。

（6）含重金属气体控制技术。

含重金属气体控制技术主要用于处理含有重金属气体（如汞蒸气、铅蒸气）的废气或工业排放，以防止其对环境和人体健康造成污染和危害。以下是几种常见的含重金属气体控制技术。

① 化学吸收。将含重金属气体的废气通过适当的化学吸收剂（如碱性溶液或氧化剂）的洗涤塔，使重金属气体溶解或反应成稳定的盐类，如硫化物或氧化物，从而净化废气。

② 活性炭吸附技术。通过活性炭的高比表面积和吸附能力，将重金属气体吸附到其表面，例如汞或铅蒸气。

③ 冷凝捕集技术。降低废气温度以使重金属气体冷凝成液体或固体形式，然后进行分离和处理。

④ 高温燃烧技术。将废气中的有机重金属化合物转化为无机物或将重金属蒸气燃烧为更安全的化合物。

⑤ 生物处理技术。利用特定微生物对重金属进行生物降解或转化，从而减少其在环境中的毒性影响。

⑥ 替代清洁技术。采用不含重金属或重金属排放较低的替代产品和工艺，减少重金属污染源的生成和排放。

选择合适的含重金属气体控制技术需考虑重金属的种类、浓度、处理环境条件以及经济和操作上的可行性。有效的控制技术可以有效减少重金属对环境和人体健康的危害。

5.4 机动车尾气环境生态工程

5.4.1 背景

随着城市交通的快速发展，机动车的数量不断增加，导致尾气排放对环境和生态造成了严重的影响。尾气中含有大量的有害物质，如二氧化碳、氮氧化物、颗粒物等，这些污染物都会对环境造成极大破坏，导致温室效应、臭氧层空洞、酸雨等问题，最重要的是会直接引发人体的呼吸道疾病，严重威胁人类健康。为了保护生态环境，我们需要采取有效措施来减少机动车尾气对环境和生态的影响。因此，我们需要采取有效的措施来减少机动车尾气对环境和生态的影响。

5.4.2 机动车尾气

机动车尾气，以内燃机为动力装置的车辆，在运行过程中所排出的废气。按燃料可分为以下几种。① 汽油车尾气：以气体成分为主，含有一氧化碳、氮氧化物、硫氧化物和碳氢化合物等。② 柴油车尾气：以颗粒物（多为链状或簇状聚合物，其中 95% 以上聚合物的粒径小于 10 μm，约有 18 000 种燃烧产物吸附在颗粒物上）为主，并伴有特殊臭气。机动车尾气已成为城市大气污染的主要污染源之一。其排放高度接近人的呼吸带、颗粒物直径均小于 10 μm，容易进入呼吸道而沉积在肺泡内，对人体造成很大危害。国际癌症研究中心（IARC）于 1989 年把柴油车尾气归类为“很可能致癌物”，把汽油车尾气划为“可能致癌物”。

5.4.3 机动车尾气排放标准

机动车尾气标准分为以下 6 标准。

（1）国Ⅰ排放标准：一氧化碳不得超过 3.16 g/km，碳氢化合物不得超过 1.13 g/km，其中柴油车的颗粒物标准不得超过 0.18 g/km，耐久性要求为 50 000 km。

（2）国Ⅱ排放标准：汽油车一氧化碳不超过 2.2 g/km，碳氢化合物不超过 0.5 g/km，柴油车一氧化碳不超过 1.0 g/km，碳氢化合物不超过 0.7 g/km，颗粒物不超过 0.08 g/km。

（3）国Ⅲ排放标准：碳氢化合物不超过 0.2 g/km，一氧化碳不超过 2.3 g/km，碳氢化合物不超过 0.15 g/km。

（4）国Ⅳ排放标准：碳氢化合物不超过 0.1 g/km，一氧化碳不超过 1.0 g/km，碳氢化合物不超过 0.08 g/km。

（5）国Ⅴ排放标准：碳氢化合物排放数值为 0.1 g/km，一氧化碳排放数值为 1.00 g/km，碳氢化合物排放数值为 0.060 g/km，PM 排放数值为 0.0045 g/km。

（6）国Ⅵ排放标准：国Ⅵ标准分为国Ⅵa和国Ⅵb，国Ⅵa的排放标准是一氧化碳排放不超过 0.7 mg/km，非甲烷烷烃排放不超过 0.068 g/km，氮氧化物排放不超过 0.06 g/km，PM 细颗粒物排放不超过 0.004 5 g/km。国Ⅵb的排放标准是一氧化碳排放不超过 0.5 g/km，非甲烷烷烃排放不超过 0.035 g/km，氮氧化物排放不超过 0.035 g/km，PM 细颗粒物排放不超过 0.003 g/km。

机动车尾气排放标准的实施是为减少有害气体产生，减轻汽车尾气排放，减少环境污染，更为促使汽车生产厂家改进技术。尾气指的是从废气中排出的 CO、HC、NOx、PM 等有害气体。

5.4.4 尾气治理目标及意义

机动车尾气治理的目标是减少机动车尾气对环境和生态的影响，提高空气质量，保护人体健康和生态系统。具体目标包括：减少尾气排放量，降低空气污染程度；减少对植物和生态系统的负面影响；提高空气质量，改善城市居民的生活质量；促进城市的可持续发展，建设美好的生态环境。

5.4.5 治理的方法和措施

1. 尾气处理方法

机动车尾气污染主要是由燃料燃烧不充分所引起的，因此通过改善发动机燃烧状况、改善燃料的燃烧性能、尾气催化净化等措施均可起到降低尾气排放的效果。

（1）改进发动机结构和燃烧环境：从发动机的工艺设计、制造环节解决。采取有利于充分燃烧的措施。例如改进点火方式，改化油器为电子喷射装置等。随着汽车工业的不断发展，其结构设计将大大改善。但是这种最根本最直接的“源头治理”方法难度大、周期长。“洗缸法”是近几年应用较广的一种治理方法，其主要作用是清除发动机内壁及其他部件残存的胶质和积碳，故亦称碳洁法。其做法是在机油中加入清洗剂或在输油管中输入混有清洗剂的燃料。在怠速状态下，使发动机缸体得到清洗，清除积碳，提高喷油嘴雾化质量，使之燃烧完全。此法短期内虽有一定效果，但不甚理想，据统计采用此法对超标车辆进行清洗，仍有 50%左右不达标，且此法必须坚持阶段性清洗，一般每年要清洗 1～2 次。

（2）改善燃料燃烧性能：主要采用加注添加剂和燃料磁化等方法。目前市场上使用的大多为化学类添加剂，通过乳化或分散作用，使燃料燃烧更充分。由于此类添加剂在促使燃料燃烧的同时，也与燃料发生化学反应易产生苯并芘等致癌物质，故虽有一定的节油降污效果，但产生了二次污染。磁化节油法虽有一定的理论支持，但由于燃油本身极性弱、磁化时间短及磁场强度不足等因素的影响，效果并不理想。

（3）尾气净化：即传统的“末端治理”法，通过催化作用将有害气体转化为无害气体。此法在短期内尾气排放浓度会有所降低，但由于净化器大多是后来安装的，极易破坏发动机的工作状态，造成机动车动力减小，耗油增大。另由于不同的净化器在适应性和容量方面的差异及安装使用要求的不同也增加了推广的难度。

推荐的主要措施：① 推广清洁能源汽车：加大对新能源汽车的研发和推广力度，鼓励消费者购买新能源汽车，减少传统燃油车的数量。② 优化交通结构：发展公共交通、鼓励步行和骑行等绿色出行方式，减少私家车的使用。③ 安装尾气处理装置：要求机动车安装尾气处理装置，减少尾气中有害物质的排放。④建设生态走廊：在城市规划中建设生态走廊，增强城市绿化，提高空气质量。⑤加强监管：加强对机动车尾气的监管力度，严格处罚违规行为，保障空气质量持续改善。⑥ 提高公众意识：通过宣传教育等方式提高公众环保意识，倡导绿色出行和低碳生活。⑦ 开展科研合作：与科研机构合作开展尾气处理技术的研究与开发，积极引进先进技术。⑧ 激励创新：通过政策引导和市场机制激励企业进行环保技术创新，推动绿色产业的发展。⑨ 建立预警机制：建立空气质量预警机制，及时发布空气质量信息，引导公众采取相应的防护措施。⑩ 构建全民参与的环保格局：鼓励和支持社会各界力量参与环保事业，形成政府、企业、公众共同参与的环保格局。

机动车尾气环境生态工程是保护环境和生态的重要举措。通过实施上述措施，可以有效减少机动车尾气对环境和生态的影响，提高空气质量，保护人体健康和生态系统。在实施过程中，需要政府、企业和社会各界的共同努力和支持，形成全民参与的环保格局。只有这样，才能实现建设美好生态环境的目标。

参考文献

[1] 董庆建，徐健，王萌．烟尘处理技术在工程机械中的应用浅析［J］．通用机械，2018（10）：47–49.

[2] 鲍欣．大气微细粉尘污染的综合防治策略［J］．清洗世界，2022，38（5）：93–95.

[3] 唐新德，程勇．机动车尾气治理技术的研究与应用［J］．环境与开发，2000（4）：35–41.

[4] 郝吉明，马广大，王书肖．大气污染控制工程（第四版）［M］．北京：高等教育出版社，2021.

[5] 姚建，郑丽娜，余江．环境规划与管理（第二版）［M］．北京：化学工业出版社，2019.

[6] 刘晓肖．火电厂大气污染排放现状及烟气脱硫脱硝技术［J］．节能环保，2022，7（7）：32–34.

[7] 于鹏，杜益振，张琛琛．有机废气治理技术及其新进展［J］．节能环保，2022，7（4）：73–74.

[8] Li Xiaojing, Fan Lu, Nanlin Liao, et al. Greenhouse gas emissions of municipal solid waste in Shanghai over the past 30 years: Dependent on the dynamic waste characteristics and treatment technologies[J]. Resources, Conservation and Recycling, 2024, 201: 107321.

思考题

1. 大气环境生态工程设计内容主要包括哪些？

2. 大气环境生态工程近年来主要的新技术有哪些？

第6章

污染土壤环境生态工程

6.1 污染土壤生态修复基本原理

6.1.1 概述

污染土壤修复是指在土壤中有毒有害污染物通过物理、生物、化学、植物等其他途径的转移或转化，消除或降低土壤污染物的毒性，完全恢复或部分恢复土壤的生态服务功能。主要修复技术包括三大类：物理修复、化学修复和生态修复。其中，污染土壤生态修复主要是根据生物修复技术，再结合物理和化学的理论知识和技术方法，最后再以受污染的土壤生态系统为修复对象，最大限度地激活土壤生态系统的自净功能，实现土壤中有毒有害物质的迁移转化，消除或减少危害程度，最后达到完全恢复或部分恢复土壤的服务功能的目的。生态修复是以多种修复方式有机结合，它遵循的基本污染治理原理是循环再生，它的根本原理是以生物学、生态学、经济学等为主，还十分强调要达到整体优化土壤环境的目标，其重点是利用修复植物、降解微生物对环境污染物的代谢过程来进行对土壤中有毒有害物质的控制。

土壤生态修复理论则指的是利用生物技术对污染土壤环境进行修复，其主力军以依靠动植物和微生物的吸附、分解等作用对土壤环境进行优化，与此同时还对化学、物理的方法进行综合运用，从而构建起一个完整的土壤修复体系。污染土壤生态修复的创新不在于各种修复方法和技术，而在于各种修复方法的优化组合，各修复环节的优化衔接，以及生物和过程影响因素的调控。

6.1.2 基本原则

由于污染土壤生态修复是根据生态学原理设计的、多种修复方式的优化综合，因此，其首要特点是遵循生态原则、循环利用原则、因地制宜的原则、安全性原则等。

生态修复本身属于生态工程的范畴。污染土壤生态修复应结合现代生态学和环境学的特点，坚持以下原则：① 生态原则。即污染土壤生态修复应坚持生物与环境和谐共生原则，并充分利用生态系统的自净功能但不能破坏生态系统原有的功能系统，在选择修复方法时，应遵循生态学的基本原理和方法。② 循环利用原则，为了修复污染土壤，不仅要考虑修复的实际效果，也要考虑到污染土壤服务功能的恢复程度，还要坚持循环利用原则，这样既保证土壤修复的可持续性，也能避免土壤资源的浪费。③ 因地制宜的原则。自然生态系统复杂多样，而土壤生态系统地理空间的高度多样性要求在选择修复技术时要坚持因地制宜的原则，充分结合土壤的自然环境和污染状况。应根据不同的土壤生态环境选择合理的修复工艺，择优选出不同的污染土壤生态修复方法，土壤修复的具体目标和技术指标应与实际的经济、环境和社会效益相结合。④ 安全性原则。污染土壤的生态修复还需要应用到其他理化工艺组合中。在实施修复项目时，要确保修复过程和结果，确保土壤生态安全，确保相关措施不会对生态产生二次污染。

6.1.3 基本特点

污染土壤生态修复具有以下几个显著特点。

(1) 复杂性和多样性。

污染土壤的类型、污染物种类和浓度、土壤环境条件等各异，因此生态修复方案需要根据具体情况制订，包括选择合适的修复技术和策略。

(2) 时间长、过程慢。

生态修复是一个漫长的过程，不同于传统的工程技术处理，它需要逐步恢复土壤的自然生态功能和土壤质量。修复过程可能需要数年甚至更长时间才能见到显著效果。

(3) 生物多样性。

修复过程中，通常利用生物多样性来促进土壤的自然恢复。例如，选择适合的植物、微生物和动物来协助分解、吸收或转化污染物，从而恢复土壤的生态平衡。

(4) 综合性和可持续性。

生态修复通常采用综合性的修复策略，包括物理、化学和生物方法的结合，以及合理的管理措施。这种综合性的方法有助于修复效果的持久性和可持续性。

(5) 风险评估和监测。

在生态修复过程中，风险评估和监测是至关重要的步骤。评估污染物对生态系统和人体健康的影响，制订有效的修复方案，并通过持续的监测来评估修复效果，确保修复目标的实现。

(6) 公众参与和社会接受度。

污染土壤生态修复涉及社会、经济和环境多方面的利益关系，需要广泛的公众参与和社会接受度。有效的沟通和合作能够促进修复工作的顺利进行。

综上所述，污染土壤生态修复不仅仅是技术层面的问题，更是一个综合性的生态系统管理和社会治理挑战，需要科学、合作和持续的努力来实现成功修复。

6.1.4 基本修复方式

污染土壤生态修复最基本的修复方式是以植物修复为主体的植物修复—化学强化

或生物化学强化、植物修复—物理化学强化、植物修复—酶学强化或它们之间的联合修复和以微生物修复为主体的微生物修复—化学强化或生物化学强化、微生物修复—物理化学强化、微生物修复—酶学强化或它们之间的联合修复(图 6-1),前者的修复对象主要是镉、砷、锌等重金属污染土壤,其修复方法最主要的方面是利用超积累植物对重金属的超量提取作用从污染土壤中去除重金属;后者的修复对象主要是石油、多环芳烃、有机原染料和农药等有机污染土壤,其主要机理为特异降解微生物在利用植物根际环境进行生命活动的同时将根际圈中的有机污染物降解或转化为无毒物质。

污染土壤生态修复的主要作用方式见图 6-1。

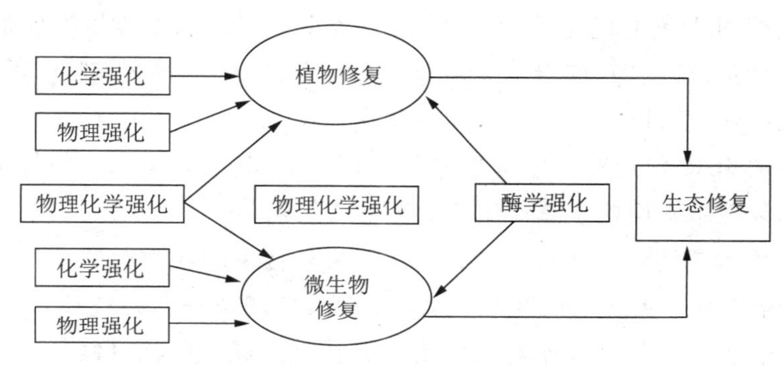

图 6-1　污染土壤生态修复的主要作用方式

6.2 污染土壤环境生态工程技术

6.2.1　土壤污染修复方法

1. 土壤污染物理修复技术

(1) 物理修复分离技术是土壤污染修复中经常使用的技术,在其发展建设过程中,更适合对小范围的土壤污染进行修复治理。在实施这项技术时主要是针对在污染土壤中的沉积物污染、废渣污染的分离,根据土壤中污染物的主要特征进行污染物的修复处理,来保证土壤污染物分离处理的效果。如,针对土壤中有毒有害物质的粒径不同,使用合理的污染物处理方法;针对污染物密度、大小不同可以选择应用沉淀和离心分离技术。

(2) 土壤污染蒸汽浸提修复技术是指利用物理方法通过降低土壤孔隙的蒸汽压,把土壤中的污染物转化为蒸汽形式而加以去除的技术,又可分为原位土壤蒸汽浸提技术、异位土壤蒸汽浸提技术和多相浸提技术。

(3) 热处理修复技术是一种物理土壤污染修复技术,在修复技术应用过程中,热处理修复技术是通过直接或者间接的热交换原理,完成对污染介质的有效控制。

2. 土壤污染化学修复技术

化学淋洗技术应用分析。化学淋洗土壤修复技术是利用水压以及清洗液的清洗控制效果，淋洗土壤，能够改变污染物的化学性质。另外，实施该技术的关键是提高污染土壤中污染物的溶解性和它在液相中的可迁移性。化学淋洗技术主要是利用表面活性剂处理有机污染物，用螯合剂或酸处理重金属来修复被污染的土壤。开展修复工作时，可随意在原位进行修复和异位进行修复。在土壤修复中，采用淋洗技术主要可以完成对石油烃、有机化合物、易挥发有机物的处理。

3. 土壤污染生物修复技术

当前土壤污染处理过程中，采用生物药剂是修复土壤污染的一种新方法，利用微生物的生命活动状况，实现对土壤的有效改良，也能够最大限度提升土壤污染的有效控制效果。从而实现对土壤的优化治理。如，土壤改良剂就是利用微生物族群融合进行土壤治理。以光合菌、乳酸菌、酵母菌为主体的多种有益微生物复合制剂，适合黏性土、沙化土、盐碱地、酸化土、沙荒土、重茬地等的改良。

根据收集的 2017 年已开展实施的修复工程案例，其中有技术应用信息的工程案例为 58 个，各修复技术应用情况统计结果如图 6-2 所示。

根据图中技术应用情况统计结果，2017 年修复技术应用次数较多的为固化 / 稳定化（23 次）、化学氧化（19 次）、水泥窑协同（13 次）、填埋 / 安全处置技术（6 次），异位热解吸、原位热脱附技术、淋洗技术等的应用也有显著提高。各项目修复技术的选择受场地污染类型、污染物理化性质、资金落实情况、技术成熟度及修复效果等多种因素影响。

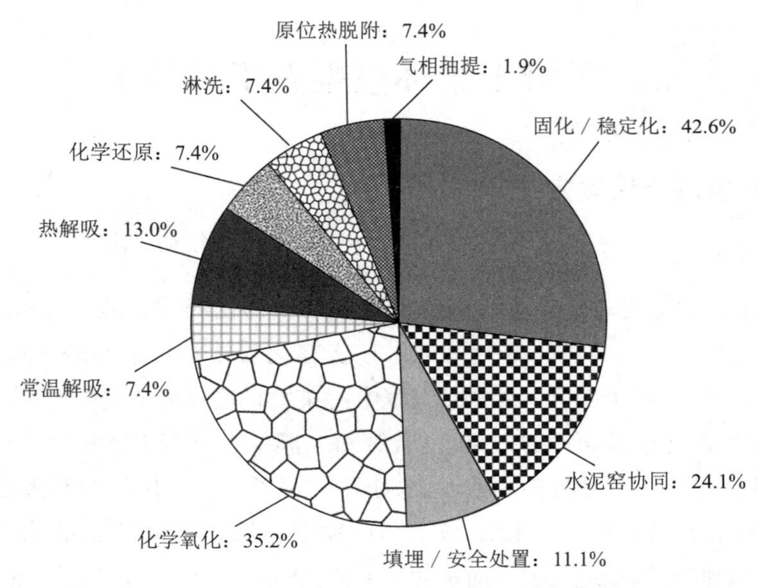

图 6-2　2017 年土壤修复技术应用情况统计示意图

6.2.2　污染土壤生态修复方法与应用

1. 主要修复方法

污染土壤生态修复的方法具有综合性，强调各种技术的优化组合，注重以多种方法达到对土壤中 PAHs 微生物的降解，从而构建成可以自我调节的生态修复系统。污染土壤的生态修复方法通常以“生物技术 +”的方法为主，即以生物技术加上其他辅助技术，实现不同因素的优化组合，构成循环系统，达到高效修复土壤的目标。多种方法的结合并不是随意搭配，采用任意方法来进行土壤污染物处理，而是需要根据污染土壤的实际情况采用具体的、科学的、合理的修复方法。在修复时应科学地确保修复方法的有效性。特别是当前土壤污染以复合污染为主的情况下，应当根据土壤中存在的大量微生物采用科学的修复体系，实现对物理的、化学的、生物的方法的综合运用，从而确保微生物具有必要的生存条件，不断还原土壤的湿度、温度、氧化条件。不同地域的土壤状况不同，应当根据地域差异性采用适宜土壤污染治理方法，设计合理的修复方案，对生态修复的过程进行动态的监测，这样才能提高修复的效率。生态修复需要考虑到污染土壤的各种动植物状况，食物链上的能量流动规律，以及生态过程特点保证污染物的有效去除，达到治理的最好成果、能耗最低。

2. 生态修复技术应用

不同的污染物修复方法也会有所不同，生态修复方法目前主要应用于重金属污染与有机污染物的修复当中。首先，重金属污染物的生态修复应当优化植物选择，根据圈效应合理地控制修复强化措施。例如，对 Zn 的吸收可以采用植物天蓝遏蓝菜，为达到多个单一污染物超积累植物进行合理搭配的目的，就得根据污染物的临界含量特征标准确定临界值，转移特征标准，耐性特征标准。土壤生态修复对植物超积累研究基于分子生物学的快速发展变得更加深入，以及重金属植物体内运输机制，植物对重金属的解毒和转运蛋白质方式加以利用，根据植物的有机酸化环境促进土壤重金属溶解更加深入。为了在重金属污染处置中更好地发挥植物根部对重金属吸收的作用，达到提高土壤修复潜力的目标，就需要在生态修复的基础上适当地增加添加剂。其次，有机污染物修复主要运用微生物修复，强调合理的搭配化学与生物化学方法进行强化。微生物修复主要运用微生物对有机污染物进行降解，植物的根部不仅仅对有机污染物的生态修复有一定的作用，对某些微生物也会起到一定的作用，应当运用微生物的生命活动进行氮代谢、发酵与共代谢，有机物处理时还可以采用电化学方法，这样可以构成一个完整的修复单元，来提高有机物的污染降解效率达到提升生态修复效率的目标。生态修复机理图见图 6-3。

3. 提高土壤修复的效率

目前我国更强调完善土壤修复的效率，注重降低土壤修复时间成本，减少污染物在土壤留存的时间。土壤污染物的修复效率受到污染物的物理化学性质影响，污染物的分子大小、形态、半衰期、解离常数、蒸汽压等影响污染物的修复效率。为了提高土壤污染物修复的效率，不同性质的污染物在土壤中的行为和迁移机制不同，因此在进行修复过程中需充分考虑这些因素的影响。根据污染物的性质，可以选择合适的修复技术和方法，提高修复效率。

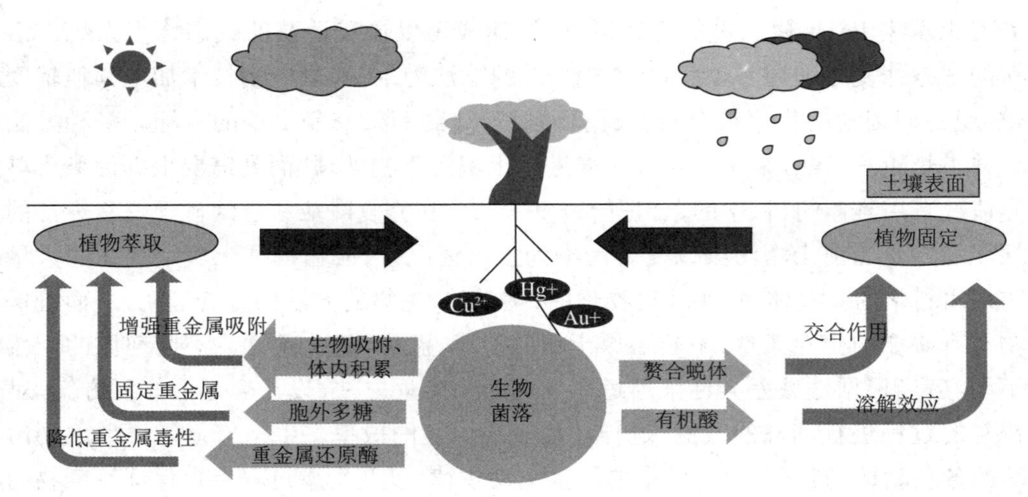

图 6-3 生态修复机理图

参考文献

[1] 周启星,魏树和,刁春燕. 污染土壤生态修复基本原理及研究进展 [J]. 农业环境科学学报,2007,26(2):419-424.

[2] 陈瑜. 污染土壤生态修复基本原理及研究进展 [J]. 科技风,2020(17):165.

[3] 沈云. 土壤污染修复基本原理及土壤生态保护策略 [J]. 资源节约与环保,2021(12):33-35.

[4] 洪坚平. 土壤污染与防治 [M]. 北京:中国农业出版社,2011.

[5] 周春林,吴光海,闫志奇,等. 污染土壤修复技术应用分析 [J]. 建筑与装饰,2021(12):195+197.

思考题

1. 简述污染土壤生态修复的基本原则。

2. 污染土壤生态修复的主要方法有哪些。

第7章 固体废物环境生态工程

7.1 固体废物环境生态工程设计基本原理

固体废物环境生态工程指充分将生态学及环境工程的理论、方法和技术相结合，从系统思想出发，按照生态学、环境学、经济学和工程学的原理，运用现代科学技术成果和相关专业的技术经验组合，致力于解决目前固体废物所带来的环境问题，以期获得较高的社会效益、经济效益、生态效益的是固体废物处理工程，生态工程理论、方法和工程技术体系在环境中的具体技术与措施的应用，并针对固体废物的处理、处置和资源化体系进行评价、规划、设计等，从而建立起的固体废物环境生态工程体系。

7.1.1 概述

固体废物（简称固废，solid waste）是指人类在生产生活、日常和其他活动中产生的丧失原有利用价值或者虽未丧失利用价值但被抛弃或放弃的固态、半固态物质，置于容器中的非固态物质，以及法律、法规规定纳入固体废物管理的物质。固体废物定义见图7-1。

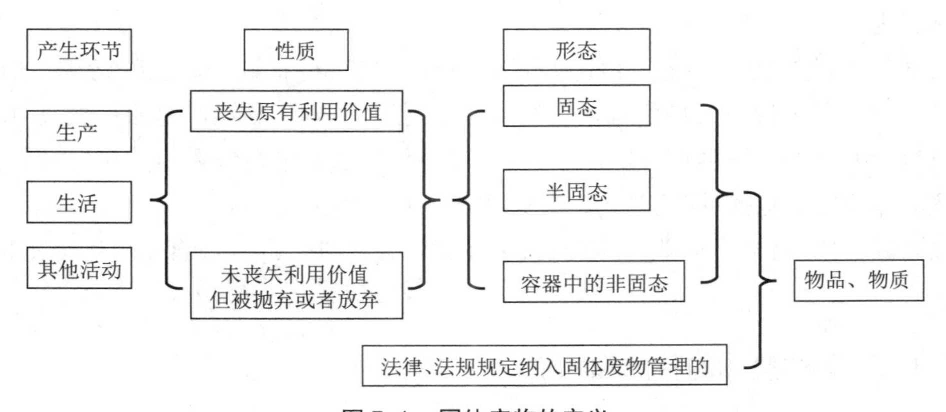

图7-1 固体废物的定义

根据最新修订的《中华人民共和国固体废物污染环境防治法》（以下简称《固废法》）规定，固体废物包括在工业、交通等生产活动中产生的工业固体废物，在日常生活中或者为日常生活提供服务的活动中产生的生活垃圾，列入国家危险废物名录中或者根据国家规定的危险鉴别标准和鉴别方法认定的具有危险特性的危险废物。

随着科技的发展，以前被人们认为是无价值的废物，现在又重新被认识并可以加以利用，即变废为宝；由于科技水平的提高，一些在某一生产环节中要被丢弃的废料，在另一个生产环节中可作为原料被循环利用，从而延长了该物料的生命周期。固体废物的这种时间性、地域性和行业性特点，决定了其在此处为废物，在彼处可能是宝贵的资源，因此被称为“放错了地方的资源”。

然而一些固体废物的任意排放会严重污染和破坏环境，其处理处置一直受到各级政府、科技界、产业界和环境保护企业界的重视。我国生活垃圾年清运量为2.4亿吨以上，并且增长速度较快，目前仍然以卫生填埋和焚烧发电为主，辅之以源头分类减量化、厌氧发酵和堆肥等其他处理方法。工业固体废物种类繁多，成分复杂，其污染控制与资源化方法包括填埋、焚烧、综合利用等。有些工业固体废物中，有害有毒物质的含量并不高，如铬渣、汞渣，但处理难度相当大。

7.1.2 固体废物的来源及分类

固体废物的来源极其广泛。只要有人类和动物活动的地方，就会有固体废物的产生。固体废物的种类繁多、组成复杂、性质各异。

按其来源一般分成两大类：一类是在生产过程中所产生的固体废物，即生产废物，如工业废渣和尾矿等；另一类是人们在消费过程中产生的固体废物，即生活垃圾，如塑料饭盒、废旧电视和冰箱。随着经济的发展、人类消费结构的改变和消费水平的不断提升，固体废物的来源更加多样，品种不断增多，数量不断增大。

按固体废物的化学特性，可分为无机废物和有机废物两大类，有机废物又可分为快速降解有机物、缓慢降解有机物和不可降解有机物。例如食品废物、纸类等属于快速降解有机物，皮革、橡胶和木头等属于缓慢降解有机物，而聚乙烯薄膜和聚苯乙烯泡沫塑料餐盒等为不可降解有机物。

按固体废物的物理形态，可分为固体（块状、粒状、粉状）的和泥状（污泥）的废物。有些废物的使用价值与其形状有很大的关系。例如，发电厂燃煤产生的粉煤灰，作为脱硫剂原料，颗粒大小、孔隙率、孔径大小及比表面积等都是重要参数。

按固体废物的危害性，可分为一般固体废物和危险废物。

按来源不同，可分为矿业固体废物、工业固体废物、城市垃圾、农业固体废物和危险废物。

7.1.3 固体废物的特点和特征

1.“资源”和“废物”的相对性

产品、商品生产、加工过程中产生的大量被丢弃的物质，或产品、商品经过使用一定时间后被丢弃就产生了废弃物，这些废弃物在当前经济技术条件下暂时无使用价值，但未来发展了循环利用技术后可能就是资源;这些废弃物在这一过程中无使用价值,但可能是另一过程的原料;在经济技术落后国家或地区抛弃的废弃物,在经济技术发达国家或地区可能是宝贵的资源。故废弃物是"放错地方的资源",具有明显的时间性和空间性。

2. 再生低成本性

一般来说,利用固体废物再生的过程要比利用自然资源生产产品的过程更节能、省事、省费用,其再生低成本性使固体废物综合利用有了广阔的开发愿景。

3. 危害的潜在性、长期性和灾难性

由于固体废物成分的多样性和复杂性,有机物与无机物、金属和非金属、有毒物和无毒物、有味和无味、单一物与聚合物等,经过环境自我消化(解)的过程是长期复杂和难以控制的。它对环境的污染不同于废水、废气和噪声,固体废物污染呆滞性大、扩散性小,对环境的影响主要是通过水体、大气和土壤进行的。其中污染成分的迁移转化,如浸出液在土壤中的迁移,是一个比较缓慢的过程,其危害可能在数年甚至数十年后才能发现。从某种意义上讲,固体废物,特别是危险废物,对环境造成的危害可能要比废水、废气造成的危害严重得多。

4. 污染"源头"和富集"终态"的双重性

废水和废气既是水体、大气和土壤环境的污染源,又是接受污染物的环境。固体废物则不同,它们往往是许多污染成分的终极状态。例如一些有害气体或飘尘,通过大气污染处理技术最终被富集成废渣;一些有害溶质和悬浮物,通过水处理技术最终被分离出来成为污泥或残留;一些含重金属的可燃固体废物,通过焚烧处理将有害金属浓集于灰烬中。但是,这些"终态"物质中的有害成分,在长期的自然因素作用下,又会流入水体、进入大气和渗入土壤中,成为水体、大气和土壤环境污染的"源头"。许多固体废物因毒性集中和危害性大,暂时无法处理,对环境和人类健康有很大的潜在威胁。

因此,与其他环境问题相比,固体废物问题有"四最":最难处置的环境问题、最具综合性的环境问题、最晚受到重视的环境问题和最贴近生活的环境问题。固体废物的这些特点和特性决定了其对环境和人类的危害性及危害途径,同时,人类也可以此为依据对其进行有效的控制和管理。

7.1.4　固体废物的污染与处理方法

1. 固体废物的污染

我国固体废物污染现状总体来说,我国固体废物污染情况已经得到初步遏制,但形势依然严峻。主要表现在:① 一般工业固体废物产生量不再大幅增长,综合利用率连续数年稳定在 60%～63%。全国城市生活垃圾无害化处置率从 2007 年的 62%大幅提升至 2015 年的 91.8%。② 但另一方面,工业固体废物处置能力明显不足,大部分危险废物处于低水平综合利用或简单贮存状态,农村环境卫生明显下降,农村固体废物污染问题日益突出。中国堆存的垃圾至少 85%被掩埋在农村,其产生的含重金属、有毒有害污染物等的渗滤液严重污染土壤和地下水。

2. 固体废物处理方法

固体废物处理是指将固体废物转变成适于运输、利用、贮存或最终处置的形态的过程。固体废物处理的目的是实现固体废物的减量化、资源化和无害化。固体废物的处理方法有物理处理、化学处理、生物处理、热处理、固化处理。

（1）物理处理。

物理处理是通过浓缩或相变化改变固体废物的结构，使之成为便于运输、贮存、利用或处置的形态。物理处理方法包括压实、破碎、分选、增稠、吸附、萃取等。物理处理也往往是回收固体废物中有价值物质的重要手段。

（2）化学处理。

化学处理是采用化学方法破坏固体废物中的有害成分从而达到无害化或将其转变成为适于进一步处理、处置的形态。由于化学反应条件复杂、影响因素较多，化学处理方法通常只用在所含成分单一或所含几种化学成分特性相似的废物处理方面。对于混合废物化学处理可能达不到预期的目的。化学处理方法包括氧化、还原、中和、化学沉淀和化学溶出等。有些有害固体废物经过化学处理，还可能产生富含毒性成分的残渣，还须对残渣进行无害化处理或安全处置。

（3）生物处理。

生物处理是利用微生物分解固体废物中可降解的有机物，从而达到无害化或综合利用。固体废物经过生物处理，在容积、形态、组成等方面均发生重大变化，从而便于运输、贮存、利用和处置。生物处理方法包括好氧处理、厌氧处理和兼性厌氧处理。与化学处理方法相比，生物处理在经济上一般比较便宜，应用也相当普遍，但处理过程所需时间较长，处理效率有时不够稳定。

（4）热处理。

热处理是通过高温破坏和改变固体废物的组成和结构，同时达到减量化、无害化和资源化的目的。热处理方法包括焚烧、热解、湿式氧化以及焙烧、烧结。焚烧法是利用燃烧反应使固体废物中的可燃性物质发生酯化反应，从而达到减容并利用其热能的目的。通过焚烧法可以消灭细菌和病毒，占地面积小，还可利用其热能发电等。目前日本等发达国家的城市生活垃圾多采用焚烧法来处理。热解处理是指将固体废物中的有机物在高温下裂解，可获取轻质燃料，如废塑料、废橡胶的热解等。

（5）固化处理。

固化处理是采用一种惰性的固化基材将废物固定或包裹起来以降低其对环境的危害，从而能较安全地运输和处置的一种处理过程。固化处理的对象主要是有害废物和放射性废物。由于处理过程需加入较多的固化基材，因而固化体的体积远比原废物的体积大。

7.2 固体废物好氧堆肥和厌氧消化

7.2.1　固体废物好氧堆肥

堆肥处理分为厌氧堆肥和好氧堆肥。好氧堆肥技术是从 1960 年代迅速发展起来的一种新起生物处理技术，与厌氧堆肥相比好氧堆肥具有周期短、工艺流程少、占地面积小、投资小且技术成熟等优势，因此好氧堆肥应用广泛。好氧堆肥是在有氧条件下利用好氧微生物的作用进行。在堆肥过程中，微生物通过的细胞壁和细胞膜吸收可溶解性有机固体废物中有机物质微生物；固体状和胶状有机物先附着在微生物体外，由微生物所分泌的胞外酶分解为可溶解性物质后再渗入细胞。微生物通过自身的生命活动氧化、还原、合成等过程，把部分被吸收的有机物氧化成简单的无机物，并释放出微生物生长活动所需要的能量，同时微生物还可把部分有机物转化微生物所必需的营养物质，合成新的细胞物质，于是微生物逐渐生长繁殖，产生更多的生物体。

因此，好氧堆肥过程中物质转化主要为有机质的分解和腐殖质的合成两个过程。在有机物生化降解的同时伴有热量产生，堆肥工艺中该热能不会全部散发到环境中，就必然造成堆肥物料的温度升高，使得不耐高温的微生物死亡，耐高温的细菌快速繁殖。生态动力学中表明，好氧分解中发挥主要作用的是菌体硕大、性能活泼的嗜热细菌群。该菌群在大量氧分子存在下将有机物氧化分解，同时释放出大量能量。最终产物主要是 CO_2、H_2O、热量和腐殖质。

1. 好氧堆肥的基本原理

好氧微生物在与空气充分接触的条件下，使堆肥原料中的有机物发生一系列放热分解反应，最终使有机物转化为简单而稳定的腐殖质的过程。在堆肥过程中，微生物通过同化和异化作用，把一部分有机物氧化成简单的无机物，并释放出能量，把另一部分有机物转化合成新的细胞物质，供微生物生长繁殖。

在堆肥过程中，有机物生化降解会产生热量，若这些热量大于向环境的散热，就必然导致堆肥物料的温度升高，堆体在短期内就可达到 60 ℃～ 80 ℃，然后逐渐降温而达到腐熟。在这个过程中堆肥物料发生了复杂的分解和合成，微生物种群也相应地发生变化。参与有机物生化降解的微生物主要有嗜温菌和嗜热菌两种。它们的生活、活动温度范围不同，前者在 15 ℃～ 43 ℃，最适宜温度为 25 ℃～ 40 ℃；后者为 25 ℃～ 85 ℃，最适宜温度为 40 ℃～ 50 ℃。堆肥的升温过程可划分为初始阶段、高温阶段和熟化阶段，如图 7-2 所示，每一个阶段各有独特的微生物种群作为优势微生物物种参与堆肥生化反应。

初始阶段：不耐高温的嗜温性细菌分解有机物中易降解的葡萄糖、脂肪等，同时放出热量使温度上升为 15 ℃～ 40 ℃。

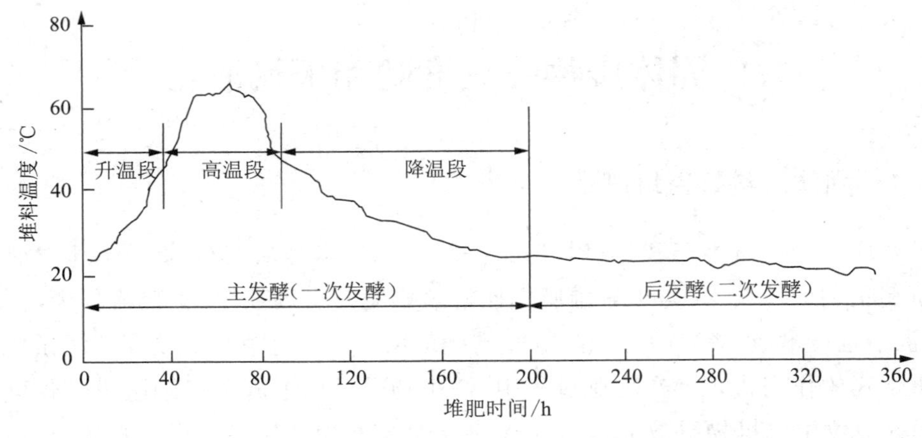

图 7-2　堆肥物料温度变化曲线

高温阶段:初始阶段的微生物死亡,嗜热菌迅速繁殖,在供氧条件下,大部分难降解的有机物(蛋白质、纤维等)继续被氧化分解,同时放出大量热能,使温度上升至 60 ℃～70 ℃。当易分解的有机物基本降解完全后,嗜热菌因缺乏养料而停止生长,产热随之停止,堆体温度逐渐下降。当温度稳定在 40℃时,嗜温性微生物又逐渐占优势,进一步分解残余物,堆肥基本达到稳定,形成腐殖质。

熟化阶段:堆肥冷却后,一些新的微生物(主要是真菌和放线菌),借助残余有机物(包括死掉的细菌残体)而生长,最终完成堆肥过程。堆肥产物达到稳定化、无害化,施用时不影响农作物生长和土壤耕作能力。成品堆肥呈褐色或暗灰色,温度低,具有霉臭的土壤气味,无恶臭,无明显纤维状物。

2. 好氧堆肥的工艺工程及影响因素

堆肥工艺程序:传统化的堆肥技术采用厌氧的野外堆积法,这种方法占地大、时间长。现代化的堆肥生产一般采用好氧堆肥工艺,通常由前处理、一次发酵(主发酵)、二次发酵(后发酵)、后处理、脱臭、贮存等工序组成。

(1) 前处理。把收集的垃圾、家畜粪便、污泥等原材料按要求调整水分和碳氮比,必要时添加菌种和酶。但以城市生活垃圾为堆肥原料时,由于垃圾中含有大块的和不可生物降解的物质,对其则应进行破碎和去除等过程,否则大块垃圾会影响垃圾处理机械的正常运行,而不可降解的物质会导致堆肥发酵仓容积的浪费并影响堆肥产品的质量。

(2) 一次发酵(主发酵)。一次发酵可在露天或发酵装置中进行,通过翻堆或强制通风对堆体进行供氧。此时由于原料中存在大量的微生物及其所需的各种营养物,发酵开始后首先是易分解的有机物糖类等的降解,参与降解的微生物有好氧的细菌、真菌等,如枯草芽孢杆菌、根霉、曲霉、酵母菌等,降解产物为二氧化碳和水,同时产生热量使堆体温度上升,这些微生物吸收有机物碳、氮等营养元素而不断繁殖。通常以堆肥开始至温度升高再至开始降低为止的阶段为一次发酵阶段,以生活垃圾为主体的城市垃圾及家畜粪尿的好氧堆肥,一次发酵期为 3 ～ 10 天。

(3) 二次发酵(后发酵)。经过一次发酵的半成品被送到二次发酵工序。在一次发酵中尚未分解的易分解和较难降解的有机物进一步分解，变成腐殖质、氨基酸等较稳定的有机物，得到完全腐熟的堆肥产品。进行后发酵时，一般把物料堆积到 1 ～ 2 m 高，并要有防止雨水流入的装置，适当的时候还需要进行翻堆和通风。在实际操作中，通常是不需要进行通风的，只是每周进行一次翻堆即可。二次发酵时间一般为 20 ～ 30 天。

（4）后处理。经两次发酵后的物料中，几乎所有的有机物都变形并变细碎了，数量也减少了，但是还有在前处理工序中尚未完全除去的塑料、玻璃、金属、小石块等存在，故而还需经一道分选工序去除杂物，并根据需要进行再破碎（如生产精制堆肥）。

（5）脱臭。有些堆肥工艺和堆肥物在堆制过程结束后会有臭味，必须进行除臭处理。常用的脱臭方法有化学除臭剂除臭、对碱水和水溶液进行过滤、用熟堆肥或沸石或活性炭吸附等。在露天堆肥时，可在堆肥表面覆盖熟堆肥，以防止臭气逸散。较为多用的除臭装置是堆肥过滤器，臭气通过该装置时，恶臭成分被熟堆肥吸附，进而被其中的好氧微生物分解脱臭，也可用特种土壤代替堆肥使用。

（6）贮存。堆肥一般在春秋两季使用，暂时不能用的堆肥要妥善贮存，可堆存在发酵池或装入袋中，干燥、通风保存。密闭或受潮都会影响其质量。

3. 堆肥的工艺参数和质量标准

（1）堆肥的工艺参数，包括一次发酵工艺参数和二次发酵工艺参数。

一次发酵工艺参数：含水率，45% ～ 60%；碳氮比，35/1 ～ 30/1；温度，55 ℃ ～ 65 ℃；周期，3 ～ 10 d。

二次发酵工艺参数：含水率 <40%；温度 <40 ℃；周期：30 ～ 40 d。

（2）堆肥的质量标准。

一次发酵终止指标：无恶臭；容积减量，25% ～ 30%；水分去除率，10%；碳氮比，20/1 ～ 15/1。

二次发酵终止指标：堆肥充分腐熟；含水率，<35%；碳氮比，<20/1；堆肥粒度，<10 mm。

（3）影响堆肥的因素。

堆肥过程的关键是选择适宜的堆肥工艺条件，促使微生物降解过程的顺利进行，以获得高质量的产品。影响堆肥效果的因素很多，为了创造更好的微生物生长、繁殖和有机物分解的条件，在堆肥过程中必须控制以下主要因素。

供氧量。对于好氧堆肥而言，氧气是微生物赖以生存的物质条件，供氧不足会造成大量微生物死亡，使分解速度减慢，但供氧过大则会使温度降低，尤其不利于耐高温菌的氧化分解过程。研究表明，堆体中氧含量为 10% 时，已能保证微生物代谢的需要。在供氧量和其他条件适宜的条件下，微生物迅速分解有机物，产生大量的代谢热能，如果不能对多余的热量进行控制，温度超过微生物生长适宜的范围，有机物的生物降解过程将会被克制，堆肥处理时间延长，设备成本增加，因此，供氧量要适当，实际所需空气量应为理论空气量的 2 ～ 10 倍，通常为 0.1 ～ 0.2 m^3/（m^3•min）。

有机物含量。堆肥技术是以处理有一定有机物含量的物质，适宜作堆肥物料的有机物含量为20%～80%，有机物含量低，不能提供足够的热能，影响嗜热菌繁殖，难以维持高温发酵过程，并且产出的堆肥也会因肥效低而影响其应用。有机物含量大于80%时，堆制过程要大量供氧。

含水量。在堆肥工艺中，堆肥原料的含水率对发酵过程影响很大。水的作用主要是溶解有机物，参与微生物的新陈代谢；水分可以调节堆肥温度，当温度过高时可以通过水分的蒸发，带走一部分热量。可见发酵过程中含水量的多少会直接影响好氧堆肥反应速度的快慢，影响堆肥的效率和质量，甚至关系到堆肥工艺的成败。系统含水率过低，会妨碍微生物的繁殖，使分解速度减缓，当含水率低于30%时，分解进程相当迟缓，当含水率低于12%时，微生物将停止活动。反之，过高的含水率导致原料紧缩或颗粒间的空隙被水充满，使空气扩散速度大大降低，造成供氧不足，使堆体变成厌氧状态。同时，因过多的水分蒸发，而带走大部分热量，使堆肥过程达不到良好的高温阶段，抑制了高温菌的降解活性，最终影响堆肥的效果。含水率超过65%，堆体内将有厌氧环境存在。一般认为，堆肥初始相对含水率为40%～70%，可保证堆肥的顺利进行，而最适宜的含水率为50%～60%。现代化堆肥中，通常堆料不是单一物质的混合堆肥，因此需要结合物料的种类和比例来确定混合堆肥适宜的含水量。在实践中，堆肥含水量应是堆制材料最大持水量的60%～75%，即用手紧握堆料有水滴挤出，如果不能挤出任何水分，说明堆料过干。对高含水量的垃圾可采用机械脱水，使脱水后的垃圾含水率在60%以下，也可以在场地和时间允许的条件下，将其摊开、搅拌使水分蒸发。还可以在物料中加入稻草、木屑、干叶等低水废物及水分少的成品堆肥来降低水分。对低含水量的垃圾（低于30%），可添加污水、污泥、人畜尿粪等。

碳氮比（C/N）。微生物的生长繁殖需要搭配合理的营养物质，如适宜的碳氮比、碳磷比等。实践证明，有机物被微生物分解的速度随碳氮比而变，或大或小，都得不到理想的效果。微生物自身的碳氮比为4～30，因此用作其营养的有机物的碳氮比最好也在该范围内，特别是当碳氮比在10～25时，有机物被微生物分解的速度最快。综合考虑，堆肥过程适宜的碳氮比应为20～35。碳氮比超过35，碳元素过剩，氮元素不足，微生物的生理活动受到限制，有机物的分解速度减缓，发酵过程长。此外，易造成成品堆肥的碳氮比过度，既出现所谓“氮饥饿”状态，施于土壤后，会夺取土壤中的氮，而影响作物生长。但若碳氮比低于20，可供消耗的碳元素过少，氮元素相对过剩，则氮容易变成氨气而损失掉，从而降低堆肥的肥效。以不同的物料作基质时可根据其碳氮比进行适当调节（表7-1），以达到适宜的碳氮比，一般认为城市垃圾堆肥原料的碳氮比应为20～35。

表7-1　各种物料的碳氮比值

名称	C/N值	名称	C/N值
秸秆	70～100	猪粪	7～15
垃圾	50～80	鸡粪	5～10
人粪	6～10	活性污泥	5～8
牛粪	8～26	生污泥	5～115

氮磷比（N/P）。除碳和氮外，磷对微生物的生长繁殖也是很必要的，能量的摄取、新细胞的核酸合成等都必须有足够的磷。磷的含量对发酵也有很大影响。缺磷会导致堆肥效率降低。在垃圾发酵时添加污泥就是利用其中丰富的磷来调整堆肥原料的氮磷比。实践表明，堆肥原料适宜的氮磷比为 75 ～ 150。

pH。pH 对微生物的生长繁殖有重要影响。适宜的 pH 可使微生物有效发挥作用，如在中性或弱碱性条件下，微生物对 C、N、P 等的降解效果最好。pH 太高或太低都会影响微生物的活性和堆肥效率。一般情况下，pH 在 7.5 ～ 8.5 时，堆肥效率最高。对固体废物堆肥一般不需要调整 pH，因为微生物可在较大的 pH 范围内繁殖。但是当用石灰含量高的脱水滤饼作堆肥原料时，pH 偏高，有时高达 12，这时氮会转化氨而导致成品肥缺氮，故需先将滤饼露天堆放一段时间或掺入其他原料以降低 pH。在肥过程中 pH 随着物料的降解过程而变化，在初期由于酸性细菌的作用，pH 降为 5.5 ～ 6.0，物料呈酸性；随后由于以酸性物为营养的细菌的生长繁殖，导致 pH 上升，堆肥过程完成前可达到 pH 8.5 ～ 9.0，最终成品的 pH 为 7.0 ～ 8.0。

7.2.2　固体废物厌氧消化

1. 厌氧消化的基本原理

厌氧发酵是一个复杂的生物化学过程。国外学者研究表明，厌氧发酵主要依靠四大主要类群的细菌，即水解发酵细菌群、产氢产乙酸细菌群、产甲烷细菌群和同型产乙酸细菌群的联合作用共同完成厌氧发酵制沼气的过程。因此厌氧发酵可分为三个阶段，即水解酸化阶段、产氢产乙酸阶段和产沼气阶段，如图 7-3 所示。

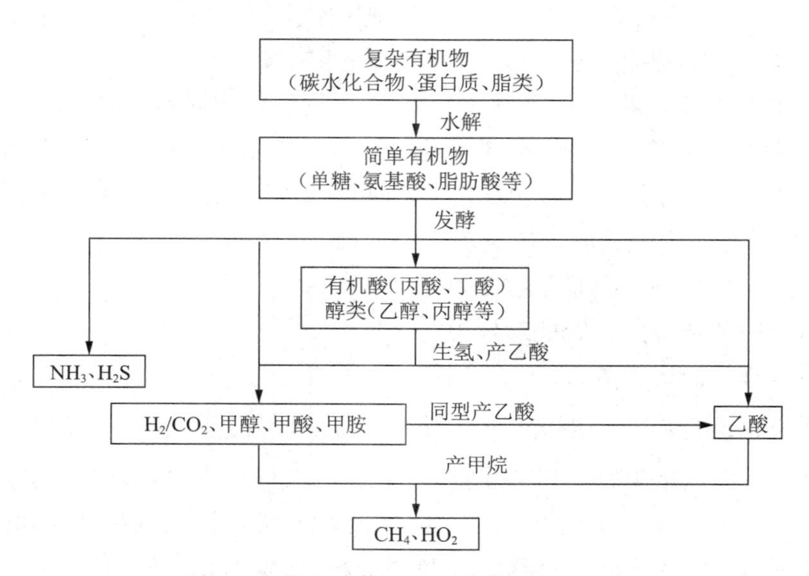

图 7-3　固体废物厌氧发酵产沼气流程图

（1）水解酸化阶段（液化阶段）。发酵微生物利用胞外酶对有机物进行体外酶解，使有机固体废物的复杂大分子、不溶性有机物（如蛋白质、纤维素、淀粉、脂肪）水解为小分子、可溶于水的有机物(如氨基酸、脂肪酸、葡萄糖、甘油),然后这些小分子有机物被发酵细菌摄入到细胞内,经过一系列生化反应转化成不同代谢产物,如有机酸(主要有甲酸、乙酸、丙酸、丁酸、戊酸、乳酸等)、醇(甲醇、乙醇等)、醛、CO_2、H_2S、NH_3、H_2,最后排出体外。由于发酵细菌种群不一、代谢途径各异,故代谢产物也各不相同。

这些代谢产物中,只有 CO_2、H_2 及甲酸、甲醇、甲胺和乙酸等简单物质可直接被产甲烷细菌吸收利用,转化为甲烷。

(2)产氢产乙酸阶段(产酸阶段)。在产氢产乙酸细菌群作用下,将液化阶段所产生的各种不能为产甲烷细菌直接利用的代谢产物进一步分解转化为乙酸和 H_2 等简单物质。此阶段同型产乙酸细菌群同时还将一部分无机 CO_2、H_2 转化为产甲烷细菌群的另一种基质——乙酸。

(3)产沼气阶段。产甲烷细菌群利用无机的 CO_2、H_2 及有机的甲酸、甲醇、甲胺和乙酸化合物产生甲烷。研究表明,厌氧发酵过程中 70% 的甲烷来自乙酸的分解,其余 30% 主要来自 CO_2 和 H_2 的合成。可能的反应过程如下:

$$CH_3COOH \rightarrow CH_4+CO_2$$

$$4H_2+CO_2 \rightarrow CH_4+2H_2O$$

$$4HCOOH \rightarrow CH_4+3CO_2+2H_2O$$

$$4CH_3OH \rightarrow 3CH_4+CO_2+2H_2O$$

$$4(CH_3)_3N+6H_2O \rightarrow 9CH_4+3CO_2+4NH_3$$

$$4CO+2H_2O \rightarrow CH_4+3CO_2$$

与好氧生物处理相比,厌氧生物处理的主要特征有以下几点。

① 能量需求少,并可产生能量。厌氧处理不需要氧气,并能产生含有 50% ~ 70% 甲烷的沼气,含有较高热值,可作为可再生能源利用。

② 厌氧微生物可降解(或部分降解)好氧微生物不能降解的某些有机物。

③ 厌氧菌的生物量增长缓慢,厌氧发酵的最终产物之一甲烷含有很高的能量,使得有机物厌氧降解过程所释放的能量较少,即可供给厌氧菌用于细胞合成的能量较少,导致厌氧菌尤其是产甲烷菌的增殖速率比好厌氧微生物低很多。

④ 对温度、pH 等环境因素更敏感。

⑤ 厌氧处理效果不如好氧处理效果。

⑥ 处理过程的反应较复杂,周期较长。

2. 厌氧消化运行的影响因素

厌氧消化是厌氧微生物一系列生命活动的结果,即微生物不断进行新陈代谢和生长的结果。保持厌氧细菌良好的生活条件,才可能有较高的沼气生产率和污水净化效果。影响厌氧消化的因素主要有厌氧发酵的原料、厌氧消化活性污泥、消化器负荷、消化温度、pH、碳氮比、有害物的控制及搅拌等。

(1)厌氧环境。

厌氧发酵是厌氧菌分解有机固体废物的过程,而厌氧菌的生存环境要求无氧条件,微量氧也会对各个阶段的厌氧菌产生不良反应，而影响厌氧发酵的效率。因此必须创造良好的厌氧环境。发酵池中除了厌氧菌外，还有很多好氧菌。在发酵初期，这些好氧菌会对原料物带入的空气很快吸收利用，因此只要发酵池不漏气，这种发酵池中的厌氧环境很快能实现。

（2）温度。

温度是影响微生物生命活动过程的重要因素，主要通过对酶活性的影响而影响微生物的生长速率与对基质的代谢速率。

厌氧消化应用的三个主要温度范围：20 ℃～ 25 ℃称常温消化，30 ℃～ 40 ℃称中温消化，50 ℃～ 65 ℃称高温消化。中温消化、高温消化是两个生化速度快和产气率高的温度区间。

高温消化的微生物与中温消化的不同，前者对温度变化更为敏感，通常在中温下不会存活。但中温消化也可以直接升温进行高温消化，其微生物菌种可利用率约为 40%，且需要适当的培养时间。例如，在高温下，当反应器中的乙酸盐浓度小于 1 mmol/L 时，乙酸盐通过两个阶段变化，即乙酸转化为氢和二氧化碳，紧接着形成甲烷。而在浓度更高时，中温反应器中乙酸盐转化的主要机理是甲基直接转化为甲烷。中温反应产生游离氨的比例大，进入高温阶段，高温反应器中氨的毒性更大。

大多数工业化的厌氧消化反应器是在中温或常温下操作。仅当反应器的大小相对于能耗的增加和操作的稳定性是厌氧消化主要的影响因素时，才考虑采用高温消化方式。虽然人们认为高温反应需要更多能量，但是热量损失可以通过有效的保温和热交换措施来降低。

在同一温度类型条件下，温度发生波动会给发酵带来一定影响。在恒温发酵时，于 1 h 内温度上下波动不宜超过 ±（2 ～ 3）℃。短时间内温度升降 5 ℃，沼气产量明显下降，波动的幅度过大时，甚至停止产气。在进行中温发酵时，不仅要考虑产能的多少，还应考虑为保持中温所消耗热能的多少，选择最佳净产能温度。一般认为 35 ℃左右温度的处理效率最高。池温在 15℃以上时，厌氧发酵才能较好地进行。池温在 10 ℃以下时，无论是产酸菌还是产甲烷菌都受到严重抑制。温度在 10 ℃以上时，产酸菌首先开始活动，总挥发酸直线上升，可达 4 000 mg/L。温度在 15 ℃以上时，产甲烷菌的代谢活动才活跃起来，产气率明显升高，挥发酸含量迅速下降。在气温下降时必须考虑厌氧消化池的保温。通常，中温厌氧消化的最优温度范围为 30 ℃～ 40 ℃，当温度低于最佳下限时，每下降 1 ℃，消化速率下降 11%。

（3）pH。

产甲烷菌的 pH 范围为 6.5 ～ 8.0，最适宜的 pH 范围为 6.8 ～ 7.2。如果 pH 低于 6.3 或高于 7.8，甲烷化速率降低。产酸菌的 pH 范围为 4.0 ～ 7.0，在超过产甲烷菌的最佳 pH 范围时，酸性发酵可能超过甲烷发酵，结果反应器内将发生“酸化”。

影响 pH 变化的因素主要有以下两点：一是发酵原料的 pH，如畜禽场废水的 pH 一般为 6.5 ～ 7.5；二是在沼气池启动时，投料浓度过高，接种物中的产甲烷菌数量不足，以及在消化器运行阶段突然升高负荷，都会因产酸与产甲烷的速度变化而引起挥发酸的积累，导致 pH 下降。这往往是造成沼气池启动失败或运行失常的主要原因。

沼气池在启动或运行过程中，一旦发生酸化现象应立即停止进料，如 pH 在 6.0 以上，可适当投加石灰水、Na_2CO_3 溶液加以中和，也可靠因停止进料，使产酸作用下降、产甲烷作用相对增强，这样可使积累于发酵液内的有机酸逐渐分解，pH 逐渐恢复正常。如果 pH 降至 6.0 以下，则应在调整 pH 的同时，大量投入接种污泥，以加快 pH 的恢复。

为防止沼气发酵酸化作用的发生，应当加强对消化器的检测，如果所产气体中 CO_2 比例突然升高或发酵液中挥发酸含量突然上升，都是 pH 要下降的预兆，这时应采取措施减少进料，降低消化器负荷，即可避免酸化现象。一旦酸化现象发生，再进行补救就困难得多。

（4）搅拌。

在生物反应器中，生物化学反应依靠微生物的代谢活动而进行，这就要使微生物不断接触新的原料。在分批料发酵时，搅拌是使微生物与原料接触的有效手段；而在连续系统中，特别是高浓度产气最大的原料，在运行过程中，进料和产气时气泡形成和上升过程所造成的搅拌构成了原料与微生物接触的主要动力。

在无搅拌的消化器里，发酵液通常自然沉淀分成 4 层，从上到下分别为浮渣层、上清液层、活性层和沉渣层。在这种情况下，厌氧微生物活动较为旺盛的场所只限于活性层内。而其他各层或因可被利用的原料缺乏，或因条件不适宜微生物的活动，使厌氧消化难以进行。因此，在这类消化器里，采取搅拌措施促进厌氧消化过程的进行是必需的。对消化器进行有限的搅拌，可使微生物与发酵原料充分接触，同时打破分层现象，使活性扩大到全部发酵液内，加快消化速度，提高产气率。此外，搅拌还可以防止沉渣沉淀、阻止浮渣层结壳、保证池温的均匀性、促进气液分离等功能。

（5）营养物质。

沼气发酵是微生物的培养过程，发酵原料或所处理的废水应看作是培养基，因而必须考虑微生物生长所必需的碳、氮、磷以及其他微量元素和维生素等营养物质。这些营养物质中最重要的是碳素和氮素两种营养物质，在厌氧菌生命活动过程中需要一定比例的碳素和氮素。原料 C/N 过高，碳素多，氮素养料相对缺乏，细菌和其他微生物的生长繁殖受到限制，有机物的分解速度就慢、发酵过程就长。若 C/N 过低，可供消耗的碳素少，氮素养料相对过剩，则容易造成系统中氨氮浓度过高，出现氨中毒。沼气发酵适宜的 C/N 值范围较宽，有人认为（13 ～ 16）∶1 最好，但也有试验说明（6 ～ 30）∶1 仍然合适。

在实际的厌氧消化过程中，氮的平衡是非常重要的因素。消化系统中由于细胞的增殖很少，只有很少的氮转化为细胞，大部分可生物降解的氮都转化为消化液中的氨氮，因此消化液中氨氮的浓度都高于进料中氨氮的浓度。氨有助于提高厌氧消化反应器缓冲能力，但也可能抑制反应。在高固体反应器中，即使原料的 C/N 正常，氨也可能产生毒性，因为氨随着消化的进行而在消化器表面聚积。研究表明，氨氮对厌氧消化过程有较强的毒性或抑制作用，氨氮以 NH_4^+ 及 NH_3 等形式存在于消化液中，NH_3 对产甲烷菌的活性有比 NH_4^+ 更强的抑制能力。因而，消化的最佳 NH_3-N 浓度为 700 mg/L，一般不超过 1 000 mg/L。

反应所需要的其他物质包括 Na、K、Ca、Mg、Cl、S、Fe、Cu、Mn、Zn、Ni 等，其中 Fe、Cu、Mn、Zn、Ni 为微量元素。微量元素容易和 P、S 反应而沉淀，故微量元素可利用的部分也可能缺乏。但是对于这些微量元素，目前的分析手段并不能分清微生物可利用的部分和不能利用的部分。

有机大分子（蛋白质、脂肪和碳水化合物）的降解可导致挥发性脂肪酸（VFA）的形成，而挥发性脂肪酸是细菌在厌氧消化后两个阶段的主要营养物质。特别指出，脂肪含量高可显著提高 VFA 值，而蛋白质含量高却导致大量氨离子的产生。可生物降解有机物占总固体的均一性、流动性、生物可降解性变化相当大。一般来说，可生物降解有机物占总固体的 70% ～ 95%。当有机总固体少于 60% 时，通常不宜作为厌氧消化的有机底质。

（6）停留时间。

厌氧反应器的运行有两个不同概念的停留期，即固体滞留期（SRT）和水力滞留期（HRT）。SRT 是指固体（微生物细菌）在厌氧反应器中被置换的时间（相当于停留时间）。而 HRT 则是指污水或污泥等消化液体在反应器中全部被置换的时间。在不可循环的悬浮反应器中，SRT 和 HRT 相等。如果固体（微生物）的循环使用与整个消化系统运行相关联或被直接固定，SRT 和 HRT 将会有很大的区别。由于产甲烷生长周期远长于需氧或者兼性厌氧细菌，典型的厌氧消化反应器 SRT 大于 12 d。如果 SRT 小于 10 d 的话，大量产甲烷菌将可能被洗脱出系统。因此，相比 HRT，SRT 是更为重要的滞留参数。

适当延长 SRT 对厌氧消化反应是有利的，相对较长的 SRT 可以使物料消解效率最大化。与此同时，通过将 SRT 和 HRT 错开，也可以减小反应器的有效容积，使整个污泥污水消化系统免受突然加料的影响，提高系统对毒性物质的缓冲能力和对毒性环境的耐受力。

（7）盐分。

低浓度的无机盐对于微生物的生长具有促进作用，但高浓度的无机盐对于微生物有抑制。当厌氧消化反应器中的钠盐浓度小于 5 g/L 时，有机垃圾厌氧消化并非受到抑制。但是当钠盐浓度大于 5 g/L 时，甲烷的产量逐渐降低。无机盐对于微生物的生长抑制主要表现为微生物外界中渗透压较高，造成微生物的代谢酶活性降低，严重时会引起细胞的质壁分离，甚至死亡。水中无机盐可改变氧在水中的溶解能力。对于一种无机盐，由于阴阳离子共存，阴阳离子中哪种离子对于生物处理的影响占主导作用仍然不清楚。在考察 Cl^- 和 SO_4^{2-} 对厌氧微生物处理影响时发现，SO_4^{2-} 的中等抑制浓度为 500 ～ 1 000 mg/L，Cl^- 的中等抑制浓度为 3 500 ～ 4 260 mg/L。

7.3 固体废物资源化

固体废物资源化利用指的是通过各种转化和加工手段，使固体废物具备某种使用价值，同时消除其在特定使用环境中的污染危害，并通过市场或非市场途径实现再利用的过程。固体废物资源化利用的措施以技术性的为主，以非技术性的为辅。固体废物资源化利用按其技术方法特征，可分为多个层次。

资源化层次一，即"产品回用"。该层次的资源化主要是以废弃产品或部件为对象，通过清洁、修补、质量甄别等手段，对废物进行简单处理后，即可将其再次用于新的生产或消费。由于处理手段相对单一的限制，固体废物通过产品回用实现资源化的适用范围较为有限。如玻璃瓶、饮料瓶的再灌装使用，牛奶袋（盒子）、啤酒瓶、可乐瓶的直接回用，橡胶轮胎的翻新，等等。但是，进一步扩展这一资源化方式适用范围仍然还在尝试阶段，没有进展。例如，电子类设备模块（插件）化设计、废旧设备单元插件在新的产品中循环使用等方法，仍基本停留在设想和规划阶段。

资源化层次二，即"材料再生"。该层次的资源化是通过物理和化学的分离、混合、提纯等过程，使废物的构成材料由纯化、复合等途径，恢复原有的性状和功能，再次被用作生产原料。固体废物通过材料再生实现资源化利用，对于固体废物处理和自然资源的可持续化利用均具有重要的意义。废纸回收造纸的普遍应用，使我国生活垃圾的纸类组分远低于同等经济水平的国家，也保护了我国稀缺的森林资源；废金属回收再冶炼，更是金属这种不可再生资源至今仍可满足人类生产和生活可持续的关键。可通过材料再生实现资源化的固体废物较为普遍，几乎所有的金属、玻璃、无机酸、混凝土和纸类等大部分无机物和天然纤维材料，以及聚烃、聚酯和尼龙等不同种类的人工聚合物，均可能通过处理实现材料再生。但是，再生制品和一次材料相比的质量差异，与废物材料种类有很大的相关性。金属、玻璃、无机酸和纸类的再生制品与一次材料几乎没有质量差异；而混凝土和大部分人工聚合物的再生制品与一次材料相比有明显的质量差异，再生制品的质量远远差于一次材料，只能应用于特定的场合。

资源化层次三，即"物料转化"。该层次的资源化是通过物理、化学和生物的分离、分解和聚合等过程，使废物的构成物料转化为具有使用价值的材料或可储存的能源。可通过物料转化方法实现资源化的固体废物种类广泛，覆盖的资源化技术途径众多。例如，煤燃烧后残余的粉煤灰和炉渣已成为我国建筑用砖的主要原料，有统计显示：我国销售水泥制品的60%左右，来自以钢铁渣为主的冶炼工业废渣和燃煤废渣，建筑材料行业已成为我国大宗工业废渣的主要消纳方向，也为保护我国的表土资源提供了重要的替代途径。物料转化资源化方法也适用于农业废物和生活垃圾及工业可燃废物等，农业废物和生活垃圾中的生物可降解废物可通过生物降解转化为腐殖肥料（堆肥），如果通过厌氧途径降解还可以回收利用气体燃料（沼气）甲烷，产生的沼渣、沼液可以用作有机肥等，实现了废物的综合利用，应用前景广阔，具有良好的环境效益、经济效益和社会效益；可燃的工农业废物和生活垃圾也可通过无氧或缺氧的热化学分解途径，回收不同物态的燃料或有机合成原料等。

资源化层次四，即“热能转化”。该层次的资源化用于可燃或以可燃组分为主的固体废物的资源化利用，特征是通过燃烧过程将废物可燃组分的化学能转化为热能，再通过热能转化（如热电联供等）过程进行能量利用。普遍应用的生活垃圾焚烧发电（烟气余热锅炉产生蒸汽，蒸汽推动汽轮机发电），以及北欧国家将林业废物加工为粉体燃料后用于燃气轮机发电，均属此类的资源化实践。

固体废物资源化利用按技术方法特征进行层次化分级，其依据是资源化的效益差异，即资源化过程的投入与资源化产物的产出之比的不同。一般来说，从层次 1 至层次 4，固体废物资源化的效率递减。

我国目前各类固体废物累积堆存量为 600 亿～ 700 亿 t，年产生量近 100 亿 t，且呈逐年增长态势。如此巨大的固体废物累积堆存量和年产生量，如不进行妥善处理和利用，将对环境造成严重污染，对资源造成极大浪费。因此对固体废物进行资源化利用，发展资源化技术，实现废物的循环利用对可持续发展十分重要。

7.3.1　堆肥技术

堆肥技术是将固体废物加热，利用固体废物中的微生物将污染物分解，从而得到可利用的物质，提高土壤的肥力，保障作物生长。该方法主要处理农业废弃物、食品加工废弃物、生活垃圾以及畜禽粪便等。

7.3.2　焚烧处理技术

焚烧处理技术是通过高温将固体废物中有机成分进行氧化分解，在高温条件下可燃物和氧气发生化学反应，同时释放热量，利用焚烧技术可将最大程度的减量化，而且焚烧过程中产生的热量可以再利用。

7.3.3　填埋处理

填埋技术是利用土地空间，将废弃物填埋于土地中，然后将其压实，最后封存，填埋于土地的垃圾利用自然界的微生物逐渐将其氧化分解，填埋时需要先进行防渗处理，防止渗滤液污染土壤、地下水等。

7.3.4　微生物处理法

微生物处理技术是利用微生物的氧化分解能力来降解固体废物，具有较强的针对性，但不是所有的固体废弃物均适合利用微生物来处理。

综上，目前固体废物资源化常用技术方法，虽然都能实现固体废物减量化的目标，但在实施过程中存在不同的弊端。堆肥技术适用范围较小，极易受外界环境条件的限制，技术占地面积较大、耗时长、处理效率低、重复性效率低，而且在处理时需要注意有害物带来二次污染。焚烧处理技术相对堆肥技术优点很多，但是也存在一些缺点，如燃烧时会排出大量的二氧化碳、二氧化硫、二噁英等有害气体，对大气环境造成严重的破坏，影响周围居民的身体健康。填埋技术经济投入相对较低，运行成本不高，而且操作简单，但是该技术消耗土地资源，降低了土地的使用率，在填埋期间会产生污染性很强的渗滤液，应做好水文地质方面的调查，进行专门的规划设计，尤其施工过程中防渗系统的工程质量；同时还要注意后期的运营维护。微生物处理法具有一定的局限性，而且自然环境对其也有一定的影响，但安全性高，在未来垃圾处理方面潜力巨大，对其氧化能力的深入研究具有重要意义。

参考文献

[1] 朱端卫．环境生态工程 [M]．北京：化学工业出版社，2017.

[2] 唐雪娇．固体废物处理与处置 [M]．北京：化学工业出版社，2018.

[3] 何晶晶．固体废物处理与资源化技术 [M]．北京：高等教育出版社，2011.

[4] 周春红．“无废城市”建设下固体废物资源化利用的新机遇 [J]．河南建材，2021(9)：111-113.

思考题

1. 简述固体废物好氧堆肥和厌氧消化的主要机理。

2. 目前，固体废物微生物处理方法的主要关注点有哪些。

第8章 “双碳”背景下环境生态工程设计

8.1 “双碳”背景下环境生态工程需求

8.1.1 “双碳”目标的提出及其重要意义

2021年9月，习近平主席在联合国大会上宣布了我国2030前碳达峰、2060前碳中和的目标，在世界上引起巨大反响和赞誉。实现“双碳”目标最重要途径就是能源系统转型，但如何以及多快速度实现能源系统转型需长期深入研究与实践。能源转型的目标和节奏不是全由能源本身决定的，而是主要由社会的价值、目标和挑战来决定的。在气候变化成为威胁人类社会可持续发展的重大危险之际，能源转型主要是由全球应对气候变化的目标决定的，也就是到21世纪末，将地表平均温度上升控制在不超过2 ℃，并争取控制在1.5 ℃内。因此，我国实现碳达峰、碳中和，就是要努力以《巴黎协定》长期目标为导向，走一条长期深度脱碳的转型路径。

1.“双碳”目标的提出

实现碳达峰、碳中和，是以习近平同志为核心的党中央统筹国内国际两个大局做出的重大战略决策，是着力解决资源环境约束突出问题、实现中华民族永续发展的必然选择，是构建人类命运共同体的庄严承诺。碳达峰是指全球、国家、城市、企业等组织主体的碳排放量在由升转降的过程中，在某一时期达到的历史最高点即碳峰值，同时在这一峰值出现以后，碳排放量呈稳定下降的趋势。关于碳排放量是否已经达到峰值的判断在当年是难以得出结论的，通常情况是至少需要五年的时间。在这五年里，如果没有出现相比峰值年碳排放量的增长，就能确认为达到峰值年。碳中和是指人为排放的二氧化碳与通过植树造林、节能减排、碳捕集与碳封存等方式吸收的二氧化碳相互抵消，实现二氧化碳净排放为零。

2.“双碳”目标的研究背景

随着工业的发展，二氧化碳等气体的排放量正以前所未有的速度增加，其存量已严重威胁到全球生态的平衡与稳定。面对如此紧迫的情况，所有国家对减排做出承诺，规范各地区的温室气体排放量，中国政府也做出郑重承诺："二氧化碳排放力争于2030年前达到峰值，努力争取2060年前实现碳中和。"实现"双碳"目标的关键节点见图8-1。作为国民社会生活的重要基础建设设施，水利工程是我国减碳工作的重要组成部分，推进水利工程领域的减排降碳工作对最终完成我国"碳达峰、碳中和"目标起到积极作用。

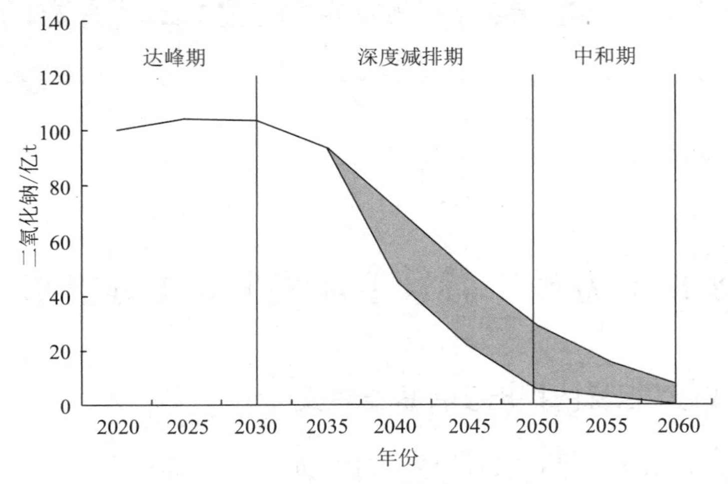

图8-1　实现"双碳"目标关键节点

从全球范围看，科学界主流一致认为二氧化碳排放是引起气候变化的主要原因。特别是工业革命以来，发达国家因为工业化排放的大量二氧化碳使全球变暖日益加剧。进一步引发气候变化对环境生活的一系列影响。在减缓气候变暖方面，科学家们普遍认为要控制排放到大气层中的碳以及其他温室气体。碳排放是全球性问题，减排需要全世界所有国家共同协调。我国提出碳达峰、碳中和既是为了参与全球治理，更是为了在全世界范围内树立起负责任大国形象，是推动构建人类命运共同体的具体行动。随着我国成为"世界工厂""世界市场"和制造业第一大国，我国的碳排放量总体是比较大的，2019年全国二氧化碳排放量占全球总排放量的27%。尽管我国人均碳排放量远远低于美国，但我国一直以来都致力于降低碳排放。2019年我国单位国内生产总值二氧化碳排放比2005年降低48.1%，非化石能源占比达15.3%，提前完成2020年下降40%～45%的气候行动目标。

3."双碳"目标的重要意义

习近平总书记在党的十九大报告中指出："引导应对气候变化国际合作，成为全球生态文明建设的重要参与者、贡献者、引领者。"面对日益严峻的国际生态环境，碳达峰、碳中和的提出，是我国参与、引领全球生态文明建设、顺应时代潮流的必然选择，也是担负起负责任大国应尽的国际义务。提出"双碳"目标是人类文明形态进步的必然选择，为我国转变经济发展模式，加强绿色低碳科技创新，持续壮大绿色低碳产业，加快形成绿色经济新动能和可持续增长，显著提升经济社会发展质量效益，全面建成社会主义现代化强国，提供强大动力。

8.1.2 “双碳”目标的内涵和实现基础

1. 碳达峰、碳中和的内涵

碳达峰指某个地区或行业年度二氧化碳排放量达到历史最高值，然后经历平台期进入持续下降的过程，是二氧化碳排放量由增转降的历史拐点。碳达峰不等于冲高点，而是尽快进行生产方式和生活方式的持续调整。达峰后的碳排放一般需要经历一段峰值平台期才能实现碳中和。碳中和指某个地区在一定时间内（一般指一年）人为活动直接和间接排放的二氧化碳，与其通过植树造林等活动吸收的二氧化碳相互抵消，实现二氧化碳“净零排放”。碳中和指企事业单位在温室气体核算边界内一定时间内生产（通常以年度为单位）、服务过程中产生的所有温室气体排放量，按照二氧化碳当量计算，在尽可能自身减排的基础上，剩余部分排放量被核算边界外相应数量的碳信用、碳配额或（和）新建林业项目等产生的碳汇量完全抵消。

2. “双碳”目标提出的渊源

“双碳”目标提出的根据之一是《巴黎协定》中关于国家自主贡献强化目标的相关规定。《巴黎协定》的一个重要成果是确定了 2020 年后全球应对气候变化制度的总设计。为了实现这一目标，《巴黎协定》规定了以“国家自主贡献”为基础的减排机制，要求各缔约国提出各自的国家自主贡献（达到温室气体排放峰值的时间、减排目标等，并每五年更新一次）。2016 年，全球已提交了 160 余份国家自主贡献预案。《巴黎协定》的规定与中国生态文明建设目标基本一致。中国“双碳”目标是按照《巴黎协定》规定更新的国家自主贡献强化目标提出的，表明了我国对《巴黎协定》的坚决支持，不仅顺应了世界潮流，而且符合国家可持续发展的需要。

3. “双碳”的主要目标

《国务院关于加快建立健全绿色低碳循环发展经济的指导意见》（以下简称《意见》）指出，到 2025 年，绿色低碳循环发展的经济体系初步形成，重点行业能源利用效率大幅提升。单位国内生产总值能耗比 2020 年下降 13.5%；单位国内生产总值二氧化碳排放比 2020 年下降 18%；非化石能源消费比重达到 20% 左右；森林覆盖率达到 24.1%，森林蓄积量达到 180 亿立方米，为实现碳达峰、碳中和奠定坚实基础。各行业“双碳”目标实现时间路线见图 8-2。

到 2030 年，经济社会发展全面绿色转型取得显著成效，重点耗能行业能源利用效率达到国际先进水平。单位国内生产总值能耗大幅下降；单位国内生产总值二氧化碳排放比 2005 年下降 65% 以上；非化石能源消费比重达到 25% 左右，风电、太阳能发电总装机容量达到 12 亿千瓦以上；森林覆盖率达到 25% 左右，森林蓄积量达到 190 亿立方米，二氧化碳排放量达到峰值并实现稳中有降。

到 2060 年，绿色低碳循环发展的经济体系和清洁低碳安全高效的能源体系全面建立，能源利用效率达到国际先进水平，非化石能源消费比重达到 80% 以上，碳中和目标顺利实现，生态文明建设取得丰硕成果，开创人与自然和谐共生新境界。

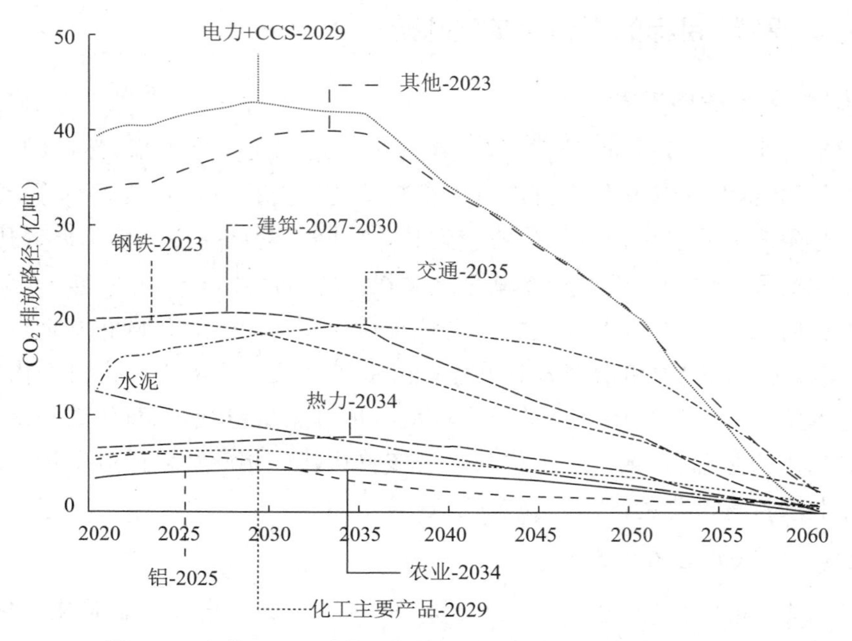

图 8-2　各行业“双碳”目标实现时间路线图(引自吴冰，2022)

《意见》还依据 5 个方面的主要目标，提出 10 个方面 31 项重点任务。一是推进经济社会发展全面绿色转型。强化绿色低碳发展规划引领，优化绿色低碳发展区域布局，加快形成绿色生产生活方式。二是深度调整产业结构。推动产业结构优化升级，坚决遏制高耗能高排放项目盲目发展，大力发展绿色低碳产业。三是加快构建清洁低碳安全高效能源体系。强化能源消费强度和总量双控，大幅提升能源利用效率，严格控制化石能源消费，积极发展非化石能源，深化能源体制机制改革。四是加快推进低碳交通运输体系建设。优化交通运输结构，推广节能低碳型交通工具，积极引导低碳出行。五是提升城乡建设绿色低碳发展质量。推进城乡建设和管理模式低碳转型，大力发展节能低碳建筑，加快优化建筑用能结构。六是加强绿色低碳重大科技攻关和推广应用。强化基础研究和前沿技术布局，加快先进适用技术研发和推广。七是持续巩固提升碳汇能力。巩固生态系统碳汇能力，提升生态系统碳汇增量。八是提高对外开放绿色低碳发展水平。加快建立绿色贸易体系，推进绿色“一带一路”建设，加强国际交流与合作。九是健全法律法规标准和统计监测体系。健全法律法规，完善标准计量体系，提升统计监测能力。十是完善政策机制。完善投资政策，积极发展绿色金融，完善财税价格政策，推进市场化机制建设。

4. 全国省区市计划实现“双碳”目标的相关内容

为了实现“双碳”目标，全国各省区市针对降低碳排放强度，制订出各地区切合的碳达峰、碳中和实施方案，提出了切实可行的措施办法，部分省区市“双碳”目标内容汇总见表 8-1。

表 8-1 中国部分省市“双碳”目标一览表

省(区市)	“十四五”发展目标与主要任务	2022 年重点任务
北京市	碳排放稳中有降	推动减污降碳协同增效。坚持节约优先,以科技创新为牵引,大力开展节能全民行动,稳步推进碳中和
上海市	坚持生态优先,绿色发展,加大环境治理力度	积极落实碳达峰碳中和目标任务。有序推动重点领域、重点行业开展碳达峰专项行动
浙江省	大力提倡绿色低碳生产生活方式,非化石能源占一次能源比重提高到 24%,煤电装机占比下降到 42%	大力推行绿色低碳生产生活方式。坚持先立后破、通盘谋划,科学有序推进碳达峰碳中和,落实好新增可再生能源和原料用能不纳入能源消费总量控制的政策
河北省	开展大规模国土绿化行动,推进自然保护地体系建设,打造塞罕坝生态文明建设示范区;强化资源利用,建立健全自然资源资产产权制度和生态产品价值实现机制	稳妥有序推进碳达峰碳中和。加快调整产业、能源、交通运输结构,遏制“两高”项目盲目发展,推动能耗“双控”向碳排放总量和强度“双控”转变
辽宁省	围绕绿色生态,单位地区生产总值能耗二氧化碳排放达到国家要求	有序推进碳达峰、碳中和。推进电力、钢铁、有色、建材、石化行业碳达峰行动,坚决防止一刀切、运动式减碳
广东省	打造规则衔接示范地、要素集聚地、科技产业创新策源地、内外循环连接地、发展支撑地	大力推动绿色低碳转型。制定碳达峰、碳中和实施意见和碳达峰实施方案
四川省	单位地区生产总值能源消耗、二氧化碳排放降幅完成国家下达的目标任务,大气、水体等质量明显好转,森林覆盖率持续提升;粮食综合生产能力保持稳定,能源综合生产能力增强	有序推进碳达峰碳中和。严格落实国家双碳政策,实施“碳达峰十大行动”,推动近零碳排放试点建设。出台坚决遏制“两高”项目盲目发展三年行动实施方案,加强重点用能单位能耗监测。发挥四川联合环境交易所功能,有序推进碳排放权、用能权交易,鼓励参与全国碳市场交易
新疆维吾尔自治区	力争到“十四五”末,全区可再生能源装机规模达到 8 240 万千瓦,建成全国重要的清洁能源基地	推动绿色低碳发展。有序推进碳达峰碳中和,着力提高能源利用效率,常态化抓好重点区域、重点行业、重点企业节能挖潜,稳步提高新增风、光等可再生能源消纳,推动煤炭高效清洁利用和煤电机组灵活性改造

5. 全球气候协议与碳排放体系

《联合国气候变化框架公约》《京都议定书》和《巴黎协定书》等一系列协议都对碳排放进行了一定的规定,欧盟碳排放交易体系、澳大利亚碳排放交易体系和美国区域温室气体行动计划针对碳排放进行了切实的实践理论规定。

实现碳达峰、碳中和是一场伟大的“绿色革命”。“双碳”目标对中国目前以高碳的化石能源为主的能源结构提出了新要求,带来了新机遇,现有的能源生产和消费结构都将迎来重大调整。同时,这是一场广泛而深刻的经济社会系统性变革。当前,我国的能源结构还不合理。在工业化、新型城镇化深入推进,经济发展和民生改善任务还很重的情况下,作为世界上最大的发展中国家,我国的能源消费仍将保持刚性增长。与发达国家相比,我国从碳达峰到碳中和的时间窗口偏紧。

到 2060 年,实现全国范围的零碳排放,是一项宏大的工程。为完成这一目标,需要把握机遇和挑战,测算碳中和的拐点和机制,描绘碳中和的图谱,构建大数据平台与体系,开展重点城市、重点地区试点,推动全国各地、各行业实现总体碳中和。

8.1.3 我国“双碳”目标的机遇与挑战

1.“双碳”目标的中国机遇与挑战

我国2060年实现碳中和，是党中央、国务院确定的重大战略。实现这个长远目标，存在技术创新、产业转型、能源优化等多方面的发展机遇。

从工业转型看，工业低碳化助力碳中和。工业二氧化碳排放量主要聚集在钢铁、有色金属、石化、化工、造纸、水泥等传统行业。国家大力推动传统高耗能高排放行业降低能耗、减少排放，鼓励发展新材料、新技术、新工艺、清洁设备等清洁生产，为实现碳中和目标提供了新机会。从能源结构调整看，能源清洁化助力碳中和。我国积极推动发展光伏、风电、海洋潮汐以及生物质能等，提高新能源、清洁能源在能源结构中的占比，大幅减少煤电，为减碳、碳汇提供了新机遇。

从交通结构调整看，交通智能化循环化助力碳中和。为降低交通运输业的二氧化碳排放，《新能源汽车产业发展规划（2021—2035年）》规定，到2025年新能源车渗透率预计将升至20%左右，到2035年纯电动车成为新销售车辆的主流。近年来，国家大力发展新能源汽车，我国连续多年居全球新能源汽车市场第一位，渗透率为5%左右，交通电动化、智能化为新能源汽车及上游“三电”、氢能、材料、设备、充电桩等带来巨大的发展机遇。

从建筑结构调整看，建筑绿色化助力碳中和。为推动建筑行业实现碳中和，我国鼓励打造绿色建筑，推动在建筑物的生命周期内，最大限度地节约资源、保护环境，提高空间使用效率，积极试点既有建筑的节能低碳改造又有按照更高的绿色标准建造的新建筑，为行业技术应用带来了新机遇。

从碳封存发展趋势看，碳移除核心技术突破助力碳中和。我国积极推动农业与制造产业等碳中和，加大森林碳移除（碳汇），大力开展植树造林、退耕还林还草、防止沙漠化等，大力提升森林覆盖率，增强植物对二氧化碳等温室气体的吸收能力，大力推动工业制造再循环利用以及减碳技术应用，积极推动碳捕获、使用和储存（CCUS）等碳移除技术，为减碳活动提供了新机遇。

2. 实现碳达峰、碳中和必须创建匹配的运营模式

必须借助适合转型的运作模式，才能顺利实现碳中和。比如，我们办公或居住的楼房，其和电网是跨领域的基建项目，在原有的运作模式中，它们是两个独立的实体。如果有关数据能实现共享，既可以把碳中和的目标有机结合起来，又可以大大节约成本。新的运作模式中建筑将不再单纯是能源消耗方，它变成了身兼二任的智能产消方，在能源产业链中发挥新的作用。市场化的行为才是可持续的，企业在数字碳中和的进程中需要找到合适的商业模式，心血来潮式的形象工程是不可取的。

经测算，2020年中国快递业务量完成830亿件，同比增长30.8%。快递行业在数字经济中发展壮大，快递行业的迅猛发展，也伴随着数字碳中和的脚步走向绿色、低碳方向。2021年全国快递业务量超过1 000亿件。如果可循环包装能替代其中的50%，那就是500亿个，500亿个箱子的体量是非常大的。但实现这个目标的前提就是企业

一定是可持续发展的，从而能够做公益，用经济价值反哺公益，让全社会能够接受循环包装的成本。以顺丰集团为例，顺丰有一个智慧包装服务平台，所有包装的数据都在智慧包装平台上，如果哪个业务区有包装需求，我们就可以从平台调取，然后根据不同应用场景的要求做改进，实时输出设计方案。快递小哥拿到包装后，扫码即可了解应该用什么包装什么样的东西，规范了包装的使用，可以减少资源浪费、提高周转效率。截至2020 年底，顺丰投放了 8 个循环产品，共计实现 9 350 万次循环。所以，随着“双碳”目标的逐步实现，创建与之匹配的商业模式是大势所趋。

8.1.4 “双碳”背景下的环境生态工程需求

《意见》提出，深度调整产业结构，推动产业结构优化升级，坚决遏制高耗能高排放项目盲目发展，大力发展绿色低碳产业。生产是国民经济循环的起点，居于支配地位，它决定消费、分配、交换及其相互之间的关系。生产环节在国民经济循环中起先导性和决定性作用。因此，在世界经济加速迈向低碳化和绿色化的背景下，我国要不断健全绿色低碳循环发展的生产体系，推进工业绿色升级，加快农业绿色发展，提高服务业绿色发展水平，壮大绿色环保产业，提升产业园区和集群循环化水平，构建绿色供应链，提高我国生产端的供给质量和水平，增强我国产业链的创新力和竞争力，推动绿色发展迈上新台阶。

这一背景下，环境生态工程如何更好地参与到碳达峰、碳中和的实践中去，需要深入思考和探索。

1. 健全绿色低碳循环发展的生产体系

在“双碳”目标引领下，环保产业内涵被数倍打开，产业责任也数倍增加。环保产业将从过去的“治污”为主，进入减污、降碳，协同增效，绿色生产、绿色生活和良好生态协同推进的新阶段。

目前，为实现“双碳”目标，环保产业正在进行相应优化调整。例如，在水处理行业，基于资源回收、能源开发与利用和碳平衡理念的未来污水处理厂在领先的环境公司已经开始实践；在大气治理领域，提出了碳排放与大气污染物的协同控制，并且将通过在重点行业、企业开展示范试点，进行减排技术／措施的协同控制效果评估；在土壤治理领域，聚焦到土壤修复产业，恢复土壤碳库容量，减少土壤修复过程中的能源消耗、碳排放等；在固废处理处置领域，开发了提高生产效率，开展节能降耗改造，资源综合利用的减碳技术路径。

2. 健全绿色低碳循环发展的流通体系

产业、流通和消费的升级相互协同、相互支撑。如果没有流通体系效率的提升，必然会影响产业和消费的创新发展后劲。“流通体系在国民经济中发挥着基础性作用，构建新发展格局，必须把建设现代流通体系作为一项重要战略任务来抓”。而在绿色经济体系中，所有的创新都应该是绿色的。因此，流通体系的创新就在于绿色低碳循环发展。2021 年 2 月，国务院印发的《关于加快建立健全绿色低碳循环发展经济体系的指导意见》明确指出，健全绿色低碳循环发展的流通体系，要从打造绿色物流、加强再生资源回收利用和建立绿色贸易体系三个方面着手。

（1）打造绿色物流。

绿色物流，是指通过充分利用物流相关资源、采用先进的物流技术，合理规划并实施运输、装卸、包装、储存、流通加工、信息处理、搬运、配送等活动，降低物流对环境影响的过程。

为打造绿色物流，环境生态工程方面应做到：积极调整运输结构，推进铁水、公铁、公水等多联式联运，加快铁路专用线建设；加强物流运输组织管理，加快相关公共信息平台建设和信息共享，发展甩挂运输、共同配送；推广绿色低碳运输工具，淘汰更新或改造老旧车船；加快港口岸电设施建设，支持机场开展飞机辅助动力装置替代设备建设和应用；支持物流企业构建数字化运营平台，鼓励发展智慧仓储、智慧运输，推动建立标准化托盘循环共用制度。

（2）加强再生资源回收利用。

再生资源回收是物质循环利用的一种经济发展模式。在当前原生资源日益短缺、开采成本不断上升、价格逐渐攀升的条件下，再生资源回收利用既能降低成本，又能减少碳排放和污染物排放，还可为经济建设提供保障，无疑是实现碳达峰和碳中和的重要方式。

环境生态工程应积极推进垃圾分类回收与再生资源回收相融合，鼓励地方成立再生资源区域交易中心；加快落实生产者责任延伸制度，引导生产企业建立逆向物流回收体系（资源—产品—再生资源）；鼓励企业采用现代信息技术，实现废旧物回收线上与线下有机结合，培育新型商业模式，打造龙头企业，提升行业整体竞争力；完善废旧家电回收处理亿本系，推广典型回收模式和经验做法。

（3）建立绿色贸易体系。

绿色贸易是指在贸易中预防和制止由于贸易活动而威胁人的生存环境以及对人的身体健康的损害，从而实现可持续发展的贸易形式。为了实现这一目标，环境生态工程方面应做到：积极优化贸易结构；加强绿色发展国际合作，深化绿色发展“一带一路”合作。

3. 健全绿色低碳循环发展的消费体系

消费是有效连接生产与生活的关键节点。绿色低碳循环发展的消费，是一种适度、节制的消费方式，它以避免或减少对环境的破坏为出发点，以崇尚自然和保护环境为特征，是符合环境保护标准、有利于人的健康的各种消费行为的统称。在整个碳排放的流程中，消费是最后一环。我国要如期完成“双碳”目标，就必须聚焦消费端，倡导绿色消费，完善绿色低碳循环发展的消费体系。

为实现“双碳”目标，不仅需要政府和企业的参与，也需要每个公民的参与，积极引导鼓励绿色产品消费，加强绿色产品宣传，培养绿色消费理念。加大政府采购力度，引导绿色消费。通过多途径增加绿色产品供应，激发绿色消费；规范绿色产品市场，严厉打击虚标绿色产品行为；加强宣传教育，提高消费者的辨别能力，规范市场秩序，保障市场有序竞争；倡导绿色低碳生活方式以实现全球历史上最短时间内完成世界最高碳排放强度幅度。

4. 加快基础设施绿色升级

基础设施作为为生活生产等提供必需的公共服务的物质工程设施，是经济发展的基础和必备条件。加快基础设施绿色升级，是促进经济发展和生态环境保护相协调、确保实现“双碳”目标的重要举措。《中华人民共和国国民经济和社会发展第十四个五年规划和2035年远景目标纲要》对实现“双碳”目标提出了要求，明确提出要建设现代化基础设施体系。统筹推进传统基础设施和新型基础设施建设，打造系统完备、高效实用、智能绿色、安全可靠的现代化基础设施体系。

借鉴发达国家的经验教训，根据我国全面建设小康社会的历史任务，应该优化产业结构，改善能源结构，提高能源利用效率，并以法律、政策和经济手段，促进能源合理利用和削减二氧化碳排放量。

（1）优化产业结构，实施广义节能，削减二氧化碳排放。调整优化产业结构，逐步实现由“二三一型”产业结构向“三二一型”产业结构的转化；实现广义节能，从而使国民经济体系能耗下降，产业整体效益提高，二氧化碳排放减少；发展新兴工业，提升改造传统产业，大力发展高新技术产业，提升改造传统产业，淘汰高耗能、高污染、低效益的工业，促进经济增长模式由外延粗放型向内涵集约型转变；发展生态农业；加快发展耗能少的第三产业。

（2）改善能源结构，降低煤耗比例，削减 CO_2 排放。充分发挥水能资源优势，提高水电在一次能源消费中的比例；适当发展核电，加大太阳能、风能、地热能、生物能和海洋能等能源的开发利用；在继续勘探开发国内石油、天然气的同时，充分利用国外石油天然气资源，提高油气在能源消费结构中的比例；在降低煤炭消费比例的同时，大力推广应用“洁净煤”技术，努力减少 CO_2 排放和其他污染。

（3）提高能源科学技术水平，节能降耗，削减 CO_2 排放。加强能源科学技术研究并将其渗透到能源开采、配送、加工、转换和利用的各个环节，全面提高能源系统效益。要推广适合我国国情的效率高、见效快的国内外先进技术和设备，限制和淘汰落后的工艺技术设备。特别是工业部门，提高能源利用效率是实行温室气体减排的重要措施之一；从国情出发，强调煤炭的有效转换，发展电力和城市煤气化。

（4）建立和健全政策法规，以宏观调控和市场机制促进能源节约和 CO_2 减排。根据我国国情制定和完善一系列促进能源节约、削减 CO_2 排放的法律、法规和政策，加快制定配套法规，引导和规范用能行为。制定和完善主要用能产品能源效率标准，包括工业锅炉、电动机、风机、水泵、变压器等主要工业耗能设备和家用电器、照明器具、建筑、汽车的能源效率标准，为实施淘汰高耗能产品，开展节能产品认证和能源效率标识制度提供技术依据。制定抑制能源过度消费、有利于企业开展能源节约与资源综合利用的税收及税赋转移政策；研究制定能源节约与资源综合利用公共财政支持政策。

5. 构建市场导向的绿色技术创新体系

随着科学技术的快速进步，我国有些环境治理技术虽然已经基本达到了国际的平均水平。然而，对于部分核心技术而言，还处于起步阶段，远远落后于国际的先进水平，在一定程度上阻碍了环保产业的发展。要想在“双碳”目标下快速发展环保产业，就必须合理利用科学技术，科学技术才是第一生产力。只有依靠于先进的科学技术，才能有利于提高国际竞争力。同时政府也可以在政策和资金上对科学技术的创新提供相应的优惠制度，开创出具有中国特色的环保科技体系。

在“双碳”目标下，我国的环保产业正在快速发展，尽管还存在一些困境，但我们可以通过调整产业结构、研发核心技术、制定健全的管理制度与法律法规、构建支持绿色制造产业发展的技术体系等手段促进环保产业的发展。期待环保产业未来能更好地参与到碳中和、碳达峰的实践当中去。

6. 完善法律法规政策体系

“双碳”目标提出以来，国家层面对实现碳达峰、碳中和实现路径进行了系列部署，从贯彻能源安全新战略、建立健全绿色低碳循环发展经济体系，优化产业结构、改善能源结构等方面进行指导。见表 8-2。

表 8-2 “双碳”目标下国家政策部署

时间节点	政策 / 文件	主要内容
2020.12	《新时代的中国能源发展白皮书》	新时代的中国能源发展，积极适应国内国际形势的新发展新要求，坚定不移走高质量发展新道路，更好服务经济社会发展，更好服务美丽中国、健康中国建设，更好推动建设清洁美丽世界。提出新时代的中国能源发展，贯彻“四个革命、一个合作”能源安全新战略
2021.2	《国务院关于加快建立健全绿色低碳循环发展经济体系的指导意见》	全方位全过程推行绿色规划、绿色设计、绿色投资、绿色建设、绿色生产、绿色流通、绿色生活、绿色消费，使发展建立在高效利用资源、严格保护生态环境、有效控制温室气体排放的基础上，统筹推进高质量发展和高水平保护，建立健全绿色低碳循环发展的经济体系，确保实现碳达峰、碳中和目标，推动我国绿色发展迈上新台阶
2021.3	《2021 年政府工作报告》	提出扎实做好碳达峰、碳中和各项工作。制订 2030 年前碳排放达峰行动方案。优化产业结构和能源结构。推动煤炭清洁高效利用，大力发展新能源，在确保安全的前提下积极有序发展核电等重点工作任务
2021.3	《国务院关于落实〈政府工作报告〉重点工作分工的意见》	提出了生态环境质量进一步改善，单位国内生产总值能耗降低 3% 左右，主要污染物排放量继续下降的 2021 年主要预期目标，以及扎实做好碳达峰、碳中和各项工作的要求
2021.3	《中华人民共和国国民经济和社会发展第十四个五年规划和 2035 年远景目标纲要》	在建设现代化基础设施体系、深入实施制造强国战略等多个方面提出绿色发展、产业布局优化和结构调整，力争实现碳达峰、碳中和的目标

7. 环保减污降碳协同发展

2021 年 4 月 30 日，习近平总书记在主持十九届中共中央政治局第二十九次集体学习时强调,“十四五”时期,我国生态文明建设进入了以降碳为重点战略方向、推动减污降碳协同增效、促进经济社会发展全面绿色转型、实现生态环境质量改善由量变到质变的关键时期。落实 2030 年应对气候变化国家自主贡献目标,锚定努力争取 2060 年前实现碳中和,需要在提升生态系统碳汇能力的同时统筹推进减污降碳,在生活垃圾处理、工业固废处理、废旧家电回收利用等领域采取更加有力的政策和措施,推动经济效益、社会效益、生态效益稳步提升。

随着社会的不断发展,环境保护已经成为全球的热门话题之一,作为全球污染最为严重的国家之一,中国政府已经着手实施一系列环保政策,而减污降碳就是其中最为重要的环保措施之一。

在“双碳”目标背景下,以减污降碳协同增效为抓手,加强生态环境保护,积极应对气候变化,是建设“美丽中国”、实现中华民族永续发展的必由之路。习近平总书记强调,“要把实现减污降碳协同增效作为促进经济社会发展全面绿色转型的总抓手,加快推动产业结构、能源结构、交通运输结构、用地结构调整”。“十四五”时期是促进减污降碳协同增效的关键时期。

(1)减污降碳协同发展的内涵。

减污降碳协同技术方案是一种多方面的环保解决方案,通过技术手段对工业排放、交通尾气、农业产生的污染等进行治理,减少二氧化碳的排放,从而减缓气候变化。减污降碳技术包括了许多方面的技术手段,其中最重要的技术包括碳捕集、碳汇、二氧化碳的资源化利用等技术,应用在生活垃圾处理领域、工业固废处理领域、家电回收处理领域。

减污降碳协同增效是指将二氧化碳等温室气体排放与大气污染物排放进行联合防控和治理,通过协同防控和治理实现生态环境质量、空气质量与气候变化治理同时改善和提升。我国“双碳”目标战略的实施,表明我国生态文明建设已经进入以减污降碳协同治理为重点的新时期。根据国际能源署的报告,85%的大气污染颗粒物和几乎所有的硫氧化物、氮氧化物都来自传统化石能源的生产和消费。从部门分布来看,化石能源利用、工业生产、交通运输、土地利用等是环境污染物与温室气体排放的主要源头。由此可见,温室气体排放与大气污染物排放具有高度的相关性,二者同根、同源、同过程,这也为减污降碳协同治理的路径选择提供了科学依据。同时,我国的经济发展还处于高耗能、高排放的产业结构阶段,减污降碳协同治理不仅具有可行性,而且能够产生很强的增值效应。

在价值意义上,减污和降碳的根本目的具有一致性,它们都是生态文明建设整体布局的重要内容,都是为了保护生态环境,都是新发展理念的重要体现,事关美丽中国和人类命运共同体的建设。因此,减污与降碳不应分而治之,而应统筹兼顾、整体推进、协同治理。从法治视角来看,减污和降碳都是生态文明法治需要解决的问题,都是生态环境法律体系调整和规范的对象,应在统一的法律体系和制度框架内整体性解决。

(2)减污降碳协同发展的原则。

整体性系统性原则。污染物和温室气体来源相同意味着减污和降碳不是两个孤立的问题。减污降碳协同增效的要点在于推进整体性治理、系统性治理，运用系统性思维和方法对碎片化的治理类型、治理对象、治理层级、治理功能以及法律依据和制度基础等等进行有机整合和重构，融合减污和降碳目标、体制、依据、制度和标准等，使其“不断从分散走向集中，从部分走向整体，从破碎走向整合”。因此应统筹气候变化问题与生态环境保护问题，将温室气体排放和污染物排放一同纳入生态环境法律体系，推进生态环境法律体系升级迭代，推动和保障减污降碳协同治理行动，实现提质增效。

协同治理原则。实现减污降碳协同增效，核心在“协同”，通过减污和降碳两个领域法律制度的深度耦合和同频共振，实现减污降碳目标任务协同、管理体制机制协同、监管制度协同、标准体系协同，增强生态环境法律体系的制度效益，放大减污降碳协同治理功效。

增强主体责任原则。污染物和温室气体排放具有明显的区域性、部门性和行业性，减污降碳协同治理的策略选择和制度安排，需要突出源头治理、重点治理，需要抓住污染物和碳排放主要源头，强化主要领域、重点行业和关键环节的减污降碳协同治理责任，建立共同但有区别的责任原则，加强核心制度体系建设，更有针对性地为减污降碳协同治理提供制度供给。

从以上的分析，我们可以看到，减污降碳协同技术方案是一个重要的环保解决方案，可以减少环境污染和温室气体排放，促进经济发展。同时，这种方案需要广泛的协作和技术应用，将来将会成为环保事业的重要组成部分。我们作为公民，应该积极支持减污降碳的技术方案，以便为保护我们的家园和生态做出贡献。

8.2 “双碳”背景下环境生态工程设计思路

8.2.1 碳捕捉与封存

碳捕捉与封存(CCS)是一种减排技术工艺，该技术涉及捕捉二氧化碳，将二氧化碳从工业或相关能源的排放物中分离出来，将其压缩纯化以便运输，后将其注入精心挑选的地点岩层或深海中，防止大量二氧化碳排放到大气中达到永久封存的目的。

1. 碳捕捉、碳封存概念

固碳也叫碳封存(Carbon Seqnestration)，指以捕获碳并安全存储的方式来取代直接向大气中排放二氧化碳的技术，包括物理固碳和生物固碳。物理固碳是将二氧化碳长期储存在开采过的油气井、煤层和深海里。生物固碳指利用植物的光合作用，将大气中的二氧化碳转化为碳水化合物，以有机碳的形式固定在植物体内或土壤中提高生态系统的碳吸收和储存能力，减少二氧化碳在大气中的浓度，减缓全球变暖趋势。

碳捕捉(Carbon Capture and Storage, CCS)指将工业生产中的二氧化碳用各种手段捕捉然后储存或者利用的过程，即捕捉大气中的二氧化碳，经压缩之后封存于枯竭的油田和天然气领域或者其他安全的地下场所。它能够减少燃烧化石燃料产生的温室气体。

2. 碳捕捉碳封存技术

二氧化碳捕集、利用和封存(CCUS)对于实现全球 2 ℃温控目标和碳中和具有重要的实践价值。CCUS 系统涉及捕获、运输、地质封存、海洋封存、矿石碳化和二氧化碳的工业利用。CCUS 技术的碳捕集分为化学吸收法、物理吸附法、膜分离法、化学链分离法等。其中,化学吸收法的市场前景最好。捕获环节为将化工、电力、钢铁、水泥等行业利用化石能源过程中产生的二氧化碳进行分离和富集的过程,主要分为燃烧后捕集、燃烧前捕集和富氧燃烧捕集。

燃烧后系统从一次燃料在空气中燃烧所产生的烟道气体中捕集 CO_2。这些系统通常使用液态溶剂从主要成分为氮(来自空气)的烟气中捕获少量的 CO_2 成分(一般占体积的 3%～15%)。

燃烧前系统在有蒸汽和空气或氧的反应器中处理一次燃料,产生主要成分为一氧化碳和氢的混合气体(合成气体)。在第二个反应器内(变换反应器)通过一氧化碳与蒸汽的反应生成其余的氢和 CO_2,并从最后产生的由氢和 CO_2 组成的混合气体分离出一个 CO_2 气流和一个氢流。燃烧前系统与燃烧后系统相比成本较高,但由变换反应器产生的 CO_2 浓度较高,CO_2 在烘干条件下一般占体积的 15%～60%,在这些应用中采用的高压则更有利于 CO_2 的分离。

氧化燃料系统用氧代替空气作为一次燃烧进行燃料,产生以水汽和 CO_2 为主的烟道气体。这种方法产生的烟道气体具有很高的 CO_2 浓度(占体积的 80%以上)。

二氧化碳的运输。将捕获的二氧化碳从捕获地点运输至封存地点。目前管道是成熟的市场技术,也是最常用的方法。也可以将液态二氧化碳装在船舶、公路或铁路罐车中运输,通常会被装在绝缘罐中。

地质封存。可以用于二氧化碳的地质封存有:石油和天然气储层、深盐沼池构造和不可开采的煤层。将二氧化碳压缩液注入地下岩石构造中。含流体或曾经含流体的多空岩石构造是潜在的封存地点的选择对象。在沿岸和沿海的沉积盆地中也存在合适的封存构造。假设煤床有充分的渗透性且这些煤炭以后不可能开采,那么也可以用于封存。

海洋封存。潜在的封存方案是将捕获的二氧化碳直接注入深海(深度在 1 000 米以上),大部分二氧化碳在这里与大气隔离若干世纪。该方案的实施办法是,通过管道或船舶将 CO_2 运输到海洋封存地点,从那里再把 CO_2 注入海洋的水柱体或海底。被溶解和消散的 CO_2 随后会成为全球碳循环的一部分。海洋占地表面积的 70%以上,海洋的平均深度为 3 800 米。由于 CO_2 可在水中溶解,大气与水体在海洋表面不断进行 CO_2 的自然交换,直到达到平衡为止。

矿石碳化指利用碱性和碱土氧化物,如氧化镁(MgO)和氧化钙(CaO)将 CO_2 固化,这些物质目前都存在于天然形成的硅酸盐岩中,例如蛇纹岩和橄榄石。这些物质与 CO_2 化学反应后产生诸如碳酸镁($MgCO_3$)和碳酸钙($CaCO_3$),通常称为石灰石类化合物。一般来说，矿石碳化的过程是自然发生的，在自然界，这个过程非常缓慢。因此，封存已捕获的各种二氧化碳的进程必须大大加快，使之成为一种方法。

工业利用是指工业上对 CO_2 的利用，包括 CO_2 作为反应物的生化过程，例如，那些在尿素和甲醇生产中利用 CO_2 的生化过程，以及各种直接利用 CO_2 的技术应用，比如在园艺、冷藏冷冻、食品包装、焊接、饮料和灭火材料中的应用，但此种应用量总体较少，对减缓气候变化的贡献不大。

3. 碳捕捉碳封存与碳中和关系

碳捕捉碳封存是一种二氧化碳减排技术，也是碳中和的重要路径之一。目前全球碳捕捉碳封存技术还不成熟，还需要继续突破碳捕捉等技术限制，并且目前该技术的使用成本偏高，有待进一步降低成本，改进工艺。

4. 碳捕捉碳封存实施路径

捕捉到的二氧化碳通过公路、铁路、管道和船舶等方式来运输，而管道运输被认为适用于大批量的二氧化碳运送，经济性较好。封存二氧化碳，一般要求注入距离地面至少 800 米的合适地下岩层，在这样的深度下压力才能将二氧化碳转换成"超临界流体"，使其不易泄漏；也可注入废弃煤层和天然气、石油储层等，达到埋存二氧化碳和提高油气采收率的双重目的。

CCUS 技术由碳捕集、碳封存和利用三部分组成，碳捕集技术目前大体上分为三种：燃烧前捕集、燃烧后捕集和富氧燃烧捕集。燃烧前捕集技术主要是在燃料煤燃烧前，先将煤气化得到一氧化碳和氢气，然后再把一氧化碳转化为二氧化碳，再通过分离得到二氧化碳；燃烧后捕集是将燃料煤燃烧后产生的烟气分离，得到二氧化碳；富氧燃烧捕集是将二氧化碳从空气中分离出来，得到高浓度的氧气，再使燃料煤进行充分燃烧后，捕获较为充足的二氧化碳。

CCUS 有物理法和化学法，国内常用低温甲醇提取，技术难度较低，碳捕捉与封存成本高，不利于大规模推广。

CCUS 实施路径，可能有如下几个方面：一是明确面向碳中和的 CCUS 技术路径。二是完善 CCUS 政策支持与标准体系。三是完善法律框架，确立建设、运营、监管、终止等标准体系。四是规划布局 CCUS 基础设施建设。五是实施 CCUS 商业化，开展 CCUS 产业化应用，实现多种 CCUS 技术与碳排放的融合。六是突破 CCUS 关键技术。

5. 全球碳捕捉碳封存实践

CCUS 技术在美国等国家已经广泛使用。聚乙二醇二甲醚和低温甲醇提取是燃烧前捕集技术的两大工艺，20 世纪 60 年代开始在美国商业化，全球有百余个项目使用该技术。全球 CCUS 低成本部署需要多个国家或地区参与，80% 以上源汇分布在 300 千米的经济合理运输距离内，但当前实现 CCUS 技术减排的成本较高。

日本 J-POWER 公司开发了把二氧化碳储存于地下的新技术，以特殊的状态将二氧化碳储存于更浅地层，降低火力发电站等排放的二氧化碳回收储存费用。该技术将液体状态的二氧化碳注入从海底向下挖掘500米左右的地层中，使其随着温度和压力的变化变为水合物固体，可在凝固的水合物下面注入更多液体二氧化碳，以水合物构成“盖子”的形式储存二氧化碳。

中国碳捕捉碳封存主要在煤化工、火电、天然气及甲醇、水泥、化肥等行业。在地质封存领域，以提高石油采收率为主，围绕东北松辽盆地、华北渤海湾盆地、西北鄂尔多斯盆地及准噶尔盆地等开展。生态环境部环境规划院发布《中国二氧化碳捕集利用与封存（CCUS）年度报告（2021）》指出，中国已投运或建设中的CCUS示范项目约为40个，捕集能力300万吨/年。从实现碳中和目标的减排需求来看，依照现在的技术发展预测，2050年和2060年，需要通过CCUS技术实现的减排量分别为6亿～14亿吨和10亿～18亿吨二氧化碳。预计到2030年，我国全流程CCUS（按250千米运输计）技术成本为310～770元/吨二氧化碳；到2060年，将逐步降至140～410元/吨。

8.2.2 碳汇

1. 气候变化的事实

20世纪70年代以来，世界范围内曾发生过一系列大范围的气候异常现象，冰川融化是全球气候异常的重要标志，冰川一万年以来基本保持稳定，但现在正在萎缩，发生这样的变化与人类活动密切相关。

2. 全球气候异常的缘由

IPCC显示，关于气候变化原因的学说很多，科学家们归纳出了可能引起全球气候变化的16种原因：① 太阳辐射的变化；② 宇宙沙尘浓度的变化；③ 地球轨道的变化；④ 大陆漂移；⑤ 山地隆升对大气环流和环境的影响；⑥ 洋流的改变；⑦ 海冰的变化；⑧ 大气温室气体的变化；⑨ 大气气溶胶浓度的变化；⑩ 极地平流层云量的变化；⑪ 极地植被的变化；⑫ 同大陆沙尘气溶胶相联系的“铁假说”；⑬ 大陆C_3植物向C_4植物的转化；⑭ 天体撞击；⑮ 火山爆发；⑯ 地核环流作用。这些使人眼花缭乱的假说，说明了这一科学问题的复杂性。显然，上述众多可能的原因中有些是绝对不可能在短期内发挥作用的，虽然太阳活动曾被认为与全球变异有很好的相关性，但也被相关研究所否定。目前更多的是将升温原因归于人类经济活动的影响，众多证据表明这种影响正在变得越来越强烈。

政府间气候变化专门委员会的四次报告，一次比一次肯定了近百年全球气候变化是由人类活动引起的温室气体增加和自然气候波动共同引起的，且主要是由人类活动排放的大量温室气体引起的温室效应所造成的。2007年IPCC第四次评估报告对于人类活动影响全球气候变化的因果关系的判断由原来的60%提高到目前的90%的可信度。

3. 气候变化可能造成的严重后果

气候变化是关乎地球、人类与生态环境可持续发展的安全问题，涉及水资源、农业、能源等敏感部门并对陆地生态系统、海岸带及近海生态脆弱地区构成重大威胁，对全球产生巨大的甚至是不可逆转的影响。全球气候变化不只是环境问题，它影响整个社会结构，包括陆地和海洋提供食物的能力，也影响社会安全、人权和正义以及人类未来的幸福等，因此受到了各国政府、学术界以及公众的普遍关注。也正是由于气候变化问题的全球性，势必会在气候变化减缓和适应等问题上产生矛盾，也必将继续成为国际政治和环境外交斗争的焦点之一。

（1）对自然生态环境的影响。

环境要素的灾变趋势：以不同的社会经济背景、技术背景和气候学背景为基础的模型预告说，到 2100 年二氧化碳的浓度会超过 490 ppm，甚至高达 1 260 ppm。即使仅仅把二氧化碳的浓度稳定在 4.50 ppm，仍要求在几十年内将全球人为产生的二氧化碳排放量降低到 1990 年的水平之下，并且之后继续稳步下降。模型表明，如果人类用 100 年的时间来把二氧化碳的排放量减少到 1990 年的水平的话，那么二氧化碳浓度会达到 650 ppm。全球气候异常导致一系列环境要素的激变，如酷热、飓风、水涝、干旱等极端天气出现的频率大大增加，降水分布格局也在改变，冰川减退、冻土消融、物种濒危甚至灭绝、疫病频发等。所有这些都不是猜测因为这些状况已经或者正在发生，在可预计的未来，只能比现在更严重。

自然生态系统的激变：全球气候异常将导致干旱地区的旱灾情况更为严重，这容易诱发更多的森林和地区性火灾，2010 年夏季俄罗斯因高温引发大范围的森林火灾就是典型的例证。近几年，相关报道屡见于媒体。北美洲北部森林火灾面积数十年内一直稳定在 1 万 km^2 左右，而自从 1970 年以来逐渐升高到每年超过 2.8 万 km^2。澳大利亚、美国、希腊等国近年来都出现了罕见的特大森林火灾。森林火灾的增加更加剧了二氧化碳的排放和温室效应。气候变化首先严重威胁着人民生命财产安全；其次，对受灾地区农作物产量产生负面影响，农业生产的不稳定性增加；随之也将引起农业生产格局、作物生长条件、品种以及种植制度发生相应变化，国家的粮食产业结构就要做出调整；草原承载力和载畜量的分布格局也会发生较大变化。而受洪涝灾害和干旱影响的地区，也会遭受缺水的压力，并进一步加剧水资源的供需矛盾。

（2）对海岸带及低地的影响。

气候异常变化已经导致南极、北极次冰冠融化和海平面升高。据估算，在综合考虑海水热胀、由于极地降水增加导致南极冰帽增大、北极和高山冰雪融化等因素的前提下，当全球气温升高 1.5 ℃～ 4.5 ℃时，海平面将可能上升 20 ～ 165 cm。海平面的上升无疑会改变海岸线，并将严重影响沿海地区人们的生活，一些沿海城市和大洋中的岛屿可能会被淹没。例如，孟加拉国许多居民居住在海拔不足 1 m 的海边低地；还有许多沿海城市因地下水使用过度造成地面沉降，沉降的速度可能比海平面上升的速度还要快，两种效应相互叠加，后果更可怕。海平面上升还会导致海水倒灌、排洪不畅、土地盐渍化等其他后果。政府间气候变化专门委员会预计，2050 年海水上涨、河岸侵蚀以及农业破坏将造成约 1 000 万环境难民，这些难民将影响世界局势的稳定。

近 50 年来，中国沿海海平面平均上升速率为 2.5 mm/a，略高于全球平均水平。海平面上升将造成海岸侵蚀和海水入侵，生态脆弱的人口稠密及低洼地区更面临着热带风暴、局部海岸带沉降及洪涝灾害的威胁，黄河三角洲、长江三角洲和珠江三角洲是最脆弱的地区。红树林和珊瑚礁等生态系统遭到破坏。由于中国沿海为经济最发达和人口最稠密的地区，而上海、天津、深圳、大连、青岛、广州等沿海城市将更容易受到海面上升的影响，对经济和社会的影响巨大。

（3）对生物多样性的影响。

气候变化将严重影响地球生态系统，影响陆地和海洋动植物的生存，从而改变整个生物链的结构，并可能导致一些物种的灭绝。生物多样性保护组织告诫世人，如果不减少二氧化碳排放，到2050年气候变化就有可能导致生物多样性热点地区的5.6万种植物和3700种脊椎动物灭绝，这意味着全球大约1/4的物种中有可能在2050年前灭绝。政府间气候变化专门委员会的研究报告也表明，如果全球平均气温再升高超过2.5 ℃，全球20%～30%的物种将濒临灭绝。在北极地区，气温变暖导致的海上浮冰减少，威胁着北极熊的生存。在南极洲，气温上升和海冰的消失正在改变着企鹅的捕食和繁殖方式。全球变暖会使干旱、半干旱地区潜在荒漠化趋势增大，植被类型发生转变，生物多样性减少，濒危物种增加。

（4）对人类健康的影响。

气候变化将产生一些综合的影响，极端高温事件将引起死亡人数和严重疾病的增加，也可能增加疾病发生的程度、范围及传播，危害人类健康；另外，温度升高会减少由寒冷所造成的死伤，但相对气候变化给人类健康带来的负面影响而言，这种效益就显得很微不足道了。

（5）对其他领域的影响。

就极端天气现象来说，在世界范围内，达到四级或五级的飓风（风速大于56 m/s）的比例从20世纪70年代的20%上升到90年代的35%，而由飓风带到美国的降水在20世纪中增加了7个百分点。气候变化所造成的炎热、缺水、飓风、农作物的减产以及疾病的流行等都会对国家安全带来严重威胁。据统计，当前灾难事件有35%～40%与气候变化有关。极端天气给商业（如石油、海运、建筑业等）带来了巨大的不确定性。

气候变化伴随的极端气候事件及其引发的气象灾害增多；气候异常也会导致能源供应结构发生变化，供暖设施及能源的减少会相应增加制冷的电力消费。此外，气候变化还将影响自然保护区和国家森林公园等以生态、环境和物种多样性为特色的旅游景点，对自然和人文旅游资源以及旅游者的安全产生重大影响。

4. 碳汇和碳源

温室气体累积排放的增加，导致温室效应，使全球面临严峻的气候问题，对能源、气候、生态环境、人类生存发展的影响显而易见，应对手段一方面是提高对气候变化的适应能力，另一方面是增强对气候变化的减缓能力。而减缓气候变化关键是减少温室气体在大气中的积累，即减少温室气体排放（源），增加温室气体吸收（汇）。碳汇是指温室气体从大气中清除的过程、活动或机制。在林业、种植业、草业中主要是指植物吸收大

气中的 CO_2 并将其固定在植被或土壤中，从而减少该气体在大气中的浓度；而碳源是指温室气体向大气排放的过程、活动或机制。具体地说，温室气体的源是指温室气体成分从地球表面进入大气，如燃烧过程向大气中排放 CO_2，或者大气中一些物质经化学过程转化为某种气体成分，如大气中 CO 被氧化成 CO_2，对于 CO_2 来说也叫源。温室气体的汇则是指一种温室气体移出大气，到达地面或逃逸到外部空间(如 CO_2 被地表植物光合作用吸收)，或者是温室气体在大气中经化学过程转化，成为其他物质成分，如 N_2O 在大气中发生光化学反应而转化 NOx，对 N_2O 也构成了汇。大气温室气体的源有自然源和人为源之分。目前温室气体浓度增大的主要因素是人为源的增加。

增加碳汇的主要方式是减排。狭义的减排是指减少温室气体的排放。减少排放源主要通过采用节能减排技术和设备降低能耗、清洁化石能源、开发可再生能源及先进核能等；广义的减排还包括为增加 CO_2 吸收而采取的增汇行动，如造林、种草、恢复天然草原植被等能够增加碳汇的人为固碳活动，就是增加除大气之外的碳库的碳含量的过程。生物固碳过程包括通过土地利用变化、造林、恢复草地植被以及加强农业土壤碳吸收来去除大气中的 CO_2。物理固碳过程包括分离和去除烟气中的 CO_2，加工化石燃料产生氢气，或将 CO_2 长期储存在开采过的油气井、煤层和地下含水层中等。

一般来说，人和植物分别为典型的“碳源”和“碳汇”；人的呼吸是吸进氧气，呼出 CO_2，而植物的光合作用则相反，它吸收 CO_2 放出氧气。事实上，自然界中的很多物质(物体)，在源与汇的区别上常常不那么明显。很多物体在某些条件下是释放 CO_2 的“碳源”，在另外一些情况下就可能是吸收 CO_2 的“碳汇”。依据碳排放的性质，不可再生碳的排放，即化石能源是目前世界上真正长期稳定的“碳源”和“碳汇”。而我们这里述“碳源”和“碳汇”，是发生在地球表面的可再生的碳排放，即在地球表面的各种动植物正常的碳循环，包括使用各种可再生能源的碳排放，是在一定的时间尺度内的、不稳定的“碳源”和“碳汇”。近 20 年中国陆地生态系统主要表现为碳的吸收汇。20 世纪八九十年代，中国的主要森林区均为碳吸收汇，四川盆地、华东和华北平原等主要农业区也为碳汇，青藏高原和内蒙古东部草原地带为弱的碳汇，西北地区碳收支接近平衡，中国南方丘陵山区和东北平原为碳排放源。

8.2.3 二氧化碳的资源化利用

利用二氧化碳作为新的碳源，开发绿色合成工艺已引起普遍关注。综合利用二氧化碳并使之转化为附加值较高的化工产品，不仅为化学工业提供了廉价易得的原料，开辟了一条极为重要的非石油原料化学工业路线，而且在减轻全球温室效应方面也具有重要的生态与社会意义。随着世界经济的发展及人们对二氧化碳性质的深入了解，以及化工原料的改革，二氧化碳作为一种潜在的碳资源，越来越受到人们的重视，应用领域也得到了广泛的开发。

1. 在无机化工生产中的应用

(1) 生产无机化工产品：利用二氧化碳与金属或非金属氧化物为原料生产的无机

化工产品主要有轻质 $MgCO_3$、Na_2CO_3、$NaHCO_3$、$CaCO_3$、K_2CO_3、$BaCO_3$、碱式 $PbCO_3$、Li_2CO_3、MgO 等，多为基本化工原料，广泛用于冶金、化工、轻工、建材、医药、电子、机械等行业。

（2）硼砂：将预处理的硼镁矿粉与碳酸钠溶液混合加热，然后通入二氧化碳，加压后反应即可制作硼砂。它主要用于玻璃和陶瓷行业。此外在冶金、化工、机械等部门也有广泛应用。

（3）白炭黑：白炭黑可由硅酸钠和精制二氧化碳气体反应制得，它可用作橡胶补强剂、塑料填充材料、润滑剂和绝缘材料等。目前我国白炭黑的生产厂家不少，但产量满足不了国内需求，产品畅销。

（4）轻质氧化镁：白云石经烧、硝化处理后，再经二氧化碳碳化、热解等一系列处理后制作轻质氧化镁，它主要用于制造陶瓷和耐火材料。此外还可用作磨光剂、油漆及纸张的填料、催化剂的原料、橡胶促进剂等。

（5）二氧化碳与苯酚制水杨酸，用二氧化碳与乙酸或碱制铅白颜料。

（6）生产纯碱：目前工业上流行的制碱工艺是电解氯化钠生产纯碱。但是这个工艺流程中会产生 Cl_2。因此，现在业界开始采用 NaOH 吸收二氧化碳制纯碱。

（7）制氧：利用金属或金属复合氧化物电池，在 350 ℃下经多步转化，使二氧化碳转化为氧气，供太空舱、潜艇使用。

（8）催化还原制碳：二氧化碳催化还原制碳开始于 1990 年，有关最新工艺是采用丰富的天然气甲烷作为还原剂，通过两步反应制备碳。该工艺可充分利用反应热，生产成本低，能有效实现工业化生产等。

2. 在有机化工生产中的应用

二氧化碳催化加氢。二氧化碳在催化剂作用下与氢气反应可生成甲醇、二甲醚、低碳烯烃、低碳醇等小分子物质。催化剂、反应温度、压力、空速、原料气配比等参数都会影响产物的种类和收率。

（1）合成甲醇：甲醇不仅是重要的化工原料，还是一种新型的燃料（尤其用作汽车燃料），因此，用二氧化碳催化加氢合成甲醇越来越受到各国的重视。早在 20 世纪初，人们就开始进行了 CO_2 加氢合成反应的研究，但由于 CO_2 的化学惰性较大，至今未取得重大突破。

（2）合成二甲醚：二甲醚是一种绿色环保的气雾剂、制冷剂、重要的有机中间体及燃料，近几年二氧化碳催化加氢制二甲醚的研究很热。一般认为，二氧化碳加氢合成二甲醚的反应包括三个相互关联的反应过程，即甲醇合成、甲醇脱水和水气逆转换反应。

（3）合成烃类。第Ⅷ族金属是二氧化碳烷烃化的最有效的催化剂活性组分，催化剂活性顺序为 Ru > Pd > Ni > Co > Fe，其中又以镍元素为主要成分。最近的研究趋势是多元化和超细粉体化。甲烷是重要的化工原料，又是家庭和工业的燃料，甲烷主要来自天然气，但是天然气日趋短缺，因此将二氧化碳转化为甲烷是个具有战略意义的课题，产业和学术界也提出了许多新的思想和技术路线试图解决这个问题。法国化学家 Paul

Sabatier 提出的 CO_2 还原技术（即 CO_2 的甲烷化技术）和随后 Hashiotiom 等提出的全球 CO_2 循环策略来解决全球的 CO_2 排放问题，在世界上引起了广泛的共鸣。全球 CO_2 循环策略系统包括：第一步，用电解产生氢气；第二步，H_2 和 CO_2 反应生成 CH_4 和少量其他碳氢化合物；第三步，生成的 CH_4 作为能源消耗又生成了 CO_2，如此循环往复。其中的核心环节就是利用太阳能发电和 CO_2 催化加氢甲烷化的反应。

CO_2 甲烷化反应是由法国化学家 Paul Sabatier 提出的，因此，该反应又叫作 Sabatier 反应。反应过程是将按一定比例混合的 CO_2 和 H_2 通过装有催化剂的反应器，在一定的温度和压力条件下，CO_2 和 H_2 发生反应生成水和甲烷。化学反应方程式如下：

$$CO_2+4H_2 = CH_4+2H_2O$$

二氧化碳的甲烷化反应（也称 Sabatier 反应）为放热反应。CO_2 与 CH_4 反应可以一步合成 C_2 烃，该反应的基本方程式如下：

$$CO_2+2CH_4 \rightarrow C_2H_6+CO+H_2O$$

$$2CO_2+2CH_4 \rightarrow C_2H_4+2CO+2H_2O$$

1995 年日本 K.Asmi 等人率先采用此合成路线，以 17 种金属氧化物为催化剂一步合成 C_2 烃。在 1 073 ～ 1 173 K 的反应温度下，大多数金属氧化物具有一定的烃选择性，但反应物的转化率及 C_2 烃的收率均不尽如人意。

目前人们均选择负载型金属氧化物作为 CH_4 和 CO_2 一步合成 C_2 烃的催化剂，该方法虽然相对简单，但是 CH_4 和 CO_2 的转化率太低。如何提高它们的转化率将成为以后研究的重点。

（4）制合成气。

将二氧化碳作为辅助碳源，与煤、焦炭、天然气或油共同作为原料，利用造气工艺实现二氧化碳向一氧化碳的部分转化。以焦炭制水煤气 -PSA 工艺为例。该工艺在放空时浪费能源，污染环境，在水蒸气气化和 PSA 后续加压则能耗高。若采用二氧化碳和 O_2 为气化剂，用焦炭部分氧化还原法可制得纯度为 69% 的一氧化碳，并实现二氧化碳向一氧化碳的转化。经 MDEA（甲基二乙醇胺）脱碳法催化可获纯度 96% 以上的一氧化碳。回收的余下二氧化碳又可返回气化炉再利用。该工艺除减排二氧化碳外，还具有节省、气化效率高、消耗低的特点。在天然气转化工艺中也可补入二氧化碳，通过调节合成气的氢碳比，在消耗二氧化碳的同时，可产生更多的一氧化碳。

（5）制备 C_1 ～ C_2 混合醇。

由废气中的 CO_2 加氢制低碳醇是人们感兴趣的课题，尤以日本为盛，然而所用催化剂较昂贵。日本国家材料化学研究所采用 Rh-Fe/SiO_2 催化剂，在 5 MPa、533 K 下通入 CO_2-H_2，二氧化碳的转化率为 26.7%，乙醇的选择性为 16.2%。当采用 Rh-Li-Fe 三元催化剂时，乙醇的选择性由 15.5% 增至 34%。

Isaka Masahiro 采用较复杂的催化剂，由 $Ru(CO)_{12}$、$Co(CO)_8$、LiCl 和 Bu_3PO 组成进行间歇液相反应，使二氧化碳的转化率 $x(CO_2)$ 增至 32.9%，产物选择性为甲醇 48.5%、乙醇 16.1%。当催化剂中没有 LiC1 时，效果大为降低，甲醇的选择性由 59.6%

骤降至 0.14%，乙醇的选择性也由 2.27%降至 0.79%。

Lu Gang 等发现，在制备 K-Mo/C 催化剂时，由原来在空气中 120℃下烘烤 4 h 改为在 H_2S-H_2 混合气中用红外线烘烤 1 h，醇类的选择性由 64%升至 77%，活性由 0.013 g/（g•h）增至 0.085 g/（g•h）。若将上述催化剂改为 K-Mo-Co 型，活性由 0.21 g/（g•h）增至 0.30 g/（g•h），醇的选择性由 80.2%增至 83.8%，乙醇含量由 11%增至 18%。

3. 在有机高分子化合物合成中的应用

自 1969 年井上祥平等发现二氧化碳和环氧化合物通过共聚反应合成脂肪族聚碳酸酶以来，利用二氧化碳制备高分子化合物一直备受人们瞩目。自 1979 年首次发表利用二氧化碳作为原料合成高分子化合物的研究报道以来，这方面的开发研究十分迅速，合成了许多品种的高分子化合物，其中有不少进入实用化阶段。

（1）聚碳酸酯。

近几十年人们先后研究了二氧化碳与多种含杂原子的环状化合物、不饱和化合物、二元胺、二元醇等的聚合反应，到目前为止，具有一定生产和应用价值的，只有二氧化碳与环氧化合物的共聚反应。理想的共聚反应是环氧化合物与二氧化碳的交替共聚（X-1）。

在众多的环氧化合物与二氧化碳共聚生成脂肪族聚碳酸酯的反应中，研究较多而且具有潜在应用的是环氧丙烷（PO）与二氧化碳（CO_2）共聚生成聚碳酸丙烯酯（PPC）及氧化环己烯（CHO）与二氧化碳（CO_2）共聚生成聚碳酸环己烯酯（PCHC）的反应。

虽然有些脂肪族聚碳酸酯具有生物可降解性，是一种绿色化工产品，但由于聚合反应催化剂的催化效率低，生产成本高，限制了它的工业化生产。寻找催化二氧化碳与环氧化合物共聚合的高效催化剂，是降低生产成本的关键，这将对开发绿色化学产品、促进人类社会的可持续发展具有积极的意义。三十余年来，通过各国科学家的不懈努力，已尝试了多种用于二氧化碳共聚的催化剂，并取得了很大进展。

（2）聚脲：二氧化碳和芳香族二胺发生缩合反应可以制得聚脲，这是一种优良的工程塑料，具有独特的生物分解性，可用作医用高分子材料。

（3）聚氨基甲酸酯：二氧化碳与环状胺类化合物发生聚合反应，可合成具有氨基酸醌单元聚合体、二氧化碳和丙烯腈以及三亚乙基二胺，也能发生聚合反应生产含有氨基甲酸酯单元的三元共聚聚合体。

（4）聚酮、聚醚、聚酮醚酯：由二氧化碳和十四双炔发生分子间的环化反应得到的交联共聚体是含有环状酯类结构的聚酮聚双吡喃基甲酮。双炔烃与二氧化碳发生交联聚合反应，可合成唯一具有梯形结构的聚酮。二氧化碳与乙烯基醚发生聚合反应，可得到既有聚酯结构，又有聚酮、聚醚结构的共聚物。将二氧化碳与丁二烯或二烯等共轭双烯加热到 800 ℃～1 000 ℃时，也可得到含有聚酯、聚酮、聚醚结构的共聚物。

（5）液晶聚合物：高分子液晶聚合物兼具低分子液晶聚合物的各种性能，具有良好的耐热、耐燃、耐腐蚀、电绝缘性能，且在高温下能保持良好的刚性和强度。

（6）二氧化碳催化共聚：二氧化碳与其他单体共聚合成的高聚物叫二氧化碳共聚物。二氧化碳与环氧化合物共聚合成的聚碳酸酯（APC），具有完全降解的功能，对解决“白色污染”问题意义重大。

已有研究用 $Y(CF_3CO_2)_3$-$Zn(Et)_2$- 甘油催化体系催化二氧化碳和环氧丙烷聚合，1，3- 二氧戊环作为溶剂，反应 12 h，产率为 4 200 g•mol/h，聚合物的含量为 95.6%。同时，也有使用二烷基锌 - 水和二烷基锌 - 苯酚作为催化剂，二氧化碳与环氧丙烷聚合成的聚丙烯碳酸酯（它的各项性能优于聚丙烯）几乎可以完全交替，相对分子质量为 5 万～ 11 万。该工艺简单，操作方便，无污染。

综上所述，二氧化碳作为潜在的碳资源，数量巨大，现已进行的众多研究显示，二氧化碳化学工业完全有可能取代现在部分石油化工和煤化工，形成新的有机化工体系。

参考文献

[1] 董恒宇，云锦凤，王国钟，等．碳汇概要 [M]. 北京：科学出版社，2012.
[2] 朱跃钊，廖传华，王重庆，等．二氧化碳的减排与资源化利用 [M]. 北京：化学工业出版社，2010.
[3] 王文，刘锦涛，赵越．碳中和与中国未来 [M]. 北京：北京师范大学出版社，2022.
[4] 国合华夏城市规划研究院．中国碳达峰碳中和规划、路径及案例 [M]. 北京：中国金融出版社，2021.
[5] 田成诗，盖美．碳排放的驱动因素与减排路径 [M]. 北京：科学出版社，2020.
[6] 朱磊，范英，莫建雷．碳捕获与封存技术经济性综合评价方法 [M]. 北京：科学出版社，2016.
[7] 中国 21 世纪议程管理中心．碳捕集、利用与封存技术进展与展望 [M]. 北京：科学出版社，2012.
[8] 吴冰．碳达峰碳中和：目标、挑战与实现路径 [M]. 北京：东方出版社，2022.
[9] 刘有智，申红艳．二氧化碳减排工艺与技术：溶剂吸收法 [M]. 北京：化学工业出版社，2013.
[10] 齐晔，张希良．中国低碳发展报告 [M]. 北京：社会科学文献出版社，2018.

思考题

1.“双碳”背景下的环境生态工程的主要需求有哪些。

2. 简述碳捕捉与封存的技术主要有哪些。

中篇

课程实验设计篇

第 9 章 水环境生态工程实验设计

9.1 典型人工湿地实验设计

湿地（Wetland）是水域和陆地交错而成的一类独特的生态系统类型，是自然界最富生物多样性的生态景观和人类最重要的生存环境之一。按照《湿地公约》对湿地类型的划分，共分为 31 类天然湿地和 9 类人工湿地。

人工湿地是为了人类的利用和利益，通过模拟自然湿地，人为设计、建造及监督控制的，由基质、植物、微生物和水体组成的复合体，利用生态系统中基质、水生植物及微生物的物理、化学和生物的三重协同作用来实现对污水的高度净化。常见的人工湿地工艺根据布水方式可划分为表面流、垂直流以及水平潜流三种方式。

表面流人工湿地的原理是在处理农村生活污水时，污水在湿地表面的介质层保持流动状态，产生浸流现象，缓慢向人工湿地底部渗透。在渗透过程中，污水与基层土质、水生类植物、生物膜等产生接触与各类作用，最终实现污水净化目的。主要适用于污水排放总量较小、排放时间较为规律的农村污水处理工程中。表面流湿地典型设计见图 9-1。

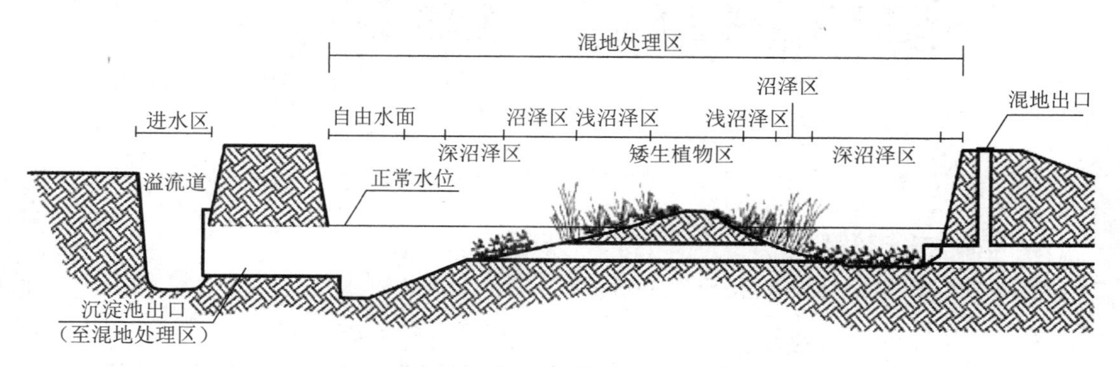

图 9-1　表面流湿地典型剖面图

9.1.1 设计目的

通过构建人工湿地模型模拟自然环境下的表面流人工湿地系统，了解表面流人工湿地系统对生活污水的原理、构建过程及处理效果。

9.1.2 设计任务

（1）工程概况。

某水库是水厂饮用水源地，主要承担某镇饮用水供水任务，解决近0.7万人的饮用水和工业用水。通过现场调查，在水库上游还存在一定的点面源污染，水库水质保持在Ⅳ类水质和Ⅴ类水质之间，总磷和总氮都超标。

（2）进水量与水质。

根据水库地区实际地形，取最大可利用面积，初步设定人工表面流湿地总占地面积为：长50 m，宽10 m，即为500 m^2，建设规模为30 m^3/d。典型人工湿地进水水质参照表9-1。

表9-1　人工湿地设计进水水质（单位：mg/L）

水质指标	COD	BOD_5	SS	NH_3-N	TP
	≤240	≤120	≤100	≤25	≤5

9.1.3 设计任务

（1）建立湿地模型，如图9-2。

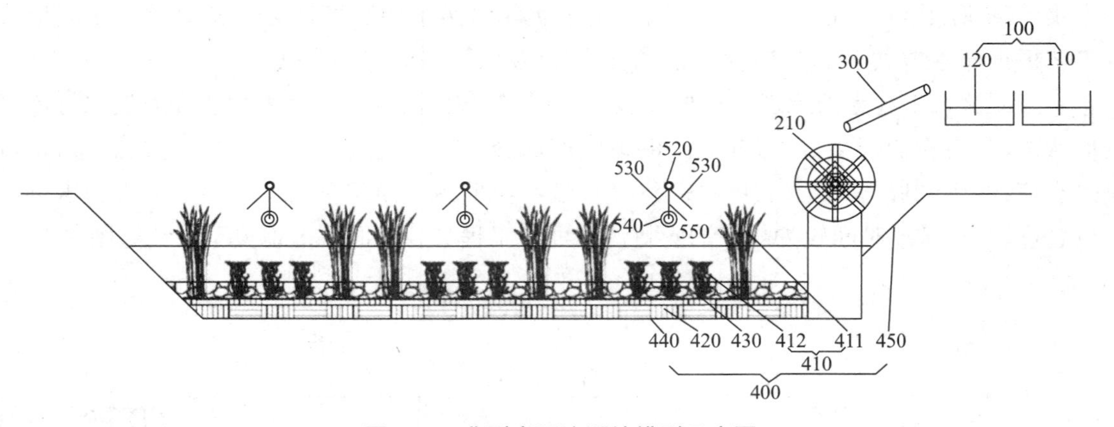

图9-2　典型表面流湿地模型示意图

（2）选择水生植物。

湿地处理结果应达到如表9-2所列指标。

表9-2　人工湿地设计出水水质（单位：mg/L）

水质指标	COD	BOD_5	SS	NH_3-N	TP
	≤60	≤20	≤20	≤20	≤1

根据处理结果，选择3～5种适合的水生植物，并设计具体模型方案，计算表明有机负荷及表面水力负荷。

表面有机负荷，指每平方米人工湿地在单位时间所能接纳的污水量，计算公式如下：

$$q_{os}=\frac{Q_{in}\times(C_0-C_1)\times 10^{-3}}{A\times 10^{-4}}=\frac{10\times Q_{in}\times(C_0-C_1)}{A}$$

式中：q_{os}——表面有机负荷，kg；

Q_{in}——人工湿地污水入流量，m^3/d；

C_0——人工湿地进水 BOD_5 浓度，mg/L；

C_1——人工湿地出水 BOD_5 浓度，mg/L；

A——人工湿地面积，m^2。

表面水力负荷，指每平方米人工湿地在单位时间所能接纳的污水量。

$$q_{hs}=\frac{Q_{in}}{A}$$

式中：q_{hs}——表面水力负荷，$m^3/(m^2\cdot d)$；

Q_{in}——人工湿地污水入流量，m^3/d；

A——人工湿地面积，m^2。

水力停留时间，指污水在人工湿地内的平均驻留时间。

$$t=\frac{V\times\varepsilon}{Q_{av}}$$

式中：t——水力停留时间，d；

V——人工湿地基质在自然状态下的体积，包括基质实体及其开口、闭口孔隙，m^3；

ε——孔隙率，%；

Q_{av}——人工湿地设计水量，m^3/d。

思考题

1. 表面流、垂直流以及水平潜流人工湿地三种方式优缺点各有那些？

2. 表面流、垂直流以及水平潜流三种方式有哪些相互组合方式，各种组合的优缺点有哪些？

9.2 河流生态修复实验设计

河流生态系统包括陆地河岸生态系统、水生态系统、相关湿地及沼泽生态系统在内的一系列子系统，是一个复合生态系统，并具有栖息地功能、过滤作用、屏蔽作用、通道作用、源汇功能等多种功能。

河流生态系统水的持续流动性，使其中溶解氧比较充足，层次分化不明显，并始终处于动态变化的过程中。河流生态系统由生物和生境两部分组成。其中，生物是河流的生命系统，生境是河流生物的生命支持系统。

在实验室内，采用水箱来模拟自然河道，构建一个生态系统对河流生态修复有重大意义。

9.2.1 设计目的

在水族箱内构建一个水生生态系统，通过其验证复合填料对河流生态系统的影响。

9.2.2 设计任务

建立水生生态系统。

（1）材料与方法。

选用厚 5 mm 的玻璃构成，整体分为上、中、下三层，每层三个水流连通但又相互独立的缸体，见表 9-3，图 9-3、图 9-4。

表 9-3 玻璃缸体结构

	长（cm）	宽（cm）	高（cm）
整体缸	272	58	210
单个缸	88	58	53

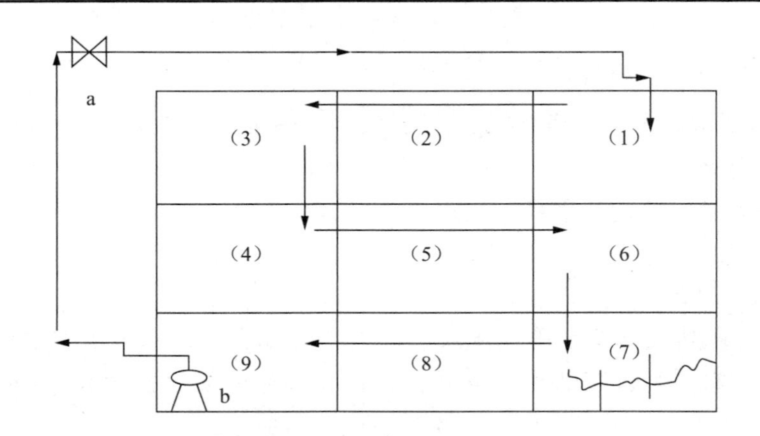

图 9-3 玻璃缸体平面图

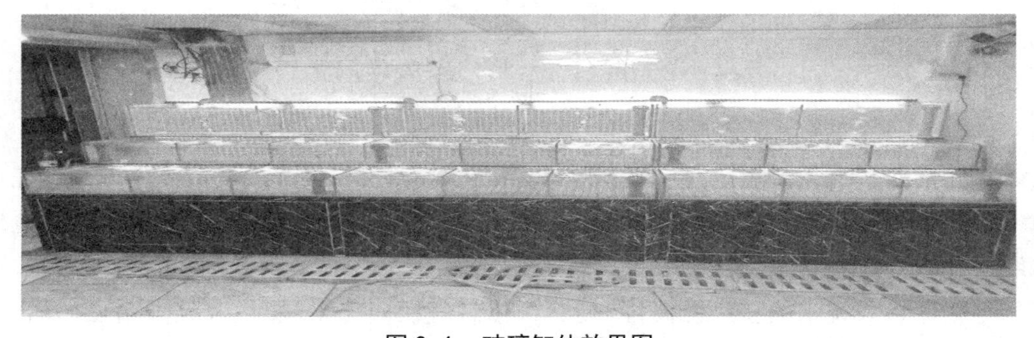

图 9-4 玻璃缸体效果图

其中过滤系统设置在下层(缸 7),抽水泵位于下层 b 位置,水流由水泵抽到控温装置 a 到达上层,由管道“倒 S 形”经过中层流至下层过滤缸。其水位分别是:上层 42 cm、中层 42 cm、下层 34 cm,下层过滤缸的水位比其他两个缸相对要高。

(2) 过滤系统。

过滤系统是模拟自然河道的净化系统,保证整个生态系统良好循环作业的基础设施,主要分为物理过滤和生物过滤两种。过滤系统可以促进水流循环,破坏温度成层,使水温维持均衡;防止污泥或细沙沉积在植物表面,促进气体的交换,提供微生物生长所需的条件和营养等。

本实验过滤系统分为二个区间:第一个区间敷设河流底泥,以模拟构建相应的微生物环境;第二个区间敷设原石、沙砾及环保填料净化水质。

(3) 控温系统。

河道的温差很大,生活在各自生态系统中的生物分别进化出了能够适应特定温度范围的生活习性。常见的温控设施有加热棒、温度自动控制器、底部加温管线、冷却器等。本实验温度建议控制在 23 ℃～25 ℃之间,可根据实际情况自行调整。

(4) 充氧系统。

常见的充氧设备均为充气泵,其作用主要有:增加水中的溶解氧,避免因氧气不足而引起鱼类等动物的死亡,净化水质;增加水体的流动效果,使整个水体温度和溶解氧一致。

(5) 照明设施。

在天然环境中,水生植物可以利用太阳光进行光合作用,吸收二氧化碳产生氧气,为整个生态系统提供代谢的能源。所以要有合适的光照来代替太阳光为植物提供光源。

(6) 水生植物。

水生植物本身就具有净水功能,其根系部分不但能吸附有机污染,净化水体,还可以向水体中输送氧气。微生物帮助沉水植物吸收水体中的养分,同时微生物依靠根的分泌物繁殖增强其活性能力,加快污染水体的净化能力。沉水性植物主要采用苦草、伊乐藻,同时种植少量的挺水植物,主要品种是千屈菜、黄花鸢尾、水葱、再力花、水生美人蕉、花叶香蒲、海寿等。这样既能净化水体又能美化周围的环境。

(7) 投放外源性微生物。

采用着生藻类-生物膜系统(periphyton biofilm system, PBS),一般由着生藻类生物、生物绳及生物膜组成。生物绳漂浮在水体表面,生物膜填料固定在绳上,着生藻类生长于生物绳和填料表面,整个系统悬浮于水中。

由于生物膜填料具有较大的比表面积,可以为着生藻类提供良好的附着表面,使其生物量大幅度提高,同时,PBS 系统中生物膜形成强化了微生物降解污染物的作用。再结合曝气装置、岸边的阶梯式生态护坡,水生植物、形成一个完整的生态系统。有研究表明,刚毛藻(Chadophorasle)与生物膜相结合组成藻膜系统,可以有效地降低水中的污染负荷。COD_{Mn}、NH_4^+-N、TP 的去除率分别达 50%、95%和 98%。

9.2.3 结果评价

处理出水符合《水生态监测技术指南 河流水生生物监测与评价(试行)》(HJ 1295—2023)标准。

思考题

1. 河流生态修复方法有哪些,各方法有什么优劣?
2. 河流生态修复需要考虑哪几方面的因素?

9.3 湖泊生态修复实验设计

9.3.1 设计目的

我国大多数湖泊由于长期受到人为因素的干扰,其营养浓度通常很高,严重影响了湖泊生态的稳定运行,本设计致力于修复湖泊生态系统,找寻高效、绿色、安全的去除湖泊生态系统中的总磷等富营养物。

9.3.2 设计任务

1. 工程概况

华容地属北亚热带,为湿润性大陆季风气候。气候温和、四季分明、热量充足、雨水集中。平均气温 18.0 ℃,年总降水量 1 065.7 毫米。年日照总时数 1 565.6 小时,无霜期 283 天。县境主导风向为北风和东北偏北风。年平均风速为 2.0 ~ 2.7 米 / 秒。生长季中光热水充足,农业气候条件较好。华容东湖面积 23.2 km^2,湖面均高程 25.5 m,最低高程 21 m,调蓄水量 4 640 万 m^3。根据 2021 年 9 月监测结果及最近调研表明,东湖水深范围为 3～5 m,平均值约为 4 m。

东湖深水区和浅水区水中 TP 浓度分别为 0.75 $mg \cdot L^{-1}$ 和 0.68 $mg \cdot L^{-1}$。约高出地表Ⅲ类水质标准(0.05 $mg \cdot L^{-1}$) 15 倍,主要与东湖的长期水产养鱼有关。

2. 水质要求

经过实验处理后,水质中 TP 浓度需要满足地表Ⅲ类水质标准(0.05 $mg \cdot L^{-1}$)。

9.3.3 实验前处理

1. 植物种植密度

参考《人工湿地污水处理工程技术规范》(HJ 2005—2010)"6.4.6.6 植物种植密度可根据植物种植种类与工程的要求调整,挺水植物的种植密度宜为 9 ~ 25 株 /m^2,浮水植物和沉水植物的种植密度宜为 3 ~ 9 株 /m^2)",同时参考 2021 年 4 月《人工湿地水质净化技术指南》中“3.7 植物种植”选取该区域适宜的水生植物类型。

2. 人工浮岛的面积设置

浮岛平面布置占水域面积的 10%～20% 为宜，使得设计美观，便于养殖操作。本项目涉及水体磷浓度含量较高，总磷平均浓度为 0.68～0.75 mg·L^{-1}，为湖泊Ⅴ类水质限制的 6～7 倍；浮岛使用面积是常规浮岛覆盖水面面积的 2～3 倍，根据室内模拟实验、确定浮岛覆盖水面面积为 40%，2 号围格设计浮岛面积 40 m^2、整个 2 号围格面积为 100 m^2。

3. 固化剂用量计算

围格年平均水深按 2.5 m 计算，每个围格中水量为 250 m^3；按照去除磷 6 mg/L 计算，每个围格中总磷（其中正磷酸盐占总磷的 40%～70%）需要去除的量为 1.5 千克（1 500 g），根据磷酸盐（分子量 95）和聚合硫酸铝（分子量 342.15）的反应方程式：

$$2PO_4^{3-}+Al_2(SO_4)_3=2AlPO_4+3SO_4^{2-}$$

工业硫酸铝含 18 个结晶水分子，工业聚合硫酸铝含硫酸铝干重为 51.3%，本实验按照总磷全部为正磷酸盐计算（保证大分子絮体的絮凝效果）；计算所需水合聚合氯化铝的量为：((342.15/0.513)/190)×1.5=5 kg，根据固化实验固化剂固化效果持续 1 年以上需要固化剂量 1∶10 计算，固化剂处理围格需要聚合硫酸铝的量约为 50 kg；按复合固化剂的配比，氢氧化钙需要 10 kg、膨润土需要 5 kg；100 m^2 围格需要固化剂的量为 65 kg。

9.3.4　实验设计

1. 围格设计

在浅水区设置 6 个柔性围格（布置见图 9-5），其中 1 号围格采用固化技术＋沉水植被修复；2 号围格采用浮岛挂弹性立体填料＋湖底投放仿生水草（微纳米曝气）；3 号采用固化技术；4 号采用固化＋微纳米曝气；5 号清洁细沙覆盖＋微纳米曝气；6 号为空白对照（未采用修复措施）。

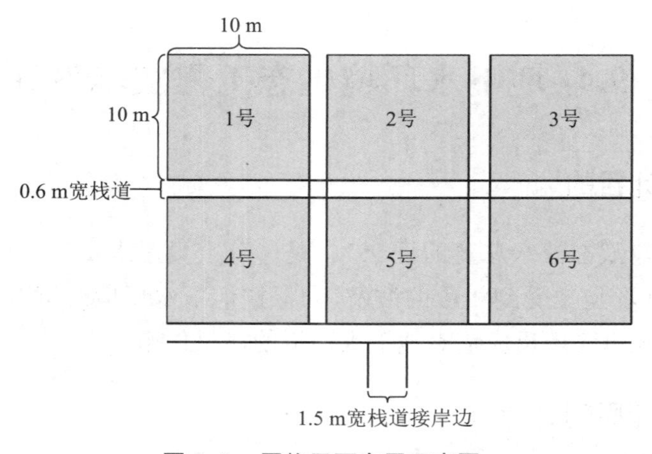

图 9-5　围格平面布置示意图

2. 围格处理方式

1 号围格处理方式：固化 + 沉水和浮叶植物；围格大小按照 10 m×10 m（围格防水帆布按照 3 m 高、其中泥面下的 0.5 m，需要帆布 120 m^2），水深按照 2.5 m（现场 1.5～2.0 m），考虑水量 250 m^3；65 kg 新型复合材料固化剂；沉水植物：竹叶眼子菜、黑藻、金鱼藻；浮叶植物：荇菜 + 菱角。

植物种类和数量：竹叶眼子菜 400 丛；黑藻 500 丛；金鱼藻 600 株；荇菜 600 株；菱角 600 株。

2 号围格处理方式：采用浮岛挂弹性立体填料 + 湖底投放仿生水草方式。浮岛种植植物水芹菜、空心菜、仿生水草；浮岛面积 40 m^2（浮岛下挂弹性填料按 1.5 m 深设计）；新型高分子材料仿生水草 50 m^2；解层式微纳米气泡曝气机 2 台（一用一备）。

3 号围格处理方式：65 kg 新型复合材料固化剂。

4 号围格处理方式：采用固化 + 微纳米曝气方式，65 kg 新型复合材料固化剂；解层式微纳米气泡曝气机 2 台（一用一备）。

5 号围格处理方式：清洁细沙覆盖（比选覆盖材料），覆盖厚度 2～3 cm；解层式微纳米气泡曝气机 2 台（一用一备）。

9.3.5 结果分析

实验期间，每周对 6 个围格进行进水和出水取样，对 TP 浓度进行测定并记录。

9.3.6 数据处理

对 6 个围格 TP 浓度的变化进行分析，优化分析降解 TP 最稳定、高效的围格。

思考题

1. 温度是否会对围格降解 TP 有影响。
2. 本实验还可以用哪些植物来替换。

9.4 地下水环境生态工程实验设计

9.4.1 设计目的

地下水占地球液态淡水总量的近 99%，是十分宝贵的水资源。近年来受到人为活动的影响，地下水环境也受到相应的波及，为保护地下水环境的可持续发展，本设计目的为探究漏斗门式可渗透反应墙对地下水环境的净化作用。

9.4.2 设计原理

针对地下水中氨氮等特征污染物，采用间歇性曝气漏斗门式 PRB 地下水污染原位生物修复工艺。其中 PRB 水质净化组件中的反应填料使用负载微生物后的颗粒状赤铁矿、沸石、淀粉混合物，混合填充介质的渗透系数为 $1.87\times10^3\sim5.52\times10^3$ cm/d。填充之前使用微生物菌液对混合填料进行浸泡挂膜，微生物为稻田土进行淹水培养的铁还原工程菌种。经过 PRB 水质净化组件处理后的地下水，进入监测池，若出水达标则直接排放；如不达标，则回灌至前端地下水监测井循环处理。

9.4.3　设计任务

1. 背景介绍

漏斗门式可渗透反应墙（FGPRB）技术是目前地下水污染原位修复技术中应用较为广泛的技术之一，构筑物主体主要由隔水墙、导水门和反应介质三部分组成。该技术适用于污染羽流面积较大的场地，在原位修复过程中，隔水墙将地下水流汇集流经导水门，从而使污染羽与反应介质充分接触反应，达到去除目标污染物的目的。

2. 水质要求

出水水质需要达到《地下水环境质量标准》（GB/T 14848—2017）中的三类水体要求，才能进行排放。

9.4.4　设计要求

1. 反应介质

根据污染场地的水文地质条件、污染羽空间分布特征、污染物特性，以及室内批实验、柱实验、渗流槽实验结果，设计漏斗门式可渗透反应墙（FGPRB）反应介质种类、配比、填充方式。

2. 隔水墙

隔水墙应尽可能拦截污染羽流，避免污染物从周边外泄。隔水墙的厚度一般为 30 ～ 100 cm，两墙的间距和长度应根据实地调查尽可能覆盖污染羽流，隔水墙所呈现的角度原则与地下水流向垂直。如图 9-6 所示

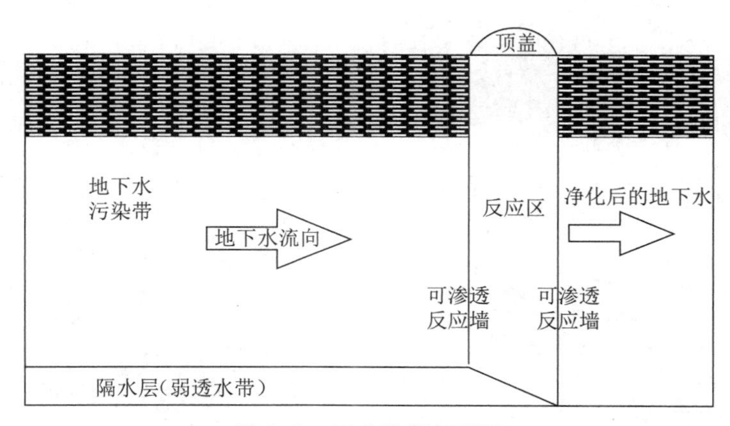

图 9-6　工艺流程剖面图

3. 反应单元(区)

在设计漏斗门式可渗透反应墙(FGPRB)反应单元(区)时,需考虑地下水中污染物的浓度和类型、水流方向、水力传导系数、温度、填充介质的特征以及化学反应过程等因素。反应单元(区)的体积应满足目标污染物通过反应单元处理后可达到的处理要求,由流量与污染物反应单元(区)内的停留时间决定:

$$V = Q \times Tw \times Z$$

式中:V——反应单元(区)的体积,L;

Q——水体在反应单元内的流量,m^3/d;

Tw——水体在反应单元(区)内的停留时间,d;

Z——安全系数。

其中,Q 与反应单元内的水力传导系数正相关,可通过仪器测定。Tw 设计值应充分考虑反应介质的处理能力。

4. 利用CAD,绘制出平面布置图和单体结构构筑图

平面布置图和单体结构构筑图,本书略。

9.4.5 结果分析

(1)修复水体所需预算分析。

(2)水质净化效果分析。

通过漏斗门式可渗透反应墙水体前后 TN、NH_3-N、TP、COD、TSS 等浓度的变化评价反应墙对水质的净化效应。

思考题

1. 查阅资料讨论 PRB 结构类型、原理、优缺点及适用条件。
2. 在实验过程中如何提高填料的利用效率。

第10章 大气环境生态工程实验设计

10.1 实验目的

随着工业化进程的加速，大气污染问题日益加重，并对社会发展产生危害作用，并对工业生产造成严重影响，这些危害可影响经济发展，造成大量人力、物力和财力的损失。为了降低大气污染造成的影响，本实验针对大气污染中较为严重的 SO_2 气体进行设计创新性实验，探究降低 SO_2 气体对工业的影响。

10.2 实验场景

在一个广口瓶中，通过甘油水溶液控制环境的相对湿度，采用亚硫酸钠和 1∶1 硫酸溶液制备 SO_2，通过往铝合金管中注入冰水混合物在碳钢试片表面强制结露，然后通过一定时间的暴露，观察和比较碳钢试片在潮湿、含有 SO_2、含有气相缓蚀剂的环境条件下腐蚀情况。

10.3 实验装置和仪器

10.3.1 实验装置

（1）取用一个 13 号橡胶塞和两个 9 号橡胶塞，在每个橡胶塞端面中心各打一个 ϕ16 mm 的通孔。

（2）将试片压入一个 9 号橡胶塞大面的通孔中，试片表面应与橡胶塞大面平行，试片露出高度不应超高 3 mm。

（3）按图 10-1 所示，在 13 号橡胶塞中心插入铝管，在大面端铝管上插入未带试片的 9 号橡胶塞；在小端面铝管上套上一个隔热胶管后，再插入装有试片的 9 号橡胶塞内。铝管应与试片接触。两个 9 号橡胶塞的小面均面对 13 号橡胶塞。

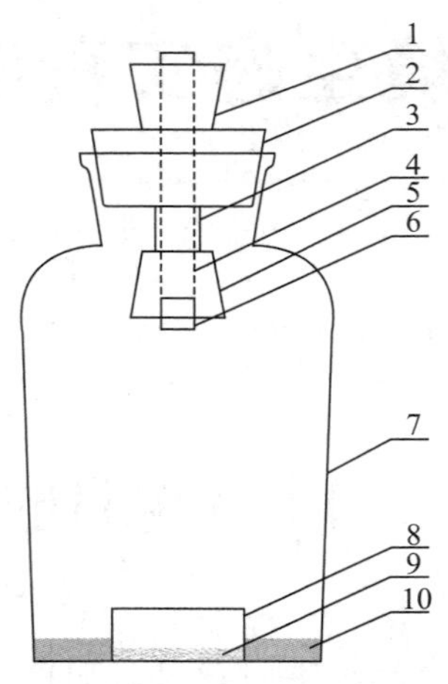

1—9 号橡胶塞；2—13 号橡胶塞；3—隔热胶管；4—铝管；
5—9 号橡胶塞；6—10 号钢凹形试片；7—广口瓶；
8—称量瓶；9—大气污染物；10—丙三醇水溶液

图 10-1　实验装置示意图

10.3.2　实验器材

广口瓶：容积 1 000 mL，瓶口内径 ϕ60 mm。

橡胶塞：13 号橡胶塞，大面直径 ϕ68 mm、小面直径 ϕ59 mm、高 40 mm；9 号橡胶塞，大面直径 ϕ46 mm、小面直径 ϕ3 mm、高 3 mm。

铝管：外径 ϕ16 mm、壁厚 1.5 mm、长 114 mm。

称量瓶：内径 ϕ40±2 mm、高 10 ～ 20 mm 的玻璃制品。

玻璃表面皿：直径 ϕ120 mm。

砂纸：400 号氧化铝砂纸。

无水乙醇：符合 GB/T 678—2002 要求，化学纯。

丙三醇：符合 GB/T 687—2011 要求，化学纯。

隔热胶管：外径 ϕ20 mm，壁厚 2.5 mm，硅胶材质。

10# 钢凹型试片：ϕ16×13（圆柱中心有一直径 10 mm 深 10 mm 凹槽）。

10.4 实验步骤

（1）广口瓶底部注入 10 mL 质量分数为 35％的丙三醇水溶液，使广口瓶内在 20 ℃

下形成 90% 的相对湿度。

（2）称取相应污染物或气相缓蚀剂，置于称量瓶内，将称量瓶放入广口瓶中底部中央。粉状称取 0.10±0.005 g，液状称取 0.10±0.005 g。本实验采用 SO_2、空白和碳酸环己胺（气相缓蚀剂）来进行实验。SO_2 由亚硫酸钠和相应的 1∶1 硫酸溶液制备（称取 0.2 g 亚硫酸钠，滴入 0.2 mL 1∶1 硫酸溶液）。

（3）按图 1 对试验装置进行组装。

（4）将组装好的广口瓶放置 30 min 后取出，迅速向广口瓶上的铝管内注满 0 ℃～2 ℃的水，然后静置 40 min。

（5）倒掉铝管中的水，立即取出试片，检查试验表面的锈蚀情况。如试验表面有可见凝露，应马上用镊子夹取浸有无水乙醇的脱脂棉，轻轻擦洗后吹干检查。

（6）每次进行 2 组试验，其中 1 个为空白试验。

（7）记录实验数据。

10.5 实验结果

参考《金属和合金的腐蚀试样上腐蚀产物的清除》（GB/T 16545—2015），通过除锈液或洗液将腐蚀产物从试样基体表面超声去除（腐蚀产物大面积覆盖基体）或手动刮掉（腐蚀产物较少），利用无水乙醇和蒸馏水分别超声清洗，冷风干燥后称重。腐蚀速率计算方法如下：

$$R=\frac{(W_0-W_t)10^3}{S\rho t}$$

式中：R——腐蚀速率，μm/a；

W_0——试样的原始重量，g；

W_t——试样除锈后的重量，g；

S——试样的腐蚀面积，m^2；

ρ——金属材料的密度，g/cm^3；

t——暴露时间，d。

思考题

如何在工业重污染地区，防止大气污染物对材料和机械设备的危害。

第11章 固体废物环境生态工程实验设计

11.1 实验目的

（1）掌握有机酸选择性浸出磷尾矿中的钙、镁，提高 P_2O_5 的原理。

（2）掌握磷化工固废中 CaO、MgO 和 P_2O_5 的分析方法。

（3）掌握响应曲面法设计分析影响有机酸选择性分解磷尾矿的主要因素。

11.2 实验原理

磷矿是一种复杂矿物，主要由氟磷灰石（P_2O_5 的主要来源）、白云石［$CaMg(CO_3)_2$，MgO 的主要来源］以及硅铝酸盐（酸不溶物）。磷尾矿作为磷矿浮选产生的固体废物，主要以白云石为主，由于分选不够彻底仍夹带有部分氟磷灰石。磷尾矿中伴生的白云石与一定浓度的酸反应的活性与氟磷灰石相比更为活泼，有机酸解离 H^+ 的能力与无机酸相比更低。氟磷灰石与有机酸反应过程更为温和可控，可适当控制反应条件，促使有机酸优先与白云石反应，其中包括嵌布在氟磷灰石表面和独立存在的白云石，特别是嵌布在氟磷灰石表面的白云石，随着分解的深入，暴露出嵌布在氟磷灰石里面的白云石，促进白云石的持续选择性分解。二乙烯三胺五甲叉膦酸（DTPMP）是一种典型的五元有机膦酸型化合物（图 11-1），主要由亚磷酸、甲醛、二乙烯三胺在 105℃左右一步反应制得，结构不仅含有丰富的配位原子可与环境中钙、镁等离子形成稳定的螯合物，因此具有优良阻垢性能并用于管道阻垢。特别地，结构含有五个磷酸基团，解离的 H^+ 形成的弱酸环境，非常适合用于磷尾矿的选择性浸出。

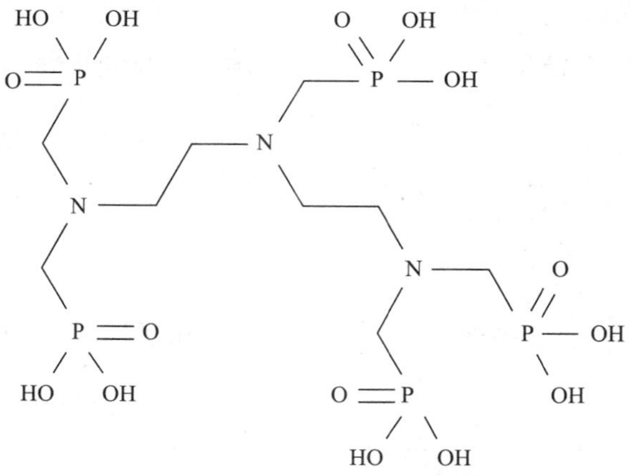

图 11-1　DTPMP 分子结构

11.3 实验仪器与实验材料

仪器：无级调速搅拌器、循环水式真空泵、电热恒温鼓风干燥箱、电子天平、多功能电动搅拌器、500 mL 三口烧瓶、酸 / 碱滴定管、移液管、容量瓶、旋转蒸发仪、X 射线衍射仪、扫描电子显微镜、激光粒度仪。

材料：DTPMP（w/w，50%），工业级；盐酸、硝酸、丙酮、钼酸钠、喹啉、柠檬酸、氢氧化钠、乙醇均为分析纯；磷尾矿。

11.4 实验步骤

取 100 g 质量分数为 50% 的 DTPMP 加入 500 mL 三口烧瓶中，用加料漏斗缓慢加入一定量氢氧化钠，不断用电动机械搅拌器搅拌，当 DTPMP 溶液达到一定 pH 时，用加料漏斗缓慢加入一定质量的磷尾矿矿粉（为避免一次加入白云石参与反应量大，产生大量二氧化碳气体）。加料完毕后加热使体系升温，并不断用电动搅拌器搅拌。在一定温度下反应一定时间后停止搅拌，趁热过滤，滤饼为脱镁后的磷精矿，用 50 mL 蒸馏水洗涤三次，烘干，测定滤饼质量及其 P_2O_5 和 MgO 的含量，计算磷损失率和脱镁率，脱镁液通过乙醇进行萃取后采用旋转蒸发仪进行浓缩回收。采用响应曲面法对 pH、投料比、温度、时间参数进行优化设计，磷尾矿与固相残渣中 CaO 和 MgO 的含量采用 EDTA 络合滴定法进行分析；P_2O_5 的含量采用 GB 1871—1995 中磷钼酸喹啉重量法测量。

其中固体样品的制样方法如下：取适量固体样品（磷尾矿或分解后固体残渣）加入 100 mL 烧杯中，加少量蒸馏水润湿后加入 5 mL 硝酸和 15 mL 盐酸，盖上表面皿，置于加热电炉上小火加热至煮沸，继续加热 1 min 后，冷却至室温，引流导入 250 mL 容量瓶中定容，布氏漏斗过滤，滤液储存在干燥过的试剂瓶中，备用分析。

11.5 计　算

DTPMP 分解磷尾矿实验中的脱镁率（MgO，%）和磷损失率（P_2O_5，%）的计算公式表示如下：

$$脱镁率=\frac{m_1x_1-m_2x_2}{m_1x_1}$$

$$磷损失率=\frac{m_1x_3-m_2x_4}{m_1x_3}$$

式中：m_1——参加反应的磷尾矿矿粉质量，g；

X_1——参加反应的磷尾矿中 MgO 的质量分数，%；

m_2——反应完成时残渣质量，g；

X_3——参加反应的磷尾矿中 P_2O_5 的质量分数，%；

X_4——反应完成时残渣中 P_2O_5 的质量分数，%。

思考题

分析磷尾矿在有机酸分解前后的表面物理化学性质的变化特征。

第12章

污染土壤生态环境修复实验设计

12.1 实验目的

土壤污染绝大部分是受到了重金属的污染，而镉元素(Cd)是重金属环境污染中毒性之首。本实验目的是学习利用植物的吸收、转移土壤中的有害物质的特点来寻找高效降低污染土壤中镉元素(Cd)的含量的植株，修复受到污染的土壤环境。

12.2 实验原理

植物修复技术是利用植物的吸收转移、容纳及转化土壤环境介质中有毒有害污染物，使污染土壤的污染物被提取，从而使环境得到修复与治理。世界上已发现超富集重金属的植物400多种，在我国发现了可用于土壤镉污染修复治理的镉累积植物20多种，对重金属镉富集较高的植物有东南景天、宝山堇菜、蜀葵、香根草等。

12.3 实验步骤

(1) 取样：在实验厂区内污染空地及厂外农田污染区分别7组土样进行编号，每个点取20 kg土样，拌匀后平分为4组5 kg的样品置于花盆中。

(2) 种植不同植物：分别优选栽种富集镉能力较强的植物——香根草、宝山堇菜、蜀葵、东南景天，厂内28组、厂外28组，共56组样品。精心养护一个生产周期(3～9月，共6个月)。

(3) 测定：将富集植物样本和实验土壤对应编号，进行样品检测，计算4种植物的富集效率，找到适合土壤修复的植物。

12.4 实验结果分析与讨论

根据检测报告数据，计算出的实验厂区厂内及厂外农田栽种香根草、宝山堇菜、蜀葵、东南景天4种植物的富集效率。实验数据记录表格见表12-1、表12-2、表12-3。

表12-1 厂内实验样品栽种香根草、宝山堇菜富集率（实验用记录表格）

组别	香根草富集镉含量（mg/kg）	土壤中镉含量（mg/kg）	富集效率（%）	宝山堇菜富集镉含量（mg/kg）	土壤中镉含量（mg/kg）	富集效率（%）

表12-2 厂外农田实验样品栽种香根草、宝山堇菜富集率

组别	香根草富集镉含量（mg/kg）	土壤中镉含量（mg/kg）	富集效率（%）	宝山堇菜富集镉含量（mg/kg）	土壤中镉含量（mg/kg）	富集效率（%）

表12-3 厂内实验样品栽种蜀葵、东南景天富集率

组别	蜀葵富集镉含量（mg/kg）	土壤中镉含量（mg/kg）	富集效率（%）	东南景天富集镉含量（mg/kg）	土壤中镉含量（mg/kg）	富集效率（%）

表12-4 厂外农田试验样品栽种蜀葵、东南景天富集率

组别	蜀葵富集镉含量（mg/kg）	土壤中镉含量（mg/kg）	富集效率（%）	东南景天富集镉含量（mg/kg）	土壤中镉含量（mg/kg）	富集效率（%）

思考题

请查阅资料，列举其他有超富集能力的植株，并分析是否能替代实验中的植株。

第13章 微生物生态环境修复实验设计

13.1 实验目的

富营养化问题使得水体的生态系统结构和功能受损并发生退化，水体夏季发生藻华的情况日益严重，而铜绿微囊藻是水华水体中的优势藻种。向铜绿微囊藻纯藻种中投加微生物修复剂并观测其效果，探索微生物修复剂对以铜绿微囊藻藻种生物量的影响以及修复剂的最佳使用量。

13.2 实验原理

微生物在自然界中处于分解者的角色，不仅能够促进各种养分和物质循环，更对有机污染物的去除起着至关重要的作用。微生物通过对氮的氨化、硝化和反硝化作用，来驱动水体中氮的生物化学循环，同时微生物通过参与磷的分解作用，来促进水生植物对于磷的吸收和利用。微生物生态修复剂是挑选出优化微生物菌体，在经过一定定向培养、并且加入一定的活化酶之后制成的，含有大量的有利于生态系统恢复和完善的有益菌的微生物修复剂。向富营养化的、暴发藻华的水体中投加这种有益的微生物菌体，可以加速C、N、P元素在水体中的循环，并且可以强化微生物对这些营养物质的去除，从而抑制水华现象的发生以及降低水体富营养化程度，达到修复富营养化水体的水质的目的。

13.3 实验材料

1. 铜绿微囊藻

M11 培养基：$NaNO_3$ 100 mg/L，K_2HPO_4 10 mg/L，$MgSO_4 \cdot 7H_2O$ 75 mg/L，$CaCl_2 \cdot 2H_2O$ 40 mg/L，Na_2CO_3 20 mg/L，$C_6H_8O_7Fe$ 6 mg/L，$Na_2EDTA \cdot 2H_2O$ 1 mg/L，pH 8.0。

2. 人工气候箱

13.4 实验步骤

（1）实验根据微生物修复剂投加量，分对照组和 4 种投加剂量的实验组（1 g/m^3，2 g/m^3，5 g/m^3，8 g/m^3），每组实验设一组平行。

（2）在 500 ml 锥形瓶中装入 M11 培养基 200 ml，并经过 121 ℃高温灭菌 20 min。取处于对数生长期的铜绿微囊藻纯藻种分别定量接入 M11 培养基中，然后放入人工气候箱中进行培养。培养温度 26 ℃，光照强度 3 000 lux，光暗比 12∶12。在光照周期内，每天摇动锥形瓶 3～4 次，并随机交换锥形瓶位置。

（3）记录：生物量的测定采用血球计数板计数。每天上午 9:00 取样，每个样品计数 3 次取平均值。实验周期为 18 天。

13.5 结果与讨论

记录铜绿微囊藻在 0 g/m^3、1 g/m^3、2 g/m^3、5 g/m^3 和 8 g/m^3 这五种微生物修复剂投加量下的生长过程图片。比较出不同浓度下微生物修复剂对铜绿微囊藻的去除效率，找出微生物修复剂的最佳使用量。

思考题

本实验仅限于纯藻种，能否以此实验做多藻种混合试验。

下篇

实践案例篇

案例一

典型高原湖泊农田面源污染环境生态工程设计方案

1.1 项目背景

本研究以典型高原湖泊抚仙湖为研究对象，旨在形成抚仙湖农田面源污染控制关键集成技术。抚仙湖是云南省九大高原湖泊之一，是我国最大的深水型淡水湖泊，珠江源头第一大湖。抚仙湖水质为Ⅰ类，是国家一类饮用水源地，也是我国水质最好的天然湖泊之一。抚仙湖湖泊富营养化的限制因子为磷，目前，抚仙湖总磷入湖量占水环境容量的75%。总氮为主要超标因子，入湖量超水环境容量1.1倍，氮污染形势较为严峻。抚仙湖流域农业面源是氮磷污染的主要来源，其中，氮肥施用量远大于磷肥和钾肥。抚仙湖流域农田化肥使用总量27 054吨，其中氮肥10 480吨、磷肥4 368吨、钾肥1 945吨、复合肥10 220吨。

2018年，全流域第一产业总产值为180 381万元，占比为21.73%。流域内主要种植农作物类型为蔬菜、水稻、小麦、玉米、烟草和水果，而且一年多季。统计资料显示，农田面源的TN、TP排放量分别占总污染排放量的45.8%、62.7%，抚仙湖一半左右的污染都是由农田污染产生的，符合全国第二次污染普查结果认为农业面源是主要贡献者这一结论的趋势。根据前期调查，2018年之后抚仙湖流域逐渐退出了蔬菜与花卉的种植，目前主要种植作物类型包括烟草、水稻、蚕豆、蓝莓、荷藕等。

抚仙湖流域不同作物类型、不同化肥施用量见案例图1-1。

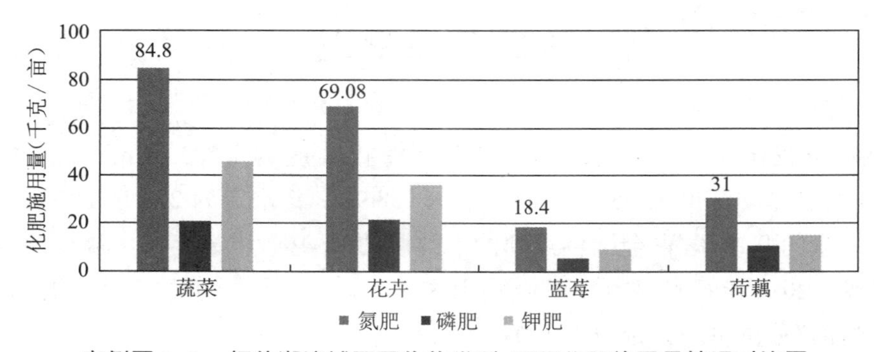

案例图1-1 抚仙湖流域不同作物类型、不同化肥施用量情况对比图

抚仙湖流域化肥施用强度 554.63 千克 / 公顷，高于全国平均化肥施用强度（326 千克 / 公顷），为国际安全施用水平建议值的 2.46 倍（225 千克 / 公顷）。

抚仙湖流域耕地面积 23.36 万亩，坝区耕地 7.96 万亩，山区耕地 15.4 万亩，涉及路居、海口、右所、龙街、凤麓、九村 6 个镇（街道），坝区蔬菜集中种植的 7.23 万亩（北岸坝区 5.47 万亩、南岸坝区 1.15 万亩、东西两岸新环湖路两侧 0.61 万亩）及径流区其他水田 0.73 万亩。近年来，为保护抚仙湖，政府加大了对抚仙湖流域的种植业结构调整力度，蔬菜种植面积逐渐减少。

据抚仙湖流域农作物施肥调查及利用率实验表明，蔬菜施肥水平较高，烟草、水稻施肥量显著少于蔬菜。根据肥料吸收量及土壤养分变化量对比分析表明，施肥配方不合理，施肥总量过剩，是导致耕层土壤有效氮及有效磷含量增加的主要因素，同时，从旱地与水田的对比可见，土壤渗漏是氮流失的主要途径，旱地的灌溉方式及用水量是影响肥料利用率的决定性因素，肥料利用率受灌溉及降水的影响巨大，肥料利用率低、农业面源污染等成为对抚仙湖流域的生态环境保护及农业可持续发展的主要障碍，对抚仙湖的水资源保护造成极大威胁。

《抚仙湖流域水环境保护治理“十三五”规划（2016—2020 年）》采用土地人口承载力法、生态足迹法、资源估算法等方法对规划范围进行容量测算，考虑到“抚仙湖始终保持 I 类水质”的目标，同时综合考虑山水林田湖资源承载能力，最终选用水环境容量法确定抚仙湖生态容量。结合深水型湖泊水环境容量计算方法，充分考虑抚仙湖的稀释容量、自净容量、湖库容量、降解系数等多重因子，在抚仙湖 I 类水质保护目标约束下，确定抚仙湖水环境容量 COD_{Mn} 为 7 734 t/a、TN 为 761 t/a、TP 为 52 t/a（依据《抚仙湖流域水环境保护治理“十三五”规划（2016—2020 年）》）。水环境容量法测算将 TN、TP 作为核心污染控制因子，确定抚仙湖 I 类水质要求与水环境容量约束下的 TN、TP 污染排放削减目标：到 2035 年，TN 污染物排放削减率（基于 2035 年排放量的预测结果）达到 75%～80%；TP 污染物排放削减率（基于 2035 年排放量的预测结果）达到 70%～75%。抚仙湖水体污染物控制压力较大。

因此，急需形成适用于抚仙湖流域农田面源污染控制关键集成技术，为该区域农田面源污染控制提供技术支撑，以期有效控制抚仙湖流域农田面源污染。

1.2 区域概况

抚仙湖是我国第二大深水湖泊，当湖面海拔高度为 1 723.35 m 时，湖面面积为 216.6 km^2，湖水平均深度为 95.2 m，最大水深 158.9 m，蓄水量为 206 亿 m^3，占全国淡水湖泊蓄水总量的 9.16%，占全国重点湖泊 I 类水的 91.4%，占云南九大高原湖泊总蓄水量的 68.3%。2018 年抚仙湖水质综合类别为 I 类，水质状况优，综合营养指数为 24.7，为贫营养湖泊；总氮单独评价也为 I 类水质。

抚仙湖湖泊南北狭长，入湖河道梁王河、东大河、马料河等52条，入湖河流水质主要为Ⅲ、Ⅳ、Ⅴ类，甚至是劣Ⅴ类，在补给水源的同时携带大量污染物主要从南北两端注入。而唯一的出水河流（海口河）位于湖泊中部东岸的海口镇，污染物从南北两端进入后下沉，湖内Ⅰ类优质水资源被置换从海口河流出，形成“纳污吐清”的特性。根据相关专家测算，抚仙湖换水周期长达167年，湖水一旦受到污染，将难于治理，难以恢复。

抚仙湖流域土地利用类型主要是水域、林地、耕地和草地，占地面积分别为215.3 km²、178.1 km²、170.8 km²和81.5 km²，分别占流域总面积的32%、26%、25%和12%。见案例图1-2。

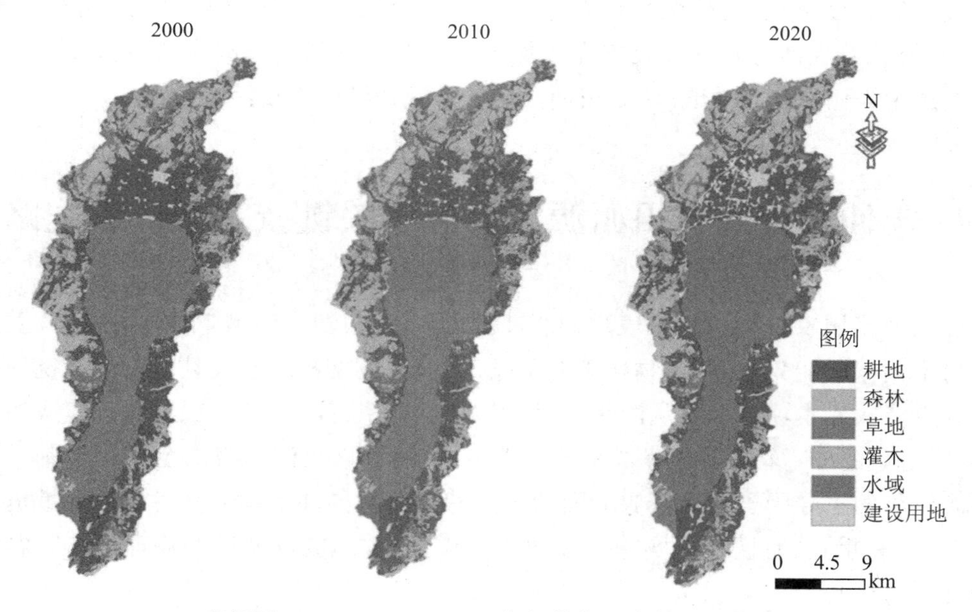

案例图1-2 2000至2020年抚仙湖土地利用类型图

1.3 项目区主要环境问题

（1）抚仙湖流域农田占比较大，需加大种植结构调整。抚仙湖流域坝区土地未流转之前，结合当地农作物种植面积与种植结构，以及作物施肥量与需肥量，土壤养分变化与化肥流失率，农业部门测算出抚仙湖流域内主要蔬菜农作物化肥流失污染总量占比情况，蔬菜（含莲藕）种植的化肥污染占流域化肥污染总负荷的72.79%。因此，复种指数高、施肥量大的蔬菜是抚仙湖流域种植结构调整的主要品种，目前，抚仙湖已通过土地流转等方式逐渐将蔬菜退出，将蔬菜种植调整为烟草、水稻、蓝莓、经果林等低耗肥作物种植，是抚仙湖流域生态农业模式构建与水资源保护的基础。

（2）农田普遍距离抚仙湖湖体较近、农田面源入湖风险较大。根据抚仙湖流域土地利用方式图分布情况，抚仙湖流域农田距离抚仙湖整体较近，抚仙湖流域农田空间结构有待优化。

(3) 抚仙湖农田面源污染具有输出时空高度随机、隐蔽性强、涉及范围广、水敏性强、滞后性和难以监管等特点。

(4) 坡耕地占比较高,水土流失程度较高;抚仙湖流域耕地坡度在 >25° 等级的旱地和水田面积分别为 16.817 km^2 和 1.777 km^2,共计 18.594 km^2。具有较大坡度农田的污染综合调控亟待解决。

(5) 抚仙湖湖泊补给系数(湖泊补给系数是湖泊流域面积与湖水面积之比)为 3.11,远低于太湖的 15.78、滇池的 8.85,农田面源污染入湖风险较大。近年来,抚仙湖保护受到各级政府高度重视,不断加大治理力度,严禁任何工业污染,环湖区已基本覆盖环湖湿地,农村城镇生活污水处理设施力度加大,流域已全面禁止规模化养殖。总体来看,流域点源污染已得到有效遏制,农田面源污染是抚仙湖的主要污染负荷。

1.4 抚仙湖流域农田面源污染控制关键技术集成研究路线

抚仙湖流域农田面源污染表现出“问题在水体,根源在流域”的典型特征,主要是流域内土壤保肥能力低下、作物化肥施用过量、农田坡度相对较大且农田距离抚仙湖较近等因素造成。本项目主要从源头、过程以及末端进行控制,结合项目区已建成的生态湿地、生态调蓄带、库塘系统等末端控制措施,实现农田径流污染的全过程控制。将农业面源污染的主导因子和区域农业面源污染特征的差异性和相似性对研究区域进行的分区分类,有重点、有区别地实施农业面源污染控制,形成以循环农业理念控制农业面源污染新思路。

目前农田面源污染过程常用的技术有两大类:一类是农田内部的拦截,如高浓度水原位高效蓄用技术、稻田生态田埂技术、生态拦截缓冲带技术、植物篱技术等;另一大类是污染物离开农田后的拦截阻断技术,包括生态拦截沟渠技术、新型人工湿地技术、生态护岸护坡技术等。这类技术多通过对现有沟渠的生态改造和功能强化,或者另建生态工程,利用物理、化学和生物的联合作用对污染物主要是氮磷进行强化净化和深度处理,不仅能有效拦截、净化农田氮磷污染物,而且能滞留土壤氮磷于田内或沟渠中,实现污染物氮磷的减量化排放或最大化去除以及氮磷的资源化利用。

本研究方案针对抚仙湖流域农田现状及种植模式,采用三种典型关键集成技术,分别为:抚仙湖流域坡耕地农田面源污染控制关键集成技术、抚仙湖流域坝区水田农田面源污染控制关键集成技术、抚仙湖流域坝区旱地农田面源污染控制关键集成技术。形成了“结构减污、源头控制、过程削减、循环利用”的抚仙湖流域农田面源污染整体优化防控技术体系,技术路线见案例图 1-3。

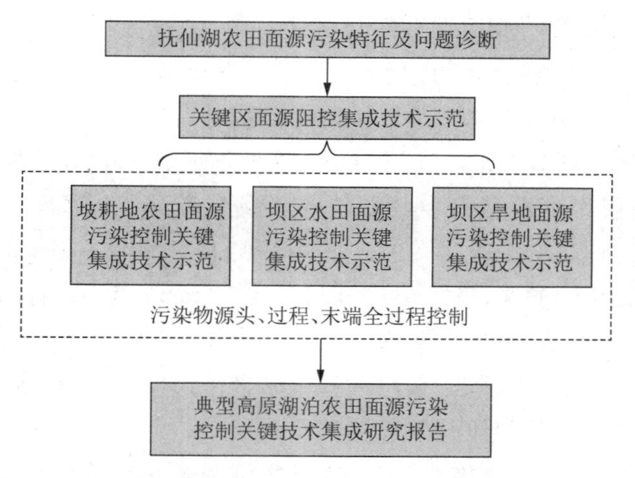

案例图 1-3　典型高原湖泊农田面源污染环境生态工程设计技术路线图

1.5 抚仙湖流域坡耕地农田面源污染控制关键集成技术方案设计

根据前期对抚仙湖流域农田面源污染诊断，抚仙湖旱地(6° ～ 15°)、水田(6° ～ 15°)面积分别为 38.790 km^2 和 26.827 km^2，占到抚仙湖流域耕地总面积的 39.28%，6° ～ 15° 坡耕地的面源污染是抚仙湖流域需重点关注的问题，拟选技术示范区坡耕地平均坡度为 8°，具有较好的示范作用，见案例图 1-4。

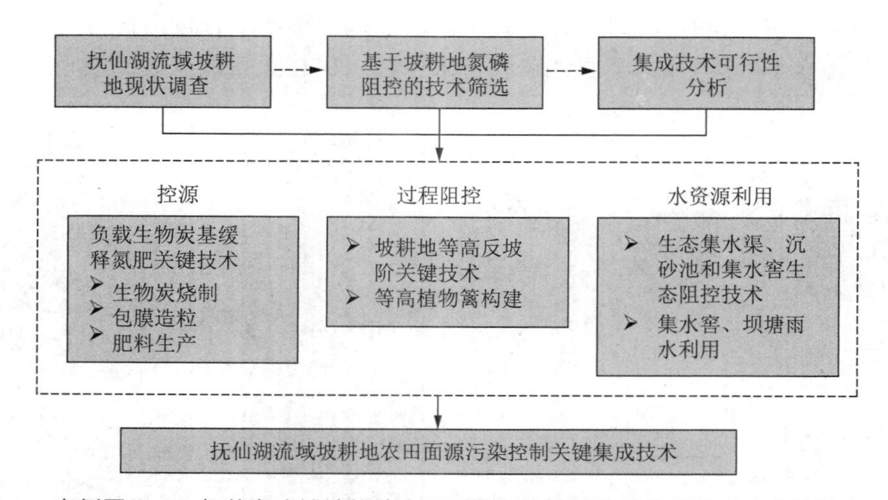

案例图 1-4　抚仙湖流域坡耕地农田面源污染控制关键集成技术方案设计

1.5.1　负载生物炭基缓释氮肥关键技术

该技术通过生物炭的多孔优良吸附性及电化学特性，通过添加硝化抑制剂对氮转化有关微生物的抑制性，将其组配成缓释碳膜材料，并在室温、常压条件下在尿素外表形成一层包膜达到缓释肥效速率的效果。负载生物炭基缓释氮肥技术能够兼顾土壤改良和控制氮肥流失，在源头上可减少坡耕地污染负荷。

负载生物炭基缓释氮肥的包膜材料由核心层尿素和包膜在尿素表面的包膜层组成。其中，包膜层由烟草秸秆生物炭粉、双氰胺、酸化剂、膨润土和玉米淀粉构成，该包膜层的重量为总重的 20% ～ 50%，其中烤烟秸秆生物炭粉 10% ～ 30%、双氰胺 2% ～ 3%、其他 12% ～ 33%，其厚度在 0.19 ～ 0.78 mm。包膜层由 4 种或 4 种以上的固体粉末状混合物所组成，该固体粉末状混合物的粒度≥ 100 目。

负载生物炭基缓释氮肥核芯：采用大颗粒尿素作为核心，颗粒直径为 3 ～ 4 mm。

造粒：通过包衣机对肥料进行包膜造粒。

负载生物炭基缓释氮肥制造方法如下（见案例图 1-5）：

（1）将定量的颗粒状尿素放入圆盘造粒机，预热 5 min 左右；

（2）玉米淀粉 100 g 溶于 200 ml 水中，不断搅拌下加入 2 ml 浓硫酸催化，然后加入 10 ml 高锰酸钾溶液氧化 1 h，加入 8 g 氢氧化钠糊化 20 min，加入 2 g 硼砂交联 15 min，加适量水充分搅拌后即为浓度 14% 的氧化淀粉黏合剂；

（3）用高压喷枪在尿素表面喷上适量的氧化玉米淀粉黏合剂溶液，施用量以尿素颗粒间不互相黏结为宜，通入热风 3 ～ 5 min；

（4）把一定量的包膜固体粉末（烤烟秸秆生物炭粉）材料混匀后，再继续转动搅拌并加入所需包膜层重量的 20% ～ 30% 的包膜固体粉末材料；

（5）待 95% 或 95% 以上的固体包膜材黏结在尿素颗粒上后，再加入少量氧化玉米淀粉溶液；

（6）再将 20% ～ 30% 的固体包膜粉末加入继续转动的造粒机内；

（7）重复 5 ～ 7 操作，直至固体包膜粉末全部包覆在尿素颗粒表面为止。

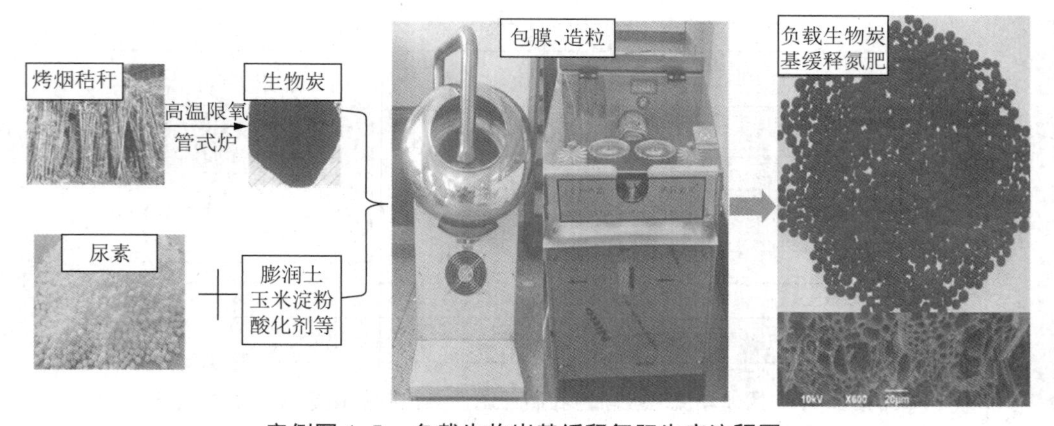

案例图 1-5　负载生物炭基缓释氮肥生产流程图

1.5.2　等高反坡阶关键技术设计

等高反坡阶又称水平阶或反坡水平阶，是沿坡地等高线布设反坡台阶，以达到改变坡面小地形，增加坡面粗糙度和降雨入渗率，从而达到减缓径流流速，拦截径流泥沙，减少水土流失，培肥地力和提高土地生产力的目的。该措施通过对坡面径流的调控，在减少坡面水土流失的同时蓄积水分，并且减少了土壤养分的流失，改善了坡面土壤的养分和水分状况，从而促进坡面植被和作物的生长。王萍等在抚仙湖流域尖山河小流域研究发现，等高反坡阶平均可削减地表径流 65.3%、减少泥沙流失 80.7%。同时，等高反坡阶还有显著的防治坡耕地面源污染的效果，已有研究表明，等高反坡阶对径流中总氮和总磷削减率为 33.32% ～ 68.10% 和 33.82 ～ 71.52%，对泥沙中全氮和全磷的削减率分别为 57.32% ～ 76.43% 和 67.38% ～ 83.73%。等高反坡阶通过改变地表微地形，能够减少坡耕地有机碳的输出，同时可以显著改善坡耕地的土壤水分条件。此外，等高反坡阶也应可用于植被恢复。该技术示范可为抚仙湖流域源头及过程阻控坡耕地水土流失提供科学依据和技术支撑。

1.5.3 坡耕地等高植物篱构建关键技术设计

本方案中将等高植物篱布设在等高反坡阶沿等高线自上而下里切外垫后的台面（台面平均宽 1.2 m）上（见案例图 1-6）。植物篱为无间断式狭窄带状植物群，是一种传统的水土保持措施。等高植物篱通过机械拦截作用有效减少坡耕地土壤侵蚀和养分流失，具有较好的生态效益和经济效益。

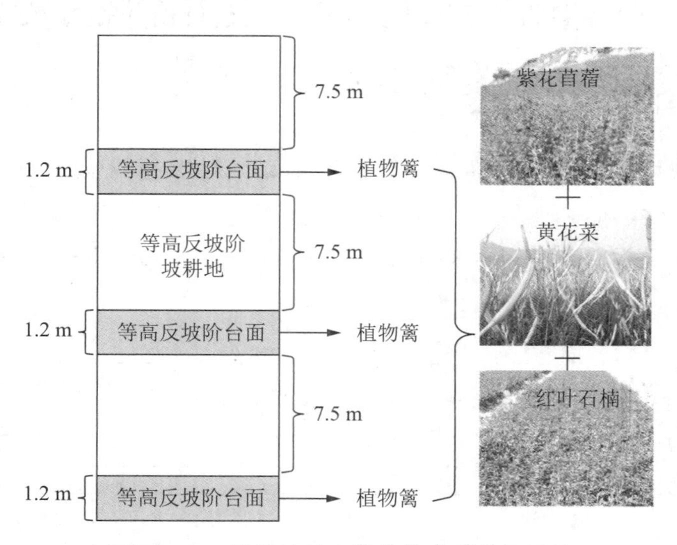

案例图 1-6 坡耕地等高植物篱典型断面设计

根据技术示范区地形、土地利用现状及产汇流特征，以植物篱集水单元为节点，连接不同植物篱带，形成系统的水土流失防控网络，在汇流过程中减缓坡耕地径流速度，拦截流失土壤，既增加系统产出，又降低由于水土流失带来的面源污染物输出，工程实施前还应建立标准径流小区，观测分析不同植物篱径流泥沙及坡度变化，确定最佳组合方式和构建技术。

根据课题组前期在滇池流域坡耕地黄花菜（金针菜、平均 50 cm 宽）植物篱的实验数据，50 cm 金针菜植物篱对坡面产流和输沙量的削减率可达到 30% 和 75%。本方案确定等高植物篱宽度范围为 30 ～ 80 cm、平均宽度为 50 cm。

1.5.4　坡耕地径流污染阻控与雨水资源利用关键技术设计

该方案通过构筑系列沉砂池、水窖、坡耕地径流生态集水渠、微型坝塘、灌溉系统等形成坡耕地径流污染阻控与资源循环利用关键技术体系。

1.6　抚仙湖流域坝区水田面源污染控制关键集成技术设计

抚仙湖流域坝区坡度在 0° ～ 6° 范围内水田约占抚仙湖流域耕地面积的 20%，且距离抚仙湖较近、单位面积施肥强度较大，污染冲击负荷较大，需重点关注。

抚仙湖流域坝区水田面源污染控制关键集成技术拟采用技术为原位监测技术、生态田埂技术、稻鱼共养技术、稻田人工湿地原位氮磷阻控技术、新型抗冲击负荷人工湿地水质提升技术。

1.7　抚仙湖流域坝区旱地农田面源污染控制关键集成技术示范

抚仙湖流域坝区旱地农田面积占到抚仙湖流域耕地面的 12%，该区域距离抚仙湖湖体距离较近，污染风险较大，该技术示范区面积为 143.7 亩，为抚仙湖土地流转区，现状主要种植作物为蚕豆。抚仙湖流域坝区旱地农田面源污染控制关键集成技术路线见案例图 1-7。

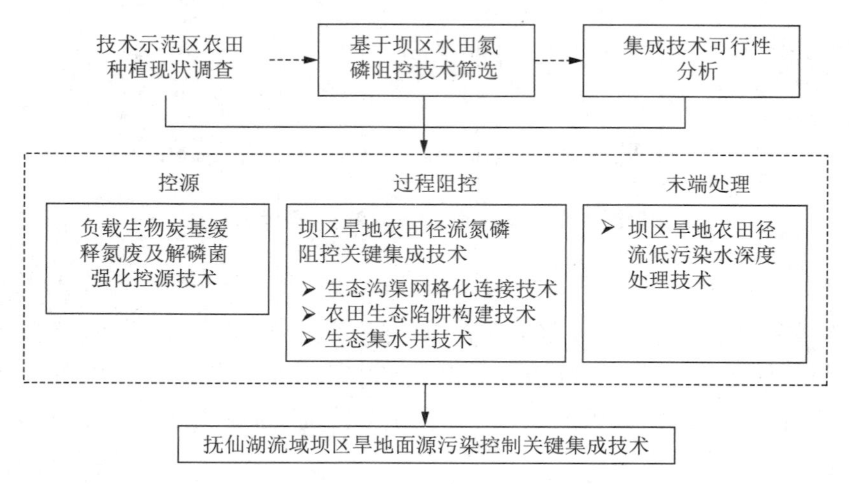

案例图 1-7　抚仙湖流域坝区旱地农田面源污染控制关键集成技术路线

1.8 主要结论

1.8.1 生态环境效益

生态环境效益是工程实施后最主要的效益，它包括减少流域化肥及农药用量、减少水土流失、地表水水质改善、生态效益以及水土保持效益等。

1. 化肥、农药用量减少

通过源头减量、化肥农药双减技术的实施，可减少化肥投入50%～60%；农业灌溉用水减少50%以上。本项目农田退水及生物碳的施用，有效提升肥料利用率达40%以上，解决水资源和化肥利用率低的问题，减少资源浪费和及农田径流污染，确保抚仙湖长期稳定保持Ⅰ类水质的目标。

2. 减少水土流失

抚仙湖流域耕地坡度在>25°等级的旱地和水田面积分别为16.817 km^2和1.777 km^2，共计18.594 km^2，此类耕地为《水土保持法》规定的开荒限制坡度，本方案中建议需退耕还林还草，项目实施后可大大降低种植区水土流失。

3. 减少农田面源污染负荷

抚仙湖径流区农田种植产生的污染物主要包括氮、磷、地膜、农田废弃物等，氮、磷污染物产生的主要原因是化肥过量施用及水肥管理粗放等，项目示范区氮磷流失降低50%以上，磷污染负荷降低30%以上。项目示范区农林废弃物资源回收利用率60%。

1.8.2 社会效益

社会效益一般是潜在的、无形的，主要表现在增加就业机会增加居民收入、提高居民环境保护意识、促进流域可持续发展、改善生活水平，提高生活质量等方面。

1.8.3 经济效益

抚仙湖流域农田面源污染控制关键技术集成示范区种植结构新模式改变生产种植方式，解决了种植生产与面源污染的问题；环湖优质耕地被充分利用进行农业生产，成为绿色品牌生产基地，解决了农民无地可耕作与土地闲置的问题，提高土地利用效率。水资源是一种十分重要、有限的自然资源，这一观点已被社会所接受。流域主要河流的水质直接影响流域内人民的生活和流域内的经济发展，同时对抚仙湖整个流域都有着重要的意义。该项目经济效益主要表现在：水质改善的经济效益、卫生条件改善的效益、旅游发展的经济效益。

案例二

河流水污染治理与清水产流机制修复方案设计

2.1 项目概况

梁王河是抚仙湖最大的入湖河流之一，平均年流量占抚仙湖103条入湖河流的17.8%，其流域产生的大量污染负荷成为抚仙湖北部水体的重要污染源，监测资料表明梁王河入抚仙湖入湖口处河流水质基本处于Ⅴ类、劣Ⅴ类的水平，造成抚仙湖北部梁王河入湖口区近岸水体水质为Ⅱ类。本设计遵循流域系统控源、低污染水净化、产业结构调整与流域环境管理的治理思路，提出清水产流区水源涵养综合整治工程、污染物净化与清水养护区控源治河工程、湖滨缓冲区污染控制与生态修复工程、工程运行管理与环境监测三大工程和一个方案，共实施12项子工程，全面削减梁王河流域污染物量，提高地表水水质，修复流域清水产流机制。

2.2 设计思路

梁王河小流域主要河流水污染治理与清水产流机制修复方案是《抚仙湖流域水污染综合防治规划(2011—2015年)》与《云南省抚仙湖生态环境保护试点实施方案》的重要内容。设计以抚仙湖流域污染治理相关规划与文件为指导，针对抚仙湖湖泊特征、梁王河流域清水产流区的主要环境问题，在综合分析流域的清水产流机制遭到破坏原因的基础上，根据流域内的水系特点，以实现污染负荷削减为核心目标，以“系统控源—低污染水系统净化—产业结构调整—流域环境管理”为总体思路，采取“集中治理、分散治理、管理维护”相结合的治理方式，在清水产流区、污染物净化与清水养护区和湖滨缓冲区三大区域实施一系列工程措施，并结合流域已实施的相关工程，使各类污染得到系统的控制和有效的治理，促进整个清水产流机制的修复和健康运行，进而维持健康的湖泊生态环境，为抚仙湖的保护做出贡献。

在现场调查研究和收集资料的基础上，开展梁王河流域污染物产生量及入湖量估算。在此基础上，进行清水产流机制破坏的源解析，对陆生生态系统退化、清水产流机制破坏的原因进行分析，确定梁王河流域水污染治理的目标，针对梁王河流域水系环境特征，遵循清水产流机制修复的理念，编制梁王河小流域主要河流水污染治理与清水产流机制修复工程初步设计。技术路线图见案例图 2-1。

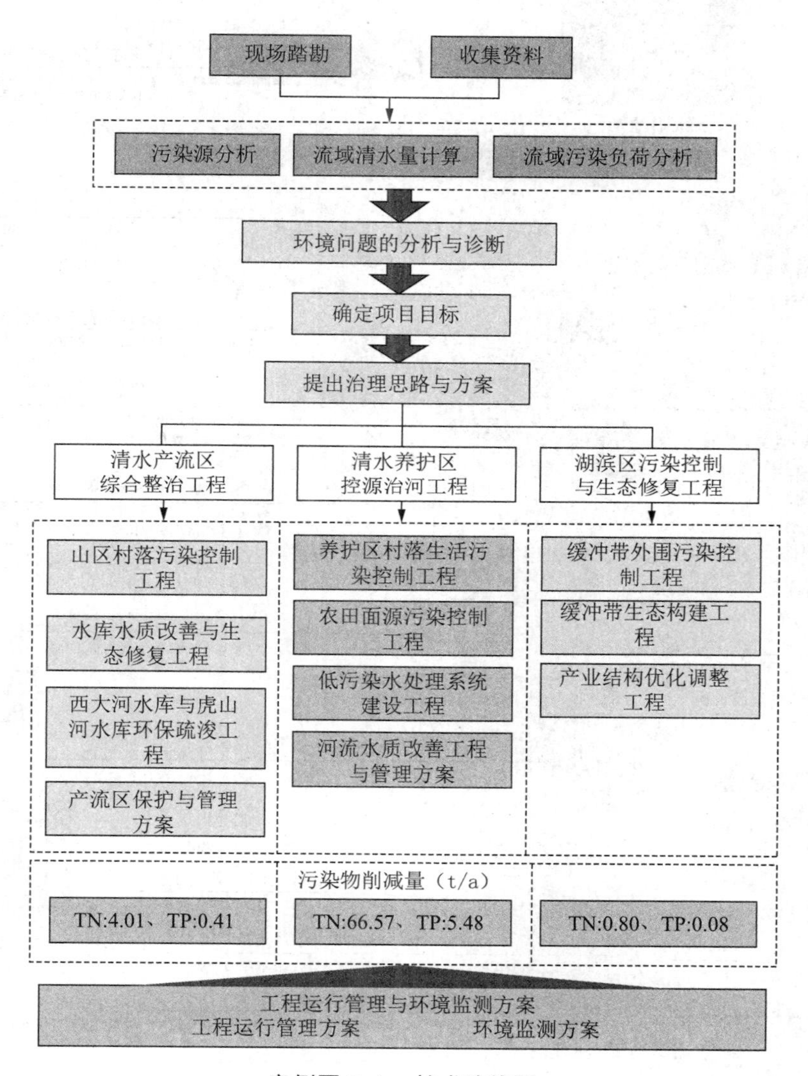

案例图 2-1　技术路线图

2.3 工程布局

空间布局围绕清水产流区、污染物净化与清水养护区以及湖滨区三大主体工程、一项管理与监测方案对梁王河流域进行污染治理与清水产流机制修复。三区污染控制主体工程布置及管理方案详见案例图 2-2。

案例图 2-2　工程总平面布置图

2.3.1　清水产流区水源涵养综合整治工程

1. 清水产流区污染源控制工程

(1) 产流区村落污染控制工程。

① 山区村落生活污水处理工程。

对清水产流区内的 5 个村落进行污染控制工程：

a. 上村、中村、沙坝 3 个村落，通过一体化净化槽工艺进行处理。

b. 对黑土地和石门 2 个村落的生活污水以户或几户为单位进行收集，并建设 70 座厌氧池做简易处理。

② 村落畜禽粪便污染处理工程。

建设 110 座沼气池，对产流区畜禽粪便进行收集处理。

③ 山区生活垃圾收集清运工程。

共建 5 个垃圾房，配备 2 辆小型垃圾清运车。

（2）库区水土流失控制工程。

在梁王河水库北部周边建设长 3 km 的生态拦截沟，种植乔灌草等植物，拦截随漫流进入库区的农田面源污染。

2. 水库水质改善与水库生态修复工程

（1）西大河水库和虎山河水库水质净化工程。

建设 5 000 m^2 生态浮床，其中西大河水库浮床面积 2 800 m^2，虎山河水库浮床面积 2 200 m^2。

（2）产流区涵养林修复与水土保持工程。

对梁王河流域清水产流区的山区实施人工造林 12 hm^2、封山育林 2 000 hm^2、道路水土流失防治 18 km。

（3）坡耕地生态改造工程。

对产流区范围内 321 亩坡耕地分别实施坡改梯、退田还林以及养殖小区治理。

3. 西大河水库和虎山河水库环保疏浚工程

西大河水库和虎山河水库疏浚工程总工程量为 9.9 万 m^3，疏浚总面积 12.4 万 m^2。

4. 产流区保护与管理方案

实施水库禁渔管理、涵养林及水土流失管理、梁王河水库和西龙潭水源地管理及化粪池运行管理。

2.3.2 污染物净化与清水养护区控源治河工程

1. 污染物净化与清水养护区污染源控制工程

（1）养护区村落污染控制工程。

① 生活污水处理工程。

对养护区 6 个村生活污水纳入污水厂进行集中处理，污水收集量为 370 m^3/d；16 个村落采用土壤净化槽、人工湿地 + 土壤净化槽、一体化净化槽等工艺进行生活污水处理，处理总规模为 860 m^3/d。

② 生态卫生厕所建设工程。

建设 70 座生态卫生厕所。

③ 畜禽粪便处理工程。

建设生物发酵床 3 000 m^2，堆粪发酵池 2 000 座。

④ 村落垃圾综合治理工程。

增配移动垃圾桶 439 个，增配 8 辆垃圾清运车辆，并加强管理。

（2）农田面源污染控制工程。

对清水养护区澄川路以北约 2 500 m 处开展绿色农业建设，建设 2 000 座沤肥池。

2. 清水养护区低污染水处理系统建设工程

（1）水塘改造工程。

对 6 处连片鱼塘进行塘坝湿地改造，总面积 45.4 亩。

（2）农田低污染水处理系统建设工程。

建设 6 处湿地，总处理规模 11 430 m^3/d。

（3）河道防护体系。

河滨下凹式绿地工程：建设长度 7.2 km，宽度 2 ～ 10 m，面积 42 324 m^2。

河滨缓冲带建设工程：建设长度 7 km，平均宽度为 24 m，总建设面积为 25.8 万 m^2。

3. 河道水质改善工程与管理方案

（1）在澄川路附近，梁王河旁侧建设生态砾石床 1 座，处理部分农灌渠排水和梁王河来水，处理规模 2 万 m^3/d；

（2）在洗菜沟旁侧，建设旁侧湿地，处理洗菜沟等农灌沟渠来水，处理规模为 3 000 m^3/d。

2.3.3 湖滨区污染控制与生态修复工程

1. 缓冲区外围污染控制工程

2 个村落污水收集和处理，建 100 亩绿色农业建设，165 座沤肥池。

2. 缓冲带生态构建工程

在梁王河流域抚仙湖一级保护区范围（抚仙湖最高水位线 1 722.5 以上 100 m 范围）内构建湖滨缓冲带。

3. 产业结构优化调整工程

对目前高污染的种植结构进行调整，主要种植低污染经济作物，降低农田面源污染，并将缓冲区内养殖业与规模养殖搬迁至流域外建设。

2.3.4 工程运行管理与环境监测方案

1. 管理维护方案

对建设的污水处理设施、低污染水处理设施以及其他处理设施进行维护管理，保障工程运行效果。

2. 环境监测方案

同时建立健全梁王河流域的管理方案和监测方案，对流域主要入湖河流梁王河长期进行水质监测，共设水质监测点6个，监测考核断面1个，加强对重点污染源的监督管理。

2.4 主要工程内容

案例表2-1 项目工程内容一览表

项目名称			工程内容	污染物削减量(t/a)			
				CODcr	TN	TP	NH_3-N
清水产流区水源涵养综合整治工程	清水产流区污染源控制工程	山区村落污染控制工程	上村、中村、沙坝3个村落生活污水采用一体化净化槽工艺进行处理，污水处理总规模50 m^3/d，占地面积449 m^2；新建和改造污水干渠1 110 m，支管2 850 m。黑土地和石门村2个村建设化粪池，共计70座。上村、中村、沙坝村、黑土地村、石门村各新建垃圾房1间，共5间，配套2辆小型垃圾清运车，对于分散养殖的畜禽粪便建设沼气池110座	5.05	0.81	0.12	0.07
清水产流区水源涵养综合整治工程	清水产流区污染源控制工程	梁王河水库库区水土流失控制工程	建设生态拦截沟3 km	—	0.23	0.04	—
清水产流区水源涵养综合整治工程	西大河水库与虎山河水库底泥疏浚工程		疏浚工程总工程量为9.9万 m^3，疏浚总面积12.4万 m^2	—	0.23	0.04	—
清水产流区水源涵养综合整治工程	水库水质改善与水库生态修复工程		建设5 000 m^2 生态浮床、人工造林(12 hm^2)、封山育林(2 000 hm^2)、道路水土流失防治(18 km)、对产流区范围内321亩坡耕地实施改造：其中实施坡改梯205亩、退田还林100亩、改造养殖小区16亩。实施梁王河水库、西龙潭水源地管理，水库禁渔管理，涵养林及水土流失管理	—	2.10	0.46	—
污染物净化与清水养护区控源治河工程	清水养护区污染源控制工程	村落污染控制工程	对22个村进行污染治理工程：其中16个村落建设分散污水处理设施，总规模为860 m^3/d；建设DN300污水收集管5 450 m，DN200污水收集管17 910 m；6个村污水纳入污水处理厂，收集污水370 m^3/d；建设DN300污水收集管2 590 m，DN200污水收集管7 520 m；对32个村建设生态卫生厕所70座；生物发酵床3 000 m^2，堆粪发酵池2 000座；垃圾桶439个，配套8辆垃圾车	148.10	29.62	2.57	6.68

续表

项目名称			工程内容	污染物削减量(t/a)			
				CODcr	TN	TP	NH_3-N
污染物净化与清水养护区控源治河工程	清水养护区污染源控制工程	农田面源污染控制工程	澄川路以北约 2 500 m 处建设经色农业区，绿色农业建设面积约 10 000 亩，建设沤肥池 2 000 座	13.35	2.58	0.22	0.04
		低污染水处理系统建设工程	6 处连片鱼塘进行塘坝湿地改造，总面积 45.4 亩；6 处农田低污染水处理湿地，总处理规模 11 430 m^3/d；河滨下凹式绿地建设工程长 7.2 km，宽度 2 ～ 10 m，面积 42 324 m^2；河滨缓冲带建设工程长 7 km，建设平均宽度为 24 m，总建设面积为 25.8 万 m^2；建设生态砾石床 1 座，处理规模为 2 万 m^3/d；建设旁侧湿地，处理规模为 3 000 m^3/d	147.48	34.46	4.49	6.379
湖滨区污染控制与生态修复工程			建设 165 座沤肥池、100 亩绿色农业，对缓冲带外围 400 亩农田种植业调整	4.42	0.99	0.10	0.05
合计				322.82	71.78	8.10	13.269
“十二五”规划目标削减量				5.5	71.25	5.86	2.95

2.5 主要工程之间逻辑关系

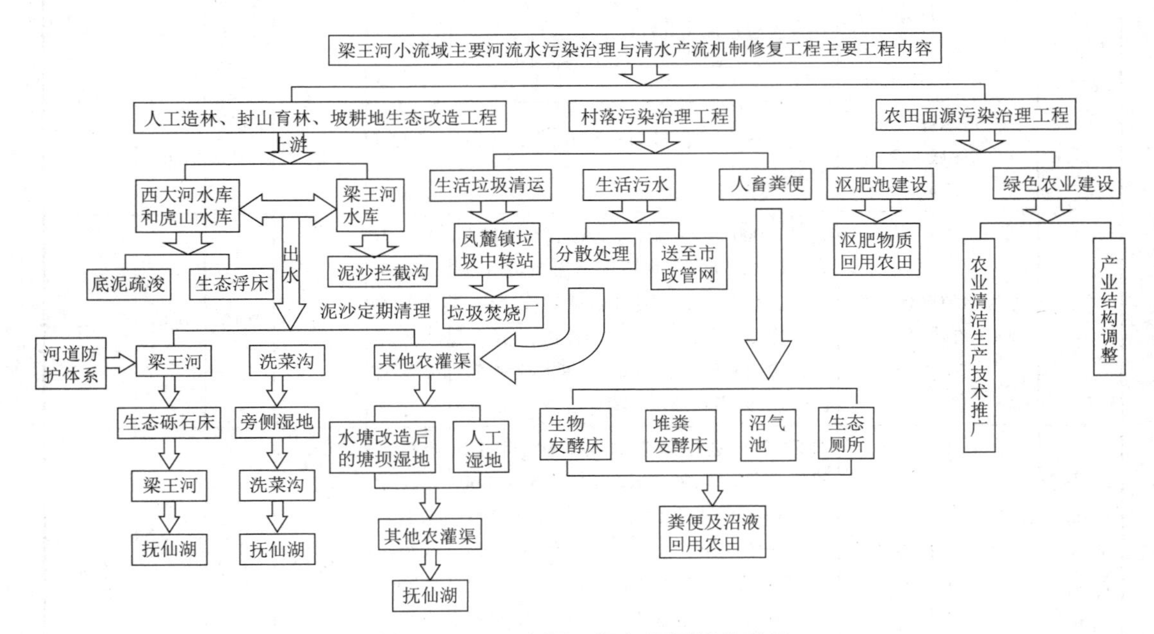

案例图 2-3　主要工程之间逻辑关系图

说明：案例图 2-3 中西大河水库和虎山河水库及梁王河水库出水一部分进入梁王河，一部分进入洗菜沟，另一部分进入其他农灌渠。现状是梁王河小流域清水养护区除梁王河外，还有南北走向5条农灌渠（分别是官井沟、老仓沟、西大深沟、东大深沟、大清沟）和东西走向6条农灌渠（分别是梁王河北干渠、支渠一、支渠二、支渠三、支渠四、九条沟）。南北走向农灌渠和东西走向农灌渠纵横交错，其中南北走向农灌渠出水经塘坝湿地和人工湿地处理后进入抚仙湖。

案例三

大气环境生态工程方案设计

3.1 项目背景

本研究以玉溪市为研究对象，旨在对玉溪市大气污染环境问题进行治理，大气是由一定比例的氮气、氧气、二氧化碳、水蒸气和固体杂质微粒组成的混合物。就干燥空气而言，按体积计算，在标准状态下，氮气占 78.08%，氧气占 20.94%，稀有气体占 0.93%，二氧化碳占 0.03%，而其他气体及杂质体积大约是 0.02%。各种自然变化往往会引起大气成分的变化。

大气污染物，尤其是二氧化硫、氟化物等对植物的危害是十分严重的。当污染物浓度很高时，会对植物产生急性危害，使植物叶表面产生伤斑，或者直接使叶枯萎脱落；当污染物浓度不高时，会对植物产生慢性危害，使植物叶片褪绿，或者表面上看不见什么危害症状，但植物的生理机能已受到了影响，造成植物产量下降，品质变坏。

工业生产是大气环境被污染的一个重要来源。工业生产排放到大气中的污染物种类繁多，有烟尘、硫的氧化物、氮的氧化物、有机化合物、卤化物、碳化合物等，其中有的是烟尘，有的是气体。

城市中大量民用生活炉灶和采暖锅炉需要消耗大量煤炭，煤炭在燃烧过程中要释放大量的灰尘、二氧化硫、一氧化碳等有害物质污染大气。特别是在冬季采暖时，往往使污染地区烟雾弥漫，呛得人咳嗽，这也是一种不容忽视的污染源。交通运输汽车、火车、飞机、轮船是当代的主要运输工具，它们产生的废气也是重要的污染物。特别是城市中的汽车，量大而集中，排放的污染物能直接侵袭人的呼吸器官，对城市的空气污染很严重，成为城市空气的主要污染源之一。

3.2 区域概况

2021 年玉溪市，中心城区环境空气质量一级 230 天，二级 132 天，超标 3 天。与去年同期相比，一级天数减少 15 天，二级天数增加 15 天，超标天数与去年一致。其中，细颗粒物（$PM_{2.5}$）平均浓度为 21 μg/m^3，中心城区环境空气质量优良天数比率为 99.2%，与 2020 年保持一致；澄江市、通海县环境空气质量优良天数比率为 100%，全市环境空气质量呈平稳态势。

3.2.1　降水及酸雨

2021 年玉溪市中心城区酸雨监测点位 2 个，即玉溪市环境监测站和灵秀测点，共采集到降水样品 97 个。

市环境监测站测点共采集降水样品 41 个，降水全年 pH 平均值 6.56，最高为 7.84，最低为 6.10，未出现酸雨。

灵秀测点共采集降水样品 56 个，降水全年 pH 平均值 6.46，最高为 7.30，最低为 6.01，未出现酸雨。

2021 年澄江市酸雨监测点位 1 个，即玉溪市生态环境局澄江分局（办公大楼顶），共采集到降水样品 32 个，降水全年 pH 平均值 7.50，最高为 8.59，最低为 6.76，未出现酸雨。

2021 年元江县酸雨监测点位 1 个，即元江县生态环境监测站，共采集到降水样品 28 个，降水全年 pH 平均值 7.01，最高为 8.60，最低为 6.50，未出现酸雨。

3.2.2　降尘

2021 年中心城区降尘、硫酸盐化速率监测点位 3 个，即市监测站、自来水厂、少体校，共采集到降尘样品 36 个。

2021 年中心城区降尘年均浓度为 2.94 t/（km^2•30 d）。其中，市监测站测点降尘全年平均值 3.17 t/（km^2•30 d），最高为 7.82 t/（km^2•30 d），最低为 1.65 t/km^2•30 d）。自来水厂测点降尘全年平均值 2.84 t/（km^2•30 d），最高为 5.44 t/（km^2•30 d），最低为 1.27 t/（km^2•30 d）。少体校测点降尘全年平均值 2.81 t/（km^2•30 d），最高为 6.81 t/（km^2•30 d），最低为 0.73 t/（km^2•30 d）。

2021 年中心城区硫酸盐化速率年均浓度为 0.252 mg/（100 cm^2 碱片•d）。其中，市监测站测点硫酸盐化速率全年平均值 0.225 mg/（100 cm^2 碱片•d），最高为 0.396 mg/（100 cm^2 碱片•d），最低为 0.112 mg/（100 cm^2 碱片•d）。自来水厂测点硫酸盐化速率全年平均值 0.276 mg/（100 cm^2 碱片•d），最高为 0.571 mg/（100 cm^2 碱片•d），最低为 0.119 mg/（100 cm^2 碱片•d）。少体校测点硫酸盐化速率全年平均值 0.254 mg/（100 cm^2 碱片•d），最高为 0.513 mg/（100 cm^2 碱片•d），最低为 0.094 mg/（100 cm^2 碱片•d）。

3.3　项目区主要环境问题

玉溪市位于云南省中部，是一个拥有丰富自然资源、经济快速发展的城市。然而，随着城市建设和工业发展的加速，大气环境问题日益突出。下面将详细描述玉溪市大气环境的主要污染问题及其影响，并提出相应的环境保护措施。

3.3.1 烟花爆竹集中燃放

在玉溪市，烟花爆竹的集中燃放是导致大气污染的一个重要因素。特别是在春节、元宵节等传统节日期间，烟花爆竹的燃放量大幅增加，产生的烟雾和有害物质对空气质量造成严重影响。这种污染不仅导致 $PM_{2.5}$ 浓度快速上升，还增加了二氧化硫、二氧化氮等有害气体的排放量。这些污染物不仅对人体健康产生负面影响，还会对大气中的臭氧层造成破坏。

3.3.2 建筑施工扬尘

随着玉溪市城市建设的不断推进，建筑施工和物料堆场产生的扬尘也成了大气污染的主要来源之一。这些场所的尘土和颗粒物在风力作用下会随风飘散，对周围环境和大气质量产生严重影响。建筑施工扬尘不仅会导致 $PM_{2.5}$ 浓度的上升，还会增加大气中的颗粒物数量，使得空气质量变得恶劣。

3.3.3 工业污染

玉溪市拥有许多重点工业污染源，如汽修行业、印刷行业、建筑喷涂、加油站等。这些行业在生产过程中会产生大量的挥发性有机物（VOCs）和其他有害物质。如果对这些污染源的监管不到位，将会导致大气中的有害物质增加，严重影响了空气质量。此外，一些老的工业企业仍然存在着环保设备陈旧、污染物处理效率低等问题，这也加剧了大气环境的污染程度。

3.3.4 城市烧烤和餐饮单位油烟治理不达标

城市烧烤和餐饮单位是玉溪市的重要经济组成部分，但同时也会产生大量的油烟和有害物质。如果油烟治理不到位，这些有害物质会随着油烟飘散到空气中，对周围环境和大气质量产生严重影响。长期暴露在这样的环境中，会对人体健康产生负面影响。

3.3.5 秸秆禁烧网格化管控不强

在玉溪市的一些农村地区，仍然存在着焚烧秸秆的现象。这会产生大量烟雾和有害物质，不仅对周围环境产生影响，还会对大气质量和城市交通产生负面影响。由于秸秆禁烧的网格化管控不强，导致一些地方仍然存在这种现象。

3.4 项目区方案设计技术路线

玉溪市主要的大气污染源包括一些重点行业，如石油化工、煤化工、焦化、制药、钢铁、有色金属冶炼等。这些行业在生产过程中会产生大量的废气，其中含有很多有害物质，如二氧化硫、氮氧化物、颗粒物等，对环境和人体健康造成了很大的影响。

为了解决这一问题，玉溪市政府采取了一系列措施，包括加大环保投入、推进工业结构调整、强化环境监管等。例如，对于重点行业，政府要求企业必须采用清洁生产技术，减少废气排放；对于排放量较大的企业，政府要求其安装废气处理设施，并进行严格的环保验收。此外，政府还鼓励企业进行技术创新和设备更新，提高能源利用效率，减少废气排放。大气环境治理措施见案例表 3-1。

案例表 3-1 大气环境治理措施

	角度	具体措施
大气环境治理	政策	调整优化产业结构，发展循环经济
		加快淘汰落后产能
		加大财政投入，筹措减排资金
		加大工业污染减排设施建设
		加快机动车尾气检测线建设
		加强建筑施工场地和道路运输整治
		加大执法监督力度
		提高认识，加强领导
	工艺	新型垃圾焚烧双尾气系统
		石灰石—石膏法处理尾气
		有机废气治理
		JMR-1740 催化燃烧装置 CO 的去除

3.5 项目区方案设计

3.5.1 在政策上

1. 调整优化产业结构，发展循环经济

按照生态文明建设的要求，优化产业结构，大力发展高新技术产业和生产性服务行业，抑制高耗能产业过快增长。2014 年底前制定《优化产业结构中长期规划和近期实施方案》，推动产业结构转型升级，2017 年单位 GDP 能耗低于 0.9 吨标煤 / 万元。

2. 加快淘汰落后产能

钢铁行业：2014 年 10 月底前，淘汰 7 座炼铁高炉、1 座炼钢转炉，合计产能 117 万吨；除国家工业和信息化部确认保留铸造用生铁企业及玉溪钢铁集团整合企业外，2015 年淘汰 400 立方米及以下炼铁高炉，35 吨及以下炼钢转炉。水泥行业：2014 年 10 月底前，淘汰机立窑和旋窑水泥生产线各 1 条、产能 38.6 万吨；2015 年 6 月底前，淘汰机立窑 4

座、产能65万吨。造纸行业：2014年10月底前关闭造纸企业13户，淘汰8.62万吨产能；2015年，抚仙湖、星云湖、杞麓湖保护区及周边区域不符合国家产业政策及污染环境的造纸企业基本关闭。黄磷行业：2014年10月底前，淘汰2台电炉、产能1万吨；2014年底前关闭磷化工企业1户，淘汰产能2万吨。实心黏土砖行业：2014年关闭30户，2015年关闭33户，淘汰实心黏土砖12亿块。同时，按照要求，执行严格的排放限值标准，对污染物排放限值达不到标准的企业坚决淘汰，对在“十二五”期间不按要求安装运行治理设施的企业限期关停淘汰。

3. 加大财政资金投入，多方筹措减排资金

建立多元化环境保护投资融资体系，通过项目整合、特许经营、投资补助、社会参与等多种方式筹集减排工程建设与运营资金，按照政府主导和市场化运作相结合的原则，加大总量减排资金支持力度。从2015年起，市县财政从预算内收入中安排主要污染物总量减排专项资金，主要用于城镇污水管网配套建设、钢铁脱硫、水泥脱硝、畜禽养殖减排设施、黄标车淘汰等方面的补助。县（市、区）人民政府的排污费全额用于污染减排、污染治理和环境监管、监测等环保工作，并确保资金及时拨付到位。认真做好项目申报工作，积极争取中央、省级专项资金支持。

4. 加大工业污染减排设施建设，按期完成工业减排项目

到2015年末完成所有钢铁烧结机烟气脱硫设施建设，日产1 000吨以上水泥生产线全部完成脱硝项目建设，并确保所有脱硫、脱硝设施正常运行。按期完成淘汰、关停任务。

5. 加快机动车尾气检测线建设，推进机动车尾气治理

2014年7月1日前团山机动车尾气检测线投入运行，2015年1月1日前通海曲陀关机动车尾气检测线投入运行。2015年7月1日前全市各县区检测线全部投入运行。2014年10月底前，制订“黄标车”限行及淘汰的实施方案，对“黄标车”采取限制区域或限制时段行驶的交通限制措施，鼓励或强制部分“黄标车”提前报废。

6. 加强建筑施工场地和道路运输整治，治理扬尘污染

全面推行“绿色施工”，对在建工程施工工地进行每季度1次专项检查和整治，严查重处违规行为。认真贯彻落实专项整治实施方案，开展超限超载及建筑垃圾散体物料密闭运输专项整治，采取定点监控和日常巡查相结合，遏制超限运输和渣土运输车辆运输过程中的泼洒、扬灰、乱倒建筑垃圾、车轮带泥污染公路路面等违法行为。自2014年6月起，对各县区县城内的道路运输扬尘污染实施每月1次集中检查，对违规运输导致扬尘污染的行为依法依规进行严肃查处。

7. 加大执法监管力度，依法严惩环境违法行为

进一步加大环境执法监管力度，坚持教育和处罚相结合、引导和治理相结合的原则，实施重点项目“一对一”“点对点”领导包抓，工作人员定点抓落实的工作机制，进一步强化措施，加强监管，对重点减排项目逐一跟踪落实，对环境违法行为督促落实整改措施，对整改不力的采取相应的处罚措施，确保各项措施落到实处。

8. 提高认识，加强领导

全市各级各部门要充分认识主要污染物总量减排和大气污染防治工作面临的严峻形势，进一步统一思想，加强领导。建立党委领导、政府负责、人大和政协监督、环保统一监管、部门齐抓共管、企业履行治污主体责任的领导体系和机制，形成党政主要领导抓，分管领导具体抓，人大政协领导督促抓，社会公众广泛参与的新格局。成立由市长任组长，相关副市长任副组长，有关市直成员单位为成员的整改工作领导小组。各县区人民政府、工业园区也要成立相应的整改领导小组。

3.5.2　在工艺上

采用新型垃圾焚烧双尾气系统，减少垃圾焚烧产生的污染气体。典型工艺流程见案例图 3-1、案例图 3-2、案例图 3-3、案例图 3-4。

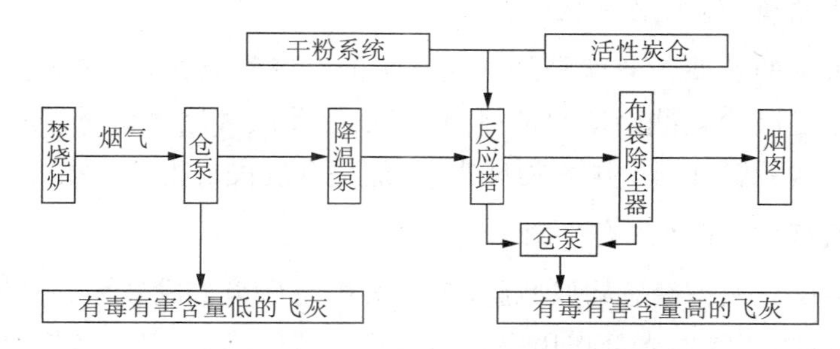

案例图 3-1　废气处理工艺流程图

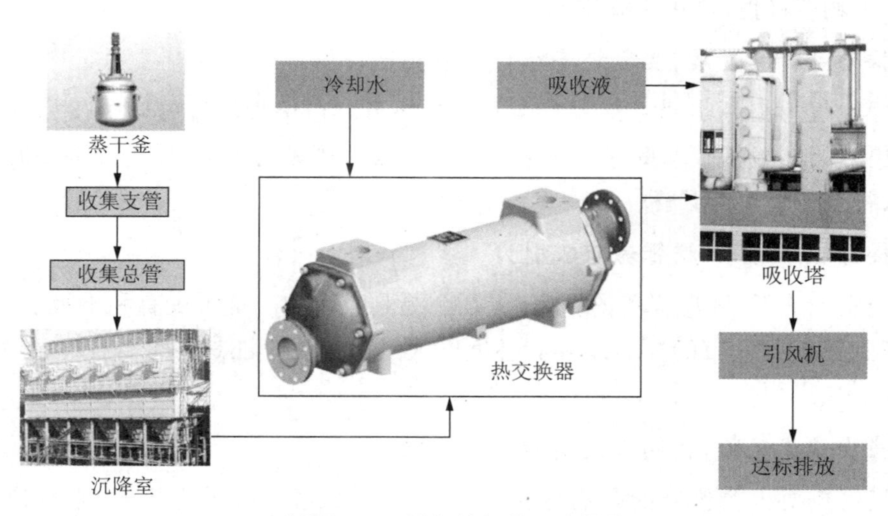

案例图 3-2　尾气达标处理流程图

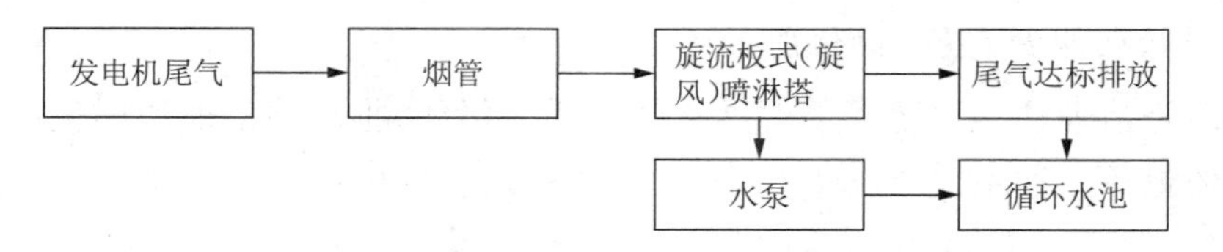

案例图 3-3　JMR-1740CO 的催化燃烧装置示意图

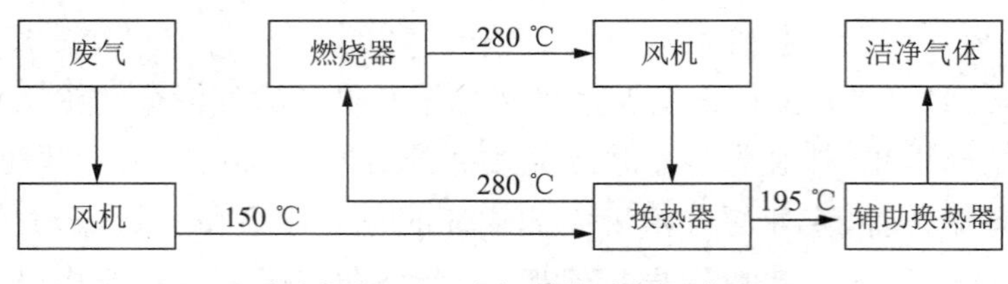

案例图 3-4　废气燃烧过程示意图

3.6 主要结论

玉溪市大气污染处理的效益主要体现在以下几个方面。

1. 改善空气质量，提升居民生活品质

治理大气污染的首要任务就是降低大气中的有害物质含量，如颗粒物、二氧化硫、氮氧化物等。通过减少这些污染物的排放，可以显著改善空气质量，使天空更加清澈，空气更加清新。这不仅有利于居民的健康，还能提升居民的生活品质。

2. 保护生态环境，维护生态平衡

大气污染不仅对人类健康构成威胁，也会对生态环境造成破坏。例如，酸雨会腐蚀森林，颗粒物会影响植物的光合作用等。通过治理大气污染，可以减轻对生态环境的压力，保护生物多样性，维护生态平衡。

3. 推动可持续发展，实现经济社会环境共赢

治理大气污染是实现可持续发展的重要环节。在保护环境的同时，也为经济发展提供了更好的环境基础。良好的环境质量可以吸引更多的投资，促进经济发展，从而实现经济、社会和环境的共赢。

4. 提升城市形象，增强城市吸引力

一个空气清新、环境优美的城市，无疑会更具吸引力。这不仅有利于吸引人才和投资，也有利于提升城市的知名度和美誉度。大气污染治理在这方面起到了至关重要的作用。

5. 减少健康风险，提高人民健康水平

大气污染对人类健康的影响是显著的，可以导致各种呼吸道疾病、心血管疾病等。通过大气污染治理，可以降低这些健康风险，提高人民的健康水平和生活质量。

6. 促进绿色能源发展，优化能源结构

大气污染治理往往伴随着能源结构的优化。例如，推动清洁能源的使用，减少对化石燃料的依赖等。这不仅有助于减少大气污染，还有利于推动绿色能源产业的发展。

7. 增强社会环保意识，推动全民参与环保

大气污染治理需要全社会的共同参与。在这个过程中，可以增强公众的环保意识，使他们更加了解和关注环境问题，从而推动全民参与环保行动。

总的来说，玉溪市大气污染处理的好处是多方面的，既有利于人民的健康和生态环境保护，也有利于城市的发展和形象提升。通过大气污染治理，玉溪市在实现经济社会发展的同时，也保护了环境和人民的健康，为未来的可持续发展奠定了坚实的基础。

参考文献

[1] 玉溪市“十三五”环境保护规划（2016—2020 年）[A]. 2016 年 03 月 .
[2] 孙座锐，吉正元，韩新宇，等 . 玉溪市城区大气 VOCs 及其他污染物质量浓度时空特征分析 [J]. 云南大学学报（自然科学版），2018，40（4）：705–715.
[3] 李绍洁 . 对环境工程中大气污染处理的探讨 [J]. 环境与发展，2020，32（6）：57+59.
[4] 滑鹏 . 城市环境管理中的大气污染治理路径探究 [J]. 地质研究与环境保护，2022，1（4）：140–142.

案例四

固体废物环境生态工程方案设计

4.1 项目背景

随着工业化的迅速发展和人民生活水平的不断提高，我国每年产生的固体废物数量也不断增加，且种类繁多、成分及性质复杂。据不完全统计，我国每年工业废渣产量达6亿多吨，其中危险废物约占5%。我国工业废渣二次资源化利用率约为40%，大部分仍处于简单堆放、任意排放的状况，占用了大量土地。近年来我国城市垃圾产生量也有较快增长，年增长率在9%以上，由于处置设施严重不足，目前已有2/3的城市陷入垃圾包围之中。

本研究以玉溪城市固体废物中的一次性餐具的处理为研究对象，目的是对城市固体废物的处理更加具有高效化，以减轻城市固体废物对环境的危害。截至2022年末，玉溪市常住人口227.8万人，每日产生的城市固体废物数量巨大。近年来，随着经济社会发展，城镇化不断推进，玉溪市生活垃圾产生量与日俱增。按照城镇人口每人每天产生1千克生活垃圾估算，全市生活垃圾每年产生量约为74.52万吨，城镇生活垃圾产生量达44万余吨，垃圾处理问题已经成为玉溪经济社会发展和生态环境保护面临的重大环境问题之一，推进城市生活垃圾源头减量化、资源化利用势在必行。

当前，《城市市容和环境卫生管理条例》《城市生活垃圾管理办法》等法规、规章制定实施较早，专门针对生活垃圾分类的规定条款较少，操作性不强。经摸底调研，我市生活垃圾分类工作主要存在着工作机制不健全，部门职责不清，统筹推动不够；分类投放、收集、运输、处置等环节监督管理不到位，分类体系不完善；垃圾源头减量、分类投放效果不佳，“前端基本不分类，后端处理大锅烩”，或是“混投、混收、混运、混处”等现象不同程度存在。导致在处理垃圾的时候处理不完善，使得对环境的污染更加严重。

当前一次性餐具的使用主要在外卖行业，而外卖在当前的生活节奏中是非常受欢迎的，随着外卖的兴起一次性餐具的使用量也随之增加，因此对于一次性餐具的处理至关重要。2014—2023年中国一次性塑料餐具市场规模见案例图4-1。

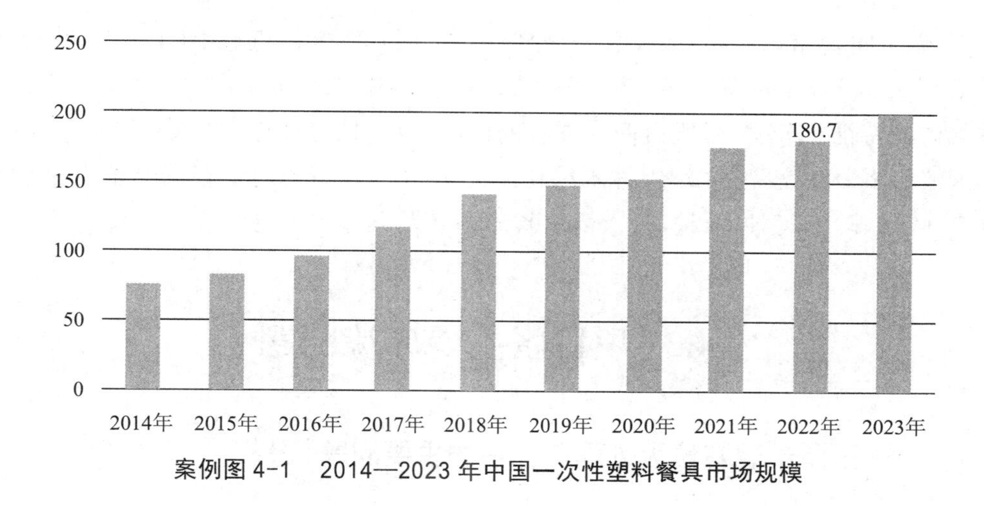

案例图 4-1　2014—2023 年中国一次性塑料餐具市场规模

4.2 区域概况

玉溪市为云南省辖地级市，位于云南省中部，地理坐标处于北纬 23°19′ 至 24°53′、东经 101°16′ 至 103°09′ 之间，北接省会昆明市，西南连普洱市，东南邻红河哈尼族彝族自治州，西北靠楚雄彝族自治州。玉溪市面积约 1.5 万 km^2，辖 2 区、1 市、3 县及 3 个民族自治县，市委、市政府驻红塔区。

玉溪地处云南“山”字形构造前弧内侧，西部发育哀牢山、红河两大活动断裂。中部发育近南北向的绿汁江断裂和北西—北东向的山口—华宁弧形断裂（峨山—曲江断裂北段）。东部则以南北向、北北东向构造为主，为普渡河断裂的南段及小江断裂西支的南延部分。新构造运动以大面积断块差异升降为主，第四纪活动断裂发育，地震活动频繁，外动力地质灾害较发育。玉溪市三大岩类均有分布。区内中生界泥页岩、砂岩及其不等厚互层为滑坡分布的主要地层，上部风化层及坡积物为滑坡体和崩塌体的主要物质组成和泥石流的主要物源。

河流分属珠江和红河两大水系，南盘江、绿汁江分别自东部、西部循边界过境，元江自西南斜贯新平、元江二县经越南入北部湾。有高原断陷源泊抚仙湖、星云湖和杞麓湖。玉溪境内流域面积在 100 km^2 以上的主要河流有元江干流、绿汁江、南盘江及曲江等 30 多条，东部地表水系除珠江水系的各支流外，还有高原断陷湖泊抚仙湖、星云湖、杞麓湖和阳宗海。抚仙湖面积 212 km^2，湖面水位海拔 1 721 m，最深达 155 m，平均水深 87 m，是中国第二深水湖，总蓄水量 185 亿 m^3；星云湖面积 34.7 km^2，平均水深 7 m，蓄水量 1.89 亿 m^3，正常蓄水位海拔 1 722.15 m；杞麓湖面积 37.26 km^2，平均水深 4.5 m，蓄水量 1.68 亿 m^3，正常蓄水位海拔 1 797.25 m；阳宗海面积 31 km^2，平均水深 20 m，蓄水量 6.02 亿 m^3。玉溪市水能蕴藏量达 144 万千瓦，可开发的有 54 万千瓦。

玉溪气候温和，一年四季温差在16 ℃之间，以春秋气候为主。年平均气温17.4 ℃～23.8 ℃，年均降水量670～2 412毫米，属中亚热带湿润冷冬高原季风气候，立体气候的特征十分明显，既有四季如春的山区平坝，也有被称为“天然温室”的谷地。

玉溪市森林覆盖率54.2%，林木绿化率为16%。全市境内生存国家重点保护野生植物有34种、珍贵树种14种，列入云南省珍稀涉及危保护植物的有10种。

4.3 项目区主要环境问题

4.3.1 玉溪市现有垃圾处理厂存在的主要问题

现有垃圾处理厂1996年投入使用，设计规模100 t/d；初期，生活垃圾的处理量已达100 t/d，进厂垃圾50%焚烧处理，余下垃圾进行简易堆肥和填埋。到2004年，玉溪市垃圾生产量达到262 t/d。如何消纳和处理这些垃圾，已是迫在眉睫的问题。

现有垃圾焚烧厂的机械设备受垃圾腐蚀老化严重，效率低、运行成本高，工作环境恶劣。由于垃圾焚烧厂烟气净化系统不能正常运行，烟气排放严重超标；原设计的垃圾填埋场为简易填埋场，未做防渗处理；渗滤液外排对下游及周围的环境造成污染，群众对上述问题有一定的反映。

焚烧厂内的堆肥生产线，由于效率低、宣传不够，目前销路不理想。垃圾填埋场服役期限快到，即将封场。

4.3.2 全国垃圾填埋处理状况

与全国其他垃圾处理厂（填埋场）对比分析，国家环境保护总局在2001年7月对全国主要的垃圾处理厂污染现状进行了监测调查的统计结果表明，目前全国尚无一家城市生活垃圾填埋场所排放的污染物指标全部达到国家允许排放标准。

其中：各填埋场渗滤液COD_{Cr}超标率为551%，超标倍数为101～915倍，大肠菌值的超标率为37.9%。各填埋场地下水中，氨氮超标较为普遍，超标率为38.3%，超标倍数为11～583倍。

全国现有的填埋场调研结果表明，中国城市生活垃圾的处理处置多以填埋为主，但填埋场普遍存在下列问题：近年来投入运营的一些卫生填埋场尽管投资较高、规模较大、建设相对规范，但在设计上仍存有缺陷，表现在渗滤液处理设施和环保措施不到位，处理效果较差；同时，普遍缺乏填埋释放气的收集处理设施，导致废气直接外排，这不仅对填埋场本身的安全运行构成威胁，也对所处功能区的环境空气质量产生不良影响。

早期建设的一些填埋场由于投入不足，设施简陋、防渗措施简单，渗滤液只经过一个氧化塘或沉淀池的简单处理就外排，导致二次污染。不少城市（经济不发达地区更为普遍)是利用自然沟壑或自然塌陷区来处理城市生活垃圾,此类简易垃圾填埋场无防渗层,亦无渗滤液收集、导排系统而任其外排,严重污染了周围环境。

玉溪市红塔区垃圾处理厂配套的填埋场,产生的污染状况与全国其他填埋场的共性一致,都存在以上的各种问题;从污染防治水平分析,主要是垃圾填埋防渗处理。玉溪市作为一个旅游城市,一到旅游季,人流量庞大,其餐饮业所产出的一次性餐具的量也是十分庞大,处理起来相当棘手,且一次性餐具所包含材料成分较多,其中主要的为塑料、纸、竹子与木头。

4.4 项目区方案设计技术路线

一次性餐具对于旅游业、餐饮业的发展有着至关重要的作用,但其使用也存在问题。首先,一次性餐具会产生大量垃圾,对环境造成压力。特别是在没有得到妥善管理和处理的情况下,一次性餐具可成为环境污染的源头。其次,由于一次性餐具通常价格低廉,它们的质量可能参差不齐,有可能对使用者造成安全隐患。因此,一次性餐具的使用以及处理成了旅游餐饮行业的一大难题。

1. 回收再利用

将使用后的一次性餐具进行回收,通过清洗、消毒等环节后进行再利用。这种方式的优点是可以减少资源浪费,但需要建立回收处理系统,并需要严格控制回收过程中的卫生和质量。

2. 生物降解

使用可生物降解的材料制作一次性餐具,使其在使用后能够被微生物分解为无害的物质。这种方式的优点是可以减少对环境的污染,但需要研发和推广可生物降解的材料,并需要加强人们对生物降解产品的认知。

3. 焚烧处理

将一次性餐具送入焚烧炉中焚烧,以减少垃圾量和污染。这种方式的优点是可以减少垃圾量,但需要建立规范的焚烧设施,并需要严格控制焚烧过程以减少空气污染。使用垃圾焚烧炉焚烧,所产生的费用是填埋费用的 2 倍,此外还会散发有毒物质,对环境产生的危害较为严重。

4. 填埋处理

将一次性餐具送入填埋场进行掩埋,但这种方式会对土壤和地下水造成潜在污染。该项技术可分为对塑料制型、纸制型与木竹制型进行不同的处理,其主要路线如案例图 4-2。

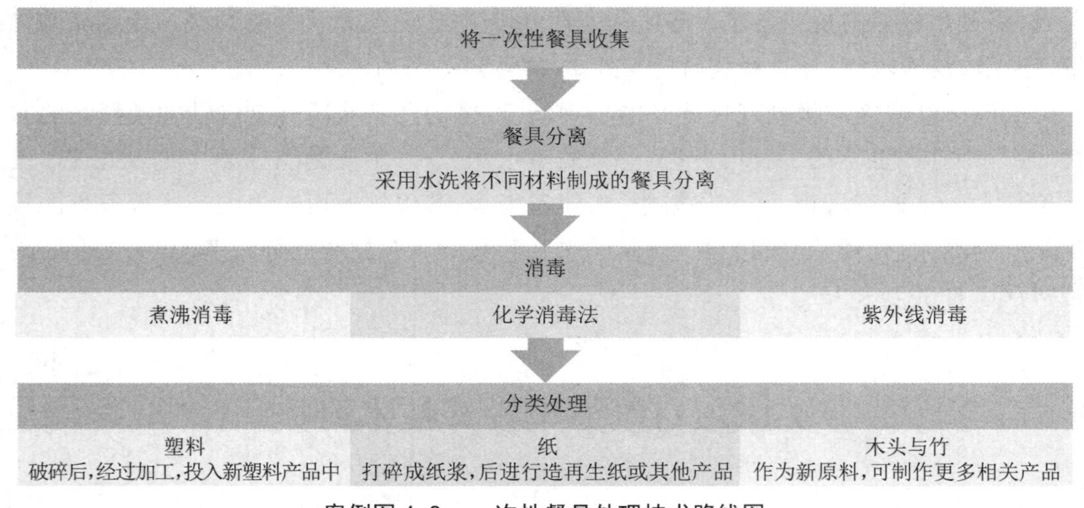

案例图 4-2　一次性餐具处理技术路线图

4.5 项目区方案设计

4.5.1　餐具分离水洗

将回收来的一次性餐具都放置于一个可换水的自由水池进行水洗，后面通过相关的方法进行分离后，进行废水的处理。

1. 餐具分离

可以根据材料的密度差异进行分离。竹子和木头的密度比塑料和纸张要大，因此在水中它们会在底部。通过轻轻搅拌或振荡，可以使得密度大的材料沉淀，而密度小的材料（如纸张和部分塑料）则悬浮在水中。

2. 水洗的优点

① 成本低廉：水洗过程中不需要使用昂贵的化学溶剂，洗净度高。对于水溶性污渍，如汗水、尿渍、某些食品污渍等，水洗效果良好。

② 环保：水洗不会产生对环境有害的化学物质，符合绿色环保的洗涤趋势。

③ 操作简便：水洗操作简单方便。

3. 水洗的缺点

洗净力有限：对于非水溶性污渍，如油渍、泥渍等，水洗可能无法完全去除。

4. 处理油脂

通过皂化处理，其后续可以经过中和、沉淀、过滤等处理步骤，以降低其碱性和有机物含量，使其达到排放标准。处理后的废水可以用于农业灌溉或工业用途，也可以经过生物处理进一步降解有机物质。废渣（如皂脚、甘油等）可以作为有机肥料使用，或者通过化学或生物方法进行进一步处理，转化为可用于生产化学品或能源的物质。

5. 处理剩余水

将剩余废水通过处理程序无害化达到排放标准。

4.5.2 消毒

煮沸消毒。

① 纸张：纸张不通过煮沸消毒。

② 塑料：塑料制品可以通过煮沸消毒，但在消毒前需要考虑塑料的类型和安全性。某些塑料在高温下可能会释放有害物质，因此在消毒前应确保塑料制品不会因高温而变形或释放有害物质。塑料制品在煮沸消毒后应彻底晾干。

③ 木头与竹子：木头制品也可以通过煮沸消毒，但需要注意的是，煮沸可能会导致木头的变形或开裂，尤其是木头内部含有较多的水分的情况下。因此，木头制品应先干燥，然后再进行煮沸消毒。消毒后，应及时将木头制品晾干，以防止霉变。

4.5.3 化学消毒

回收的纸张、塑料和竹木的化学消毒通常需要根据它们的用途和材质特性选择合适的消毒剂和方法。

1. 纸张的消毒

纸张通常不适合使用化学消毒剂，因为它们可能会吸水变形或损坏。如果纸张用于非食品接触或外部包装，可以考虑使用漂白剂稀释溶液进行浸泡消毒，但需要小心处理，避免纸张吸水过多导致损坏。对于接触食品的纸张（如餐巾纸），应使用食品级的消毒剂，并确保彻底冲洗和干燥。

2. 塑料的消毒

塑料的化学稳定性较高，可以使用酒精、酚类或氯化物等消毒剂。对于非食品接触的塑料，可以使用70%酒精擦拭或1%酚类溶液浸泡。对于食品接触的塑料，应使用食品安全认证的消毒剂，如EPA批准的消毒剂，并确保消毒后彻底冲洗干净。

3. 木头的消毒

木头可以使用酒精、酚类或醋酸等消毒剂进行表面消毒。消毒后，应使用清水冲洗并擦干，以防止木材吸水变形或发霉。

4. 化学消毒的注意事项

① 清洁：在使用化学消毒剂之前，先彻底清洁物品表面，去除污垢和有机物质。

② 消毒：根据物品的材质和消毒剂的说明，选择合适的消毒方法（浸泡、擦拭或喷雾）。

③ 冲洗：消毒后，用清水彻底冲洗物品，特别是食品接触表面，以确保没有化学残留。

④ 干燥：消毒和冲洗后，将物品彻底干燥，特别是木头和塑料，以防止霉菌生长。

在进行化学消毒时，应注意安全和环境保护，避免化学消毒剂对人体和环境造成伤害。

4.5.4 紫外线消毒

紫外线（UV-C）消毒是一种有效的杀菌方法，用于对纸张、塑料和木头等材料消毒。紫外线消毒是通过紫外线照射细菌和病毒，破坏其复制能力，从而达到杀菌的目的。

1. 纸张的紫外线消毒

纸张可以使用紫外线灯具对其进行表面消毒。

在进行紫外线消毒时，应确保纸张均匀暴露在紫外线下，且消毒时间不宜过长，以免损害纸张的质地。紫外线消毒后，应将纸张放置在通风良好的地方晾干。

2. 塑料的紫外线消毒

塑料对紫外线的耐受性较好，可以使用紫外线进行表面消毒。塑料制品应摊开或悬挂在紫外线灯具下，确保所有表面都能受到照射。紫外线消毒后，应将塑料制品彻底晾干，以防霉菌滋生。

3. 木头的紫外线消毒

木头对紫外线较为敏感，但可以使用紫外线进行表面消毒。木头制品应均匀暴露在紫外线下，且消毒时间不宜过长，以免损害木材的质地。紫外线消毒后，应将木头制品放在通风良好的地方晾干，并注意防止霉菌滋生。

4. 紫外线消毒注意事项

紫外线消毒效果取决于照射时间和紫外线的强度。通常，照射时间需要持续 15～30 分钟。确保消毒环境的通风良好，以便将消毒过程中产生的气味和残留物质排出。

紫外线对人体皮肤和眼睛有害，因此在进行紫外线消毒时，应确保人员不在场，并采取适当的安全措施。

4.5.5 分类处理

1. 纸张

① 再生纸张：将回收的纸张经过打浆、筛选、漂白等处理后，可以制成再生纸张，用于书写、打印、印刷等。

② 纸板和纸盒：回收纸张可以制成纸板，用于制作纸盒、纸箱、纸板桶等

③ 农业用品：回收纸张可以制成纸肥、纸介质等，用于农业种植和土壤改良。

④ 工业用纸：再生纸张可以用于制作工业用纸，如工业包装纸、工业擦拭纸等。

2. 塑料

回收的塑料经过清洗、破碎、熔融和造粒后，可以作为原料出售给制造商，用于生产

新的塑料产品。

① 塑料容器和包装：回收塑料可以用来制造各种塑料容器，如垃圾袋、塑料盒、瓶子等。

② 建筑材料：再生塑料可以用来制造建筑用的塑料构件、排水管、隔离层等。

③ 家具和家居用品：回收塑料可以制成家具、家居装饰品、户外家具等。

3. 木头与竹

① 木结构建筑：回收木材可用于建筑房屋、桥梁、围栏、花园家具等。

② 木质工艺品：回收的木头可以制作成各种工艺品、装饰品和艺术品。

③ 竹制品：竹子可以回收制作成各种日用品，如竹篮、竹席、地板等。

④ 园林景观：回收的木头和竹子可用于园林景观设计，如竹篱笆、木栈道等。

⑤ 生物质能源：木头和竹子可以作为生物质能源，通过燃烧或发酵产生能量。

4.6 主要结论

1. 环境效益

减少垃圾填埋和焚烧：回收一次性餐具可以减少垃圾的总量，从而减少对填埋场的占用和焚烧产生的污染。

节约资源：回收一次性餐具可以减少对原生资源的开采，如石油、森林等。

降低温室气体排放：回收过程通常比新材料的生产过程更环保，可以减少碳排放。

2. 经济效益

降低生产成本：回收材料通常成本较低，可以降低制造商的生产成本。

创造就业机会：回收和再加工行业可以提供就业机会，促进经济发展。

提高资源利用率：回收可以使资源得到更充分的利用，提高资源的使用效率。

3. 社会效益

教育和意识提升：回收活动可以作为教育工具，提高公众对环境保护的意识。

社区参与：回收活动往往需要社区参与，可以增强社区的凝聚力和自我管理能力。

4. 健康效益

减少有害物质暴露：回收一次性餐具可以减少对环境和人体健康有害的物质排放。

改善空气质量：减少焚烧垃圾产生的有害气体，改善空气质量。

5. 可持续性

促进循环经济：回收和再利用一次性餐具是循环经济的重要组成部分，有助于建立可持续的资源管理模式。

延长材料生命周期：通过回收，可以让材料的生命周期得到延长，减少对新资源的需求。

案例五

矿区污染土壤环境生态工程设计

5.1 项目背景

我国作为资源大国，矿山开采对经济的快速发展起到了举足轻重的作用。然而，矿区土壤污染问题越来越凸显，废渣和尾矿中的有害物质对土壤造成了严重的污染，并对周边生态环境带来了威胁，废气和废水的排放也加重了土壤污染负荷。因此，必须加强矿山环境保护工作，减少有害物质的产生和排放，通过科学合理的处理和管理措施，保证土壤资源的可持续利用，推动矿区的绿色发展。我国矿产资源种类齐全储量丰富，矿山占地达到177.50万公顷，然而调查发现33.4%的矿区土壤超过了土壤环境质量标准，矿区已发展成为土壤重金属污染严重的地区。并且，矿区土壤污染问题的存在与矿区的开采活动和废渣处理方式密切相关。因此，为了解决这一问题，需要采取一系列的措施来降低矿区土壤污染的发生率，保证土壤资源的可持续利用。

广西壮族自治区位于云贵高原东南边缘与广西盆地间的斜坡地带，构造侵蚀作用强烈，形成了独特的地貌特征，以低山丘陵地貌为主，地形起伏，山势陡峭，有利于矿产资源的富集和开发。然而在矿产资源开发过程中，大量采矿废水和选矿废液的直接排放，废渣和尾矿等固体废弃物的堆放和淋滤，使矿山土壤中富集大量的重金属，严重危害周边生态环境。

本案例研究该区域成土母质以砂页岩、石灰岩第四纪红色黏土为主，土壤类型为西南地区典型的铁铝土。该区域为典型铜锌矿区，总储量逾1 000万吨，开采时间超过50年，开采方式为地下开采。除此之外，该区域存在若干家铜锌矿采选厂、铅锑合金冶炼厂、矿粉厂等重污染企业，长期采、选、冶炼活动造成了该区域严重的多金属复合污染。由于历史原因，对冶炼后废石、废渣等缺乏相应监管，就地堆放、简单阻隔填埋造成了潜在的环境风险。流经废渣土的废水浸沥形成渗滤液，所含的高浓度重金属污染物通过包气带污染深层土壤与地下水，或直接流入地表水体，造成严重的环境多金属复合污染。

矿区不同土壤的基本性质见案例表 5-1，国家和广西土壤环境质量标准（见案例表 5-2，单位：mg•kg^{-1}）

案例表 5-1　矿区不同土壤的基本性质

土壤样品	样品标号	pH	有机质含量（g·kg^{-1}）	阳离子交换量（cmol·kg^{-1}）
硫铁矿旁农田土壤	A	4.19	16.89	5.06
硫铁矿农田土壤	B	4.70	23.65	4.90
硫铁矿尾矿上游土壤	C	2.13	18.01	4.19
硫铁矿尾矿下游土	D	3.54	13.73	5.31
铜矿尾矿土壤	E	5.62	34.69	5.65
铜矿尾矿附近土壤	F	3.14	14.18	3.97
锰矿尾矿土壤	G	5.90	9.34	5.66

案例表 5-2　国家和广西土壤环境质量标准（mg·kg^{-1}）

项目	国家背景值	国家二级标准	国际三级标准	广西背景值	广西二级标准	广西三级标准
Cd	0.20	0.30	1.00	0.08	0.15	0.50
Pb	35	250	500	20	50	80

土壤重金属不仅会对植物、动物和微生物构成潜在的威胁，最终通过食物链对人体健康构成巨大威胁。铅在土壤表层容易聚集，能长时间残留在土壤中，难以通过微生物和化学反应等过程而清除，属于难迁移累积型重金属元素，而由于矿区的大量开采以及农田污灌，大量的铅（Pb）还有镉（Cd）进入环境。因此重金属对土壤和农作物的污染问题越来越突出。土壤被重金属污染以后，不仅对植物生长发育产生直接影响，且重金属在植物根、茎、叶及籽粒中大量积累，还会严重影响农产品的品质，而且还会进一步通过食物链进入人体危及人类健康。

广西为增强土地利用率，实施矿区选用农业利用的恢复模式在矿区复垦区种植蔬菜和水果等作物。蔬菜是饮食中的重要组成部分，不同品种蔬菜对重金属的富集能力不同。吴燕明等研究显示，土壤中重金属含量与蔬菜中的重金属含量呈正相关，土壤中重金属含量在一定程度上影响蔬菜的品质。对翻耕和客土复垦土壤种植的蔬菜进行重金属污染评价，结果显示叶菜类与根菜类蔬菜中 Cd 含量超标，表明复垦土壤仍不适合种植农作物。Obiora 等研究表明，铅锌矿周围可耕土壤中的蔬菜受到 Pb 和 Mn 的污染，蔬菜的健康风险指数大于 1。广西蔬菜中重金属含量限值见案例表 5-3。

案例表 5-3　蔬菜中的重金属含量限值

重金属	蔬菜类别	含量限值($mg\cdot kg^{-1}$)
Pd	芸薹类、叶菜蔬菜	0.30
	豆类蔬菜、薯类	0.20
	其他	0.10
Cd	叶菜蔬菜	0.20
	豆类蔬菜、块根和快热蔬菜、茎类蔬菜	0.10
	其他	0.05
Cr	新鲜蔬菜	0.50
As	新鲜蔬菜	0.50
Hg	新鲜蔬菜	0.50

因此研究 Cd、Pb 污染对土壤和植物的影响同样也具有重要的理论和现实意义。而且镉、铅是一类不能降解、广泛存在于环境中的金属污染物，在环境中可以长期积蓄。它们可以通过生物富集土壤、水、食品添加剂等多种途径危害人体健康。

因此，为了解决这一问题，需要采取一系列的措施解决土壤对铅、镉的吸附在土壤中积累。结合生物与有机菌肥处理可改善土壤环境，对土壤的铅、镉、锌重金属有修复作用。利用矿业废弃地生态修复中综合植物稳定联合修复技术体系，加上微生物与植物组合共同构建生态修复模式来解决矿区污染的土壤问题，尤其是在矿区污染地种植农作物中 Cd、Pb 等含量超标问题。

5.2 区域概况

广西是我国重要的粮食生产地之一，属亚热带季风气候区。有色金属资源丰富，素有“有色金属之乡”之称，成土母质类型多样，浅海 / 滨海沉积物、花岗岩、砂页岩、石灰岩、第四纪红土、冲积物和页岩等是广西常见的成土母质。该区域土壤类型(土纲)主要为铁铝土、富铁土、潜育土、淋溶土、变性土、盐成土、雏形土、新成土、人为土。金伊和卢瑛的《广西主要土类表层土壤对铅的吸附解吸特征研究》中选取广西不同类型旱地表层土壤，研究土壤铅的吸供试土壤为广西不同成土母质下的 7 个亚纲 9 个不同土类表层土壤，分别为浅海积物和花岗岩发育的黄色湿润铁铝土(HSTQ 和 HSTH)、花岗岩发育的简育常湿富铁土(JCFH)、古湖相沉积物发育的简育潮湿变性土(JCBG)、第四纪红土发育的铁质湿润淋溶土(TSLS)、紫色页岩发育的铝质湿润雏形土(LSCZ)、第四纪红土发育的黏化湿润富铁土(NSFS)、石灰岩发育的钙质湿润富铁土(GSFS)及古湖相沉积物发育的钙积潮湿变性土(GCBG)。

不同类型耕土壤对铅的等温吸附线见案例图 5-1，土壤铅最大吸附量与理化性质相关性(n=9)见案例表 5-4。

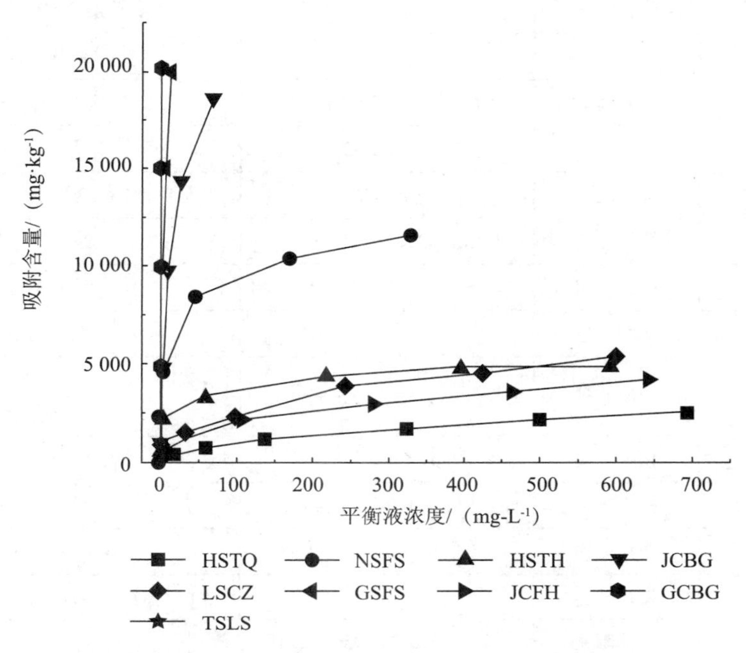

案例图 5-1 不同类型耕土壤对铅的等温吸附线

案例表 5-4 土壤铅最大吸附量与理化性质相关性(n=9)

项目	pH	土壤有机碳	阳离子交换量	游离氧化铁	黏粒	砂粒	粉粒
最大吸附量	0.918**	0.494	0.872**	0.768*	0.810**	-0.847**	0.780*

注:* 表示在 0.05 水平(双侧)上显著相关;** 表示在 0.01 水平上(双侧)上显著相关。

而在农业地中受矿区污染的复垦土壤质量参差不齐,许多复垦后的土壤依然受到重金属污染。广西有许多采矿废弃地,多为丘陵区,宜耕面积较少,土地资源紧缺,因此较多矿区选用农业利用的恢复模式在矿区复垦区种植蔬菜和水果等作物。蔬菜能为人体提供必需的维生素、微量元素和膳食纤维,但部分品种极易富集重金属,通过食物链的生物放大效应在人体内积累,对人体健康产生严重危害。王浩、叶艳丽、陈永山和蒋金平的《广西典型铝矿区复垦地蔬菜中重金属含量特征及健康风险评价》研究中,铝土矿复垦区土壤的 Cd 和 As 含量均高于农用地土壤污染风险管控标准(GB 15618—2018)《土壤环境质量农用地土壤污染风险管控标准(试行)》,分别为标准值的 7.87 和 3.97 倍,其污染来源极可能是复垦土壤受到施肥和喷洒农药等农业措施的影响,且由于广西铝土矿呈鸡窝状分布,运输过程会经过复垦区,产生的矿粒粉尘极易对复垦区土壤造成重金属污染。铝土矿复垦土壤的 Cd 是主要超标重金属元素,且处于高风险水平。

高浓度的重金属严重抑制蔬菜生长,影响蔬菜品质。在铝土矿复垦区种植的蔬菜品种除生姜和茄子受到重金属污染外,其余品种的重金属含量均在安全范围内;单因子污染指数分析结果显示,生姜受 Pb 中度污染,茄子受 Pb 和 Cd 轻度污染。土壤金属含量的相关分析见案例表 5-5。

案例表 5-5　广西主要矿区的土壤及农作物重金属污染情况

矿区名称	所属地区	土壤污染元素	受污染的农作物及药材
大新锰矿区	崇左大新	Mn、Cd、Zn、Pb、Cu	山银花、石斛等
大新铅锌矿区	崇左大新	Cd、Pb、Zn、Cu、Mn、Cr	玉米、黄豆、木薯和蔬菜等
下雷锰矿区	崇左大新	Mn、Cd、Cr	芋头、南瓜、苦苣菜、黄瓜等
板苏锰矿区	南宁武鸣	Mn、Cd	花生、油茶、玉米、木薯、红薯、芋头
荔浦锰矿区	桂林荔浦	Mn、Cd、Pb、Cr、Zn	板栗、狮子等
全州锰矿区	桂林全州	Mn、Cd、Cr	较普遍
平乐锰矿区	桂林平乐	Mn、Cd、Zn	板栗、甘蔗、大白菜、萝卜等
南丹矿区	河池南丹	Cd、As、Pb、Zn、Cr	香菜、蕨菜、小白菜、芥菜、野寒菜、狗肉香、胡麻菜、芹菜等
泗顶铅锌矿区	柳州融安	Pb、Zn、Cu、Cr	大白菜、玉米、花生等
桂平锰矿区	桂平木圭	Mn、Cd、Zn、Pb、Cu	板栗、玉米等
八一矿区	柳州来宾	Mn、Cd、Cu、Cr、Pb	甘蔗、花生和茶叶
水岩坝钨锡矿区	贺州平桂	As、Cd、Pb	小白菜、芥菜、荠菜、莴苣、生菜、玉米等
老厂铅锌矿区	桂林阳朔	Cd、Pb、Zn	水稻
广西大厂矿区	河池南丹	Cd、As、Sb、Pb、Zn、Cu	玉米、香菜、蕨菜、小白菜、芹菜、芥菜、野寒菜、胡麻菜
车河锡矿区	河池南丹	Sn、Pb、Zn	小白菜、芹菜
环江矿区	河池环江	Cd、Pb、Zn、Cu、Mn、Cr	油麦菜、茼蒿和生菜
平果铝矿区	百色平果	Cd、As、Hg	水稻、卷筒菜

5.3 项目区主要环境问题

（1）对 DC 矿区周边村屯的表层土壤（0 ～ 20 cm）检测 As、Pb、Cd 的含量，结果显示土壤中 As、Pb、Cd 的含量均有超标的现象，超标率分别为 97.9%（47/48），85.4%（41/48），100%（48/48）。土壤中重金属的总非致癌风险、总致癌风险和总健康风险分别为 6.85×10^{-6}/ 年、4.08×10^{-3}/ 年和 4.09×10^{-3}/ 年。非致癌和致癌风险均主要来源于镉，相应的风险贡献率分别为 84.3% 和 97.76%。

（2）广西大多数矿区农用地呈现典型的多金属复合污染特征，其中 Zn、As、Cd、Sb、Pb 污染尤为严重。矿区农用地的多金属复合污染主要是由人为污染源造成，其占比达 61% ～ 89%。矿区农用地表层土呈现典型的多金属复合污染，Cr、Mn、Ni、Cu、Zn、As、Cd、Sb、Pb 含量分别为 190、2 233、64、247、2 058、1 322、18.8、558、534 mg/kg。

（3）很多矿区的尾砂、废水直接排入矿区周围的江河，含有大量重金属元素（如 As、Pb）的废水、尾砂进入河道，使得矿区附近河段的河水受到严重的污染。广西重金属污染现象频频发生，2012 年发生的河池龙江河及 2013 年发生在贺州贺江的流域性重金属污染，使沿岸民众的饮水受到严重影响。

（4）在矿山开采过程中，土地和地形地貌会遭到各种破坏。矿山开采会导致地貌景观的破坏。例如挖掘大量煤炭会改变地表的形态，原本平坦的地形地貌可能会出现凹凸不平的坑洼。而且，煤炭开采还会导致植被破坏，土地会因为开采而被挖损和压占，导致土地资源的浪费和损失。同时，煤炭开采会加速土地的沙化与水土流失，使得土壤变得贫瘠，水分和养分流失。煤炭勘查与开发对生态环境的影响机理见案例图 5-2。

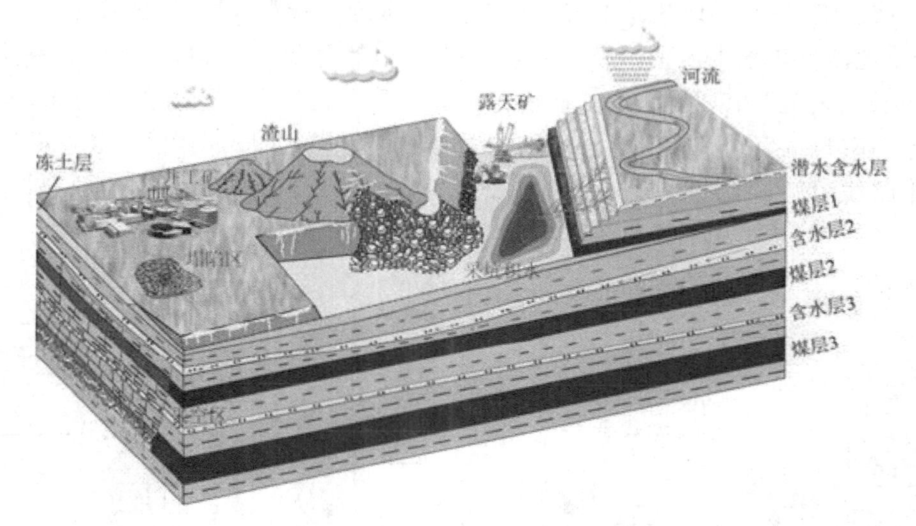

案例图 5-2 煤炭勘查与开发对生态环境的影响机理

5.4 项目区方案设计技术路线

广西是我国“有色金属之乡”，矿产资源多分布在岩溶地区，对其利用与开发给广西经济带来发展的同时，也会给矿区周边农田土壤带来重金属污染，开展铅锌矿区污染农田生态研究，对防控土壤重金属污染和保障农业生产安全具有重要意义。

（1）本案例针对广西矿区复垦地种植作物中重金属含量以及广西 DC 矿区周边村屯土壤砷、铅、镉重金属的含量水平，对人类身体健康产生的潜在健康风险。本案例以施春婷、彭嘉宇、黄勇、何冰、王学礼、顾明华的《改良剂对土壤锌铅生物有效性及其在玉米中累积状况研究》中用石灰、海泡石、胡敏酸钠、硅肥等为材料组成的改良剂组合，研究不同改良剂配施对广西岩溶地区铅锌矿区铅锌重金属污染农田土壤中铅锌赋存形态及玉米吸收、累积铅锌的影响，以期找出能有效降低土壤中铅锌生物有效性、减少农作物吸收累积重金属 Zn、Pb 的改良剂组合，使矿区污染农田土壤的改良及促进农作物安全生产。

（2）以金晓丹、林华、卢燕南、陈恒、黄宇钊《有机菌肥对铅、镉、锌污染土壤和水体联合修复研究》中液体有机菌肥的研究，用于污染的水体，使水体重金属铅、镉和锌含量浓度呈显著下降，液体有机菌肥容易吸附铅，吸附量高达到 1 667 mg/kg，其次是镉和锌。在 1% 质量比添加量下，经过液体有机菌肥修复后的土壤镉、锌和铅含量下降率分别是 29.62%、23.94% 和 11.66%，土壤重金属 TCLP 浸出毒性去除率效果显著有机菌肥处理可改善土壤环境，对土壤和水体的铅、镉、锌重金属有一定修复作用。

（3）露天和井工开采改变了原始地层形态，引起地层结构的破裂、垮塌、沉陷，造成地表采坑或沉陷，使地形地貌发生破坏和改变，造成地貌景观破坏、植被破坏、土地挖损和压占、土地沙化与水土流失。以方志荣，徐莺、刘庆、陈放的《酵母菌促铅和镉胁迫下麻疯树生长的研究》中利用已经筛选出对铅和镉具有抗性和吸附性的酵母菌，构建麻疯树根系－酵母菌联合修复体系，促进高浓度铅和镉胁迫下麻疯树的生长。矿地修复方案技术路线图见案例图 5-3，矿地修复效果图见案例图 5-4。

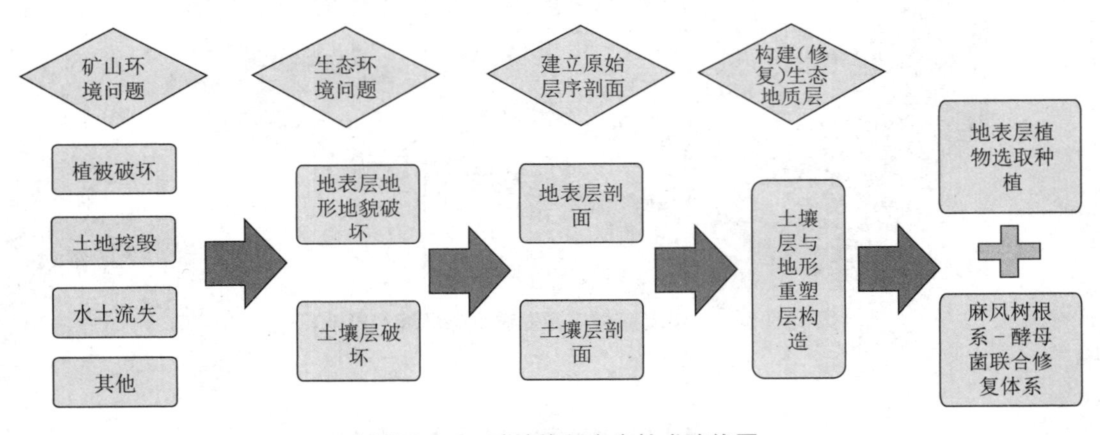

案例图 5-3　矿地修复方案技术路线图

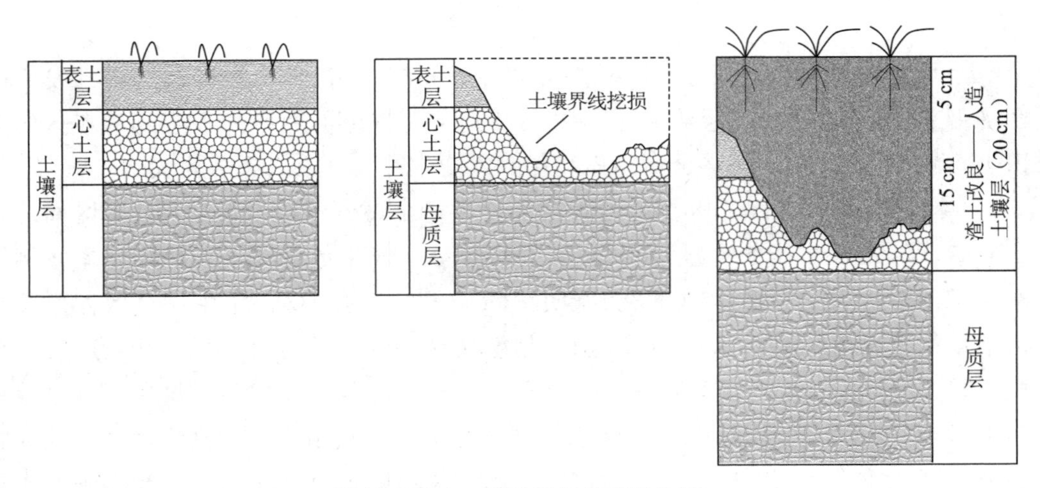

案例图 5-4　矿地修复效果示意图

5.5 项目区方案设计

5.5.1 受矿区重金属影响的农用耕地的污染方案设计

DC矿区周边村屯土壤中受As、Pb、Cd的复合污染，总健康风险大于USEPA推荐的最大可接受风险水平，会对当地居民健康造成显著的危害。铝土矿复垦区种植的蔬菜品种除生姜和茄子受到重金属污染外，其余品种的重金属含量均在安全范围内；单因子污染指数分析结果显示，生姜受Pb中度污染，茄子受Pb和Cd轻度污染；因此在受矿区重金属影响的农用耕地先暂时取消种植受到重金属污染的生姜和茄子，用改良剂加上种植玉米的模式来达到固定对农耕地土壤中As、Pb、Cd的复合污染并在此基础上提高玉米的生长与产量。

改良剂SHGP（石灰+胡敏酸钠+硅肥+海泡石）和SHG（石灰+胡敏酸钠+硅肥）两种组合对玉米生物量的影响中，SHGP处理促进玉米生长的效果最明显，SHG次之。玉米吸收的Zn、Pb大部分累积在根和茎叶，少量向籽粒迁移，SHGP处理的效应最大。添加改良剂后籽粒中Pb的含量显著降低玉米体内Zn的含量与土壤pH无显著相关，玉米体内Pb的含量与土壤pH呈极显著负相关。SHGP和SHG处理的改良效应改良剂组合明显，由于这两个改良剂组合的组成成分pH较高，施入土壤后能大幅提高土壤pH，使土壤中OH^-离子浓度增加，促进土壤中的Zn和Pb形成氢氧化物沉淀，土壤胶体、黏土矿物及有机质等对土壤中的Zn^{2+}、Pb^{2+}离子的吸附能力随土壤pH的增加而增强。而且改良剂中含有丰富的CO_3^{2-}、SiO_4^{4-}和和有机质等可直接与土壤中的Zn、Pb发生反应形成碳酸盐、硅酸盐、金属—有机络合物等难溶态化合物，从而增加土壤中Zn、Pb的有机物及硫化物结合态和残渣态含量及比例，从而更有效地抑制了玉米对Zn、Pb的吸收和累积。

5.5.2 以选对铅和镉具有抗性和吸附性的酵母菌

以对铅和镉具有抗性和吸附性的酵母菌，构建麻疯树根系－酵母菌联合修复体系，促进高浓度铅和镉胁迫下麻疯树的生长。Di1为假丝酵母属（*Candida sp.*），Di2为德巴利酵母属（*Debaryomyces sp.*）Di1和Jc对铅和镉都具有一定的吸附性将其用于接种麻疯树幼苗。与不接种酵母菌（CK）的麻疯树植株相比，接种Di1和Jc的麻疯树植株在根茎、叶、全株干重方面显著增加，叶绿素、全株氮、全株磷浓度显著增加，SOD、POD、CAT的活性提高，丙二醛（MDA）浓度显著下降。依次方案在被矿区污染的荒废地区构建麻疯树根系－酵母菌联合修复体系。

5.5.3 对流出土壤重金属的浸出液流入河道治理方案技术

金晓丹、林华、卢燕南、陈恒、黄宇钊的《有机菌肥对铅、镉、锌污染土壤和水体联合修复研究》液体有机菌肥吸附土壤浸出毒性重金属实验表明，有机菌肥对重金属有一定的吸附作用，尤其是重金属铅。因此，在被污染土壤下端处设计一个集水区，定期将液体有机菌肥施加到含重金属的土壤浸出液中。根据液体有机菌肥对水体铅、镉和锌重金属的吸附试验，分析得出随初始浓度的增加，液体有机菌肥对铅、镉和锌的吸附量均有增加的趋势。路线图见案例图 5-5。

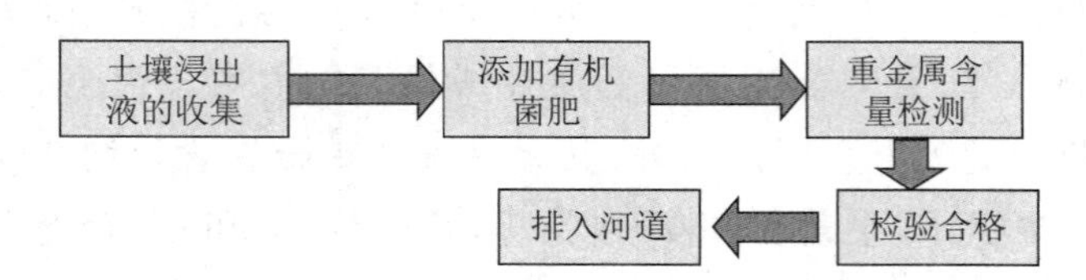

案例图 5-5　对流出土壤重金属的浸出液流入河道治理方案技术路线图

5.5.4　露天矿区表层土的修复方案

1. 人造土壤层

选用筛选的渣土或就地翻耕捡石覆盖，形成厚度 20 cm 以上的人造土壤层（表土层），其中下部约 15 cm 厚，利用渣土，通过反复多次压实。

2. 渣土改良层

模拟原生土壤的心土层结构、物质组分、pH 优选一定粒度的砂质土、黏土、渣土等材料，添加有机肥等土壤改良剂，通过机器重力镇压，形成渣土改良层，使之达到种草复绿的土壤条件。

3. 土壤基底层

模拟原生土壤母质层的基岩结构、物质组分，优选一定粒度的砂质土、渣土等材料。再在表层种植当地重金属超富集植物。广西矿区重金属超富集植物及潜在的超富集植物见案例表 5-6。

案例表 5-6　广西矿区重金属超富集植物及潜在的超富集植

富集的重金属元素	分类	植物名称
As	超富集植物	蜈蚣草
	潜在的超富集植物	山菅兰、五节芒、葡萄属、壳斗科、杜茎山
Mn	超富集植物	商陆
	潜在的超富集植物	飞蓬、五节芒、油茶
Cd	超富集植物	鬼针草
Hg	潜在的超富集植物	红麻
Zn	超富集植物	东南景天
	潜在的超富集植物	马唐、芦苇、白芒、蒲公英、蜈蚣草
Pb	潜在的超富集植物	芦苇、白芒、蒲公英、蜈蚣草
Cr	潜在的超富集植物	蜈蚣草

5.6 主要结论

（1）在重金属超富集植物的筛选时，要了解广西各矿区的农作物各品种的重金属富集程度，了解广西矿区土壤污染的重金属种类，以及农作物对重金属的敏感和富集规律，针对不同区域适合种植的农作物进行适种性研究，保证既不损失经济效益又不危害人体健康，这将有效指导当地居民合理发展农业，保护身体健康。

（2）在对土壤修复和污染控制时，对重金属土壤和农作物进行治理。其中，对重金属污染的土壤可采取添加土壤改良剂，改变重金属在土壤中的形态从而减小对植物毒害作用。

（3）对一些被矿区污染的土地，在国家政策支持下要对该区土壤进行全方面的检测，再进行土地利用，这样既能解决土地资源紧张，也能保证人民身体健康。

（4）减少土地重金属扩散，利用微生物加植物来对土壤中重金属吸附，并改善土壤中的 pH 使重金属形态发生改变，从而控制重金属对周围环境造成的污染。

（5）对废弃露天矿区所造成坡面不规整，地表植被破坏，原始地表生态系统被破坏，导致土壤有机质的损失，土壤肥力下降，进而引起土地沙化与水土流失等严重环境问题，进行人造土壤层、渣土改良层、土壤基底层修复并在表皮种植当地重金属超富集植物，在生态修复的同时，对土壤中重金属进行一定程度的控制。

参考文献

[1] 环境保护部，国土资源部. 全国土壤污染状况调查公报［EB/OL］(2014-04-17). http://www.lcrc.org.cn/zhzsk/zcfg/gwgb/gb/201508/t20150806_31140. html.

[2] 孙康，缪存标，何跃. 生物质炭在重金属污染土壤修复中的应用研究现状［J］. 生物质化学工程，2017，51（4）：66-74.

[3] 毛英. 西南地区矿产资源开发的环境地质问题研究［J］. 四川地质学报，2003（2）：106-108.

[4] 梁雅雅，易筱筠，党志，等. 某铅锌尾矿库周边农田土壤重金属污染状况及风险评价［J］. 农业环境科学学报，2019，38（1）：103-110.

[5] 吕达. 铜陵市冬瓜山铜矿区土壤重金属污染现状与评价［J］. 湖北理工学院学报，2019，35（1）：18-22+44.

[6] 李青，周连碧，祝怡斌. 矿山土壤重金属污染修复技术综述［J］. 有色金属工程，2013，3（2）：56-59.

[7] 安婧，宫晓双，魏树和. 重金属污染土壤超积累植物修复关键技术的发展［J］. 生态学杂志，2015，34（11）：3261-3270.

[8] 韩煜，全占军，王琦，等. 金属矿山废弃地生态修复技术研究［J］. 环境保护科学，2016，42（2）：108-113+128.

[9] 王刘炜，程敏，邓渠成，等. 基于铅稳定同位素的多金属复合污染土壤源解析新思路——以西南地区某矿区农田为例［J］. 土壤，2022，54（5）：1032-1040.

[10] LU C A, ZHANG J F, JIANG H M, et al. Assessment of soil contamination with Cd, Pb and Zn and source identification in the area around the Huludao Zinc Plant[J]. Journal of Hazardous Materials, 2010, 182(1/3):743-748.

[11] HUANG B, LI Z W, HUANG J Q, et al. Adsorption characteristics of Cu and Zn onto various size fractions of aggregates from red paddy soil[J]. Journal of Hazardous Materials, 2014, 264:176-183.

[12] CHENG S P. Heavy metal pollution in China:origin, pattern and control[J], Environmental Science and Pollution Research, 2003, 10(3):192-198.

[13] ZENG G M, WAN J, HUANG D L, et al. Precipitation, adsorption and rhizosphere effect:the mechanisms for phosphate induced Pb immobilization in soils-A review[J]. Journal of Hazardous Materials, 2017, 339:354-367.

[14] 粟银，袁兴中，曾光明，等. 土壤—植物系统中铅的迁移转化影响因素研究进展 [J]. 安徽农业科学，2008, 36(16):6953-6955.

[15] 龙新宪，肖娥，倪吾钟. 重金属污染植物修复技术研究的现状与展望 [J]. 应用生态学报，2002, 13(6):757-762.

[16] Obiora S C, Chukwu A, Davies T C. Heavy metals and health risk assessment of arable soils and food crops around Pb-Zn mining localities in Enyigba, Southeastern Nigeria [J]. Journal of African Earth Sciences, 2016, 116:182-189.

[17] 卢瑛. 中国土系制·广西卷 [M]. 北京：科学出版社，2020.

[18] 金伊，卢瑛. 广西主要土类表层土壤对铅的吸附解吸特征研究 [J]. 生态科学，2023, 42(5):196-202.

[19] 唐文杰，黄江波，余谦，等. 广西3个锰矿恢复区农作物重金属健康风险评价康风险评价 [J]. 广西师范学学报(自然科学版)，2017, 35(4):127-135.

[20] Li M S. Ecological restoration of mineland with particular reference to the metalliferous mine wasteland in China:A review of research and practice[J]. Science of the Total Environment, 2006, 357(1-3):38-53.

[21] 王浩，叶艳丽，陈永山，等. 广西典型铝矿区复垦地蔬菜中重金属含量特征及健康风险评价 [J]，西南农业学报，2020, 33(11):2655-2661.

[22] HUANG S S, LIAO Q L. HUA M, et al. Survey of heavy metal pollution and assessment of agricultural soil in Yanghong district, Jiangsu Province, China[J]. Chemosphere, 2007, 67(11):2148-2155.

[23] 汤治仙，张新英，宋勇进，等. 广西DC矿区周边农村土壤砷、铅、镉污染及儿童健康风险评估 [J]. 南宁师范大学学报(自然科学版)，2021, 38(4):96-103.

[24] 杜岩，黎美清，苏旭，等. 广西某铅锌矿区镉暴露居民健康状况调查 [J]. 中国公共卫生，2010, 26(3):362-363.

[25] 施春婷，彭嘉宇，黄勇，等. 改良剂对土壤锌铅生物有效性及其在玉米中累积状况研究 [J]. 西南农业学报，2015, 28(4):1689-1696.

[26] 金晓丹，林华，卢燕南，等. 有机菌肥对铅、镉、锌污染土壤和水体联合修复研究 [J]. 四川环境，2023, 42(3):10-15.

[27] 方志荣，徐莺，刘庆，等. 酵母菌促进铅和镉胁迫下麻疯树生长的研究 [J]. 广西植物，2019,

39(12):1656-1665.
[28] 李宗利,薛澄泽.污灌土壤中Pb、Cd形态的研究[J].农业环境保护,1994,13(4):152-157.
[29] 张青,李菊梅,徐明岗,等.改良剂对复合污染红壤中镉锌有效性的影响及机理[J].农业环境科学学报,2006,25(4):861-865.
[30] 徐明岗,张青,曾希柏.改良剂对黄泥土镉锌复合污染修复效应与机理研究[J].环境科学,2007,28(6):1361-1366.
[31] 朱奇宏,黄道友,刘国胜,等.石灰和海泡石对镉污染土壤的修复效应与机理研究[J].水土保持学报,2009,23(1):111-116.
[32] I ksong Ham,胡林飞,吴建军,等.泥炭对土壤镉有效性及镉形态变化的影响[J].土壤通报,2009,40(6):1436-1441.
[33] 范文宏,陈俊,王琼.胡敏酸对沉积物中重金属形态分布的影响[J].环境化学,2007,26(2):224-227.
[33] GU H H, QIU H, TIAN T, et al. Mitigation effects of silicon rich amendments on heavy metal accumulation in rice (Oryza sativa L.) planted on multi-metal contaminated acidic soil[J]. Chemosphere, 2011, 83(9):1234-1240.
[34] 王佟,刘峰,赵欣,等.生态地质层理论及其在矿山环境治理修复中的应用[J].煤炭学报,2022,47(10):3759-3773.

案例六

滨海污染区域环境生态工程设计

6.1 项目背景

随着城市经济的快速发展，城市环境承载的压力越来越大，工业农业等人为活动给地表水环境带来了严重污染。重金属是水体环境中比较常见的一类污染物，其人为来源远大于自然来源。

江苏省盐城市滨海县地势低洼平坦，河水湖泊偏多且纵横交错，水域面积占全市总面积的12.1%。根据《地表水环境质量标准》（GB 3838—2002）水质划分标准，盐城滨海主要河流中Ⅰ类及以上水质河流占19.1%，Ⅴ类水质河流占20.9%。可见，盐城市地表水水质状况不容乐观，并呈逐步恶化趋势。因此，盐城市地表水体综合治理刻不容缓。为评价盐城地区地表水体中重金属的污染状况，本研究选取污染特征明显的Pb、Cr、Cd、As、Hg 5种元素为研究对象研究其污染特征及来源，对水体重金属污染水平进行评价，同时考察了pH、总有机碳（TOC）、NO_3^-、PO_4^{3-}与重金属污染的相关性，为盐城市地表水体环境综合治理提供理论基础。水库水中各水质指标的数值见案例表6-1。

案例表6-1　水库水中各水质指标的数值（mg/L）

指标	最小值	最大值	平均值	标准差	变异系数
TDS	880.0	4 670	3 257	967.0	0.29
K^+	10.0	35.0	23.0	7.00	0.30
Na	197.0	1 337	863.0	289.0	0.33
Ca^{2+}	67.0	144.0	103.0	19.0	0.19
Mg^{2+}	48.0	224.0	148.0	44.0	0.29
HCO_3^-	242.0	339.0	282.0	33.0	0.11
SO_4^{2-}	195.0	672.0	510.0	137.0	0.26
Cl^-	258.0	2 070	1 366	465.0	0.34

案例表 6-2　地下水中各水质指标的数值（mg/L）

指标	最小值	最大值	平均值	标准差	变异系数
TDS	1 782	60 322	20 364	19 933	0.98
K^+	11.2	462.0	172.0	173.0	1.00
Na	438.0	6 480	2 826	2 080	0.74
Ca^{2+}	90.0	741.0	274.0	212.0	0.77
Mg^{2+}	72.7	2 200	779.0	750.0	0.96
HCO_3^-	393.0	1447	741.0	308.0	0.42
SO_4^{2-}	184.0	4 899	1 739	1 742	1.00
Cl^-	778.0	8 950	3 748	2 926	0.78

地下水相对比地表水安全，地下水是深层几十米甚至上百米的水经过几万年的自然净化与沉淀，水质非常的纯净，并且深层地下水所含微量元素丰富，可以很好地补充人体所需的微量元素。地表水主要来源为江、湖、河、溪流及水库，地表水会受到降雨、工农业及生活排水等的影响，并且水库区常有畜类、禽类尸体漂浮、腐烂，所以地表水极易受到污染。而深层地下水在几十米甚至上百米的深处污染物难以到达，所以最安全的水质是深层地下水。地下水中各水质指标的数值见案例表 6-2。

6.2 区域概况

滨海县位于盐城市东北部，在北纬 33°43′ ～ 34°23′ 与东经 119°37′ ～ 120°20′ 之间。滨海工业产业园区的产业结构导致区域内的突发性水污染事故主要由有毒有害液体存储泄漏、油类存储及管道输送泄漏、化工厂爆炸次生水污染和危化品水陆交通事故泄漏等，其特点表现为突发性、严重性、艰巨性和长期性。以上这些事件的发生往往不可预测，本身并没有一定的规律性，具有很强的偶然性，突然发生，来势凶猛，在短时间内便排放出大量有毒的有机污染物，而这些有毒的有机污染物一旦进入水体，将会对水环境造成严重污染和破坏，因此必须快速、及时、有效地进行处理。但突发水环境污染事故造成的污染，不存在能够一次性解决的措施或者一劳永逸的解决方法，需要进行长期的治理和恢复，特别是当河流、湖库、海洋和地下水受到严重污染的时候，其处理难度相当大，需要水体自净作用来慢慢消除。此外，滨海工业产业园区都是依河傍海而建，由于海洋货运的便利性和经济性，具有“大进大出”的物流特征，因此易发生海运、陆运泄漏或者原油输送泄漏导致的海洋及河流污染，大量物流仓储和复杂多样的易燃易爆仓储物品也易引起安全事故。

6.3 项目区主要环境问题

沿海地区海水入侵和倒灌、过度开采地下水等都会使滨海或岛屿上淡水/海水界面处于不平衡状态，海水就会“趁机”入侵淡水含水层，导致淡水变咸而无法饮用。工业污染是地下水污染的主要因素之一，工业污染对地下水的危害也是最大的。工业“三废”（废水、废气、废渣）若不经过处理而排入城市下水道、江河湖海，或直接排到水沟、大渗坑里，将导致地下水化学污染，危害居民生命安全。工业废水排放是污染滨海新区地表水的重要因素之。许多企业因生产需要而排放大量废水，其中含有大量的有机物、重金属等污染物。农业面源污染也是地表水质量下降的原因之一。农药、化肥等农业投入品的使用和农业废弃物的处理不当，导致农业活动对水体造成影响。此外，城市生活污水也是滨海新区地表水污染的重要来源。城市居民的污水通过排水管道直接进入水体，其中含有大量的有机物、氮、磷等污染物。

滨海新区地表水的水质还受到土壤侵蚀、河道工程、生态环境破坏等因素的影响。土壤侵蚀导致河水中悬浮物的含量增加，破坏了水体的透明度，影响光合作用，对生态环境造成破坏。河道工程的开展可能改变河道水流速度和流量，进而影响水体的水质。生态环境的破坏导致生物群落的异常变化，进而影响水质。

6.3.1 工业与城市生活垃圾污染

滨海县人口数量大，据统计约有120万人口，经济较为落后，为了推动经济发展，政府早些年大力推动招商引资，而落户的企业大多为热电、焦化、造纸、印染等重污染项目。为了节约运输成本，大多选址在河道两岸，县内大的通航河道周围聚集大量企业，县化工园区也在骨干河道附近，偷排现象时有发生，如2016年化工厂偷排废水及化工厂有害气体和有害粉尘等直接侵蚀虾塘导致附近养殖户虾大量死亡。

6.3.2 农业污染

滨海县耕地面积约为106万亩，是传统的农业大县，第一产业占全县生产总值的30%，农民在农业生产过程中会使用大量的化肥、农药、农膜等，虽然如此可以实现农业增产和农民增收，但是这些农用化学品会随着水循环，严重危害水环境，同时还危害农产品的质量，影响农业的可持续发展。在调查中发现，当前滨海县水环境污染的一个重要源头在于农业生产，农业中农用化学品的广泛应用，成为此方面污染的重要原因。

因为滨海县农民整体文化水平较低，滥用化肥的现象严重。据统计，2018年滨海县化肥使用量约为89 468吨，是2011年化肥使用量的113.28%。在农业生产中各类化肥的使用量逐年上升，造成了一系列的不良结果，比如土壤板结、土壤的生产能力下降，化肥等营养成分顺着地表径流或者地下水渗透到水体之中，导致水体富营养化，造成水体污染，从而威胁到人类的健康。近年来农业对化学物品的依赖性更强，农药的大量使用，导致鸟类、田间有益生物及鱼类等生物的死亡及水环境的恶化。另外，农业生产中畜禽粪尿、畜禽养殖场污水、畜禽饲料和圈舍废弃物等，也会随着地表径流或者污水排放管网，流入到水环境中，这些废物中所掺杂的固态有机物、细菌和病毒、营养成分等都会造成水环境的污染。

6.3.3　开采地下水引起的污染

开采地下水引起的污染主要是天然水质不良的潜水对承压水的污染。低平原多层承压水分布区主要开采层是承压水，其上部潜水大部分为高氟、高铁、高 TDS 水，水质不佳。一般在潜水和承压水之间有一层比较稳定的黏性土隔水层，但在大量开采地下水的今天，几十万眼农灌井和生活饮水井，沟通了潜水与承压水之间的水利联系，在开采承压水时上部潜水下渗进入承压水，造成承压水中氟含量与 TDS 增高，部分承压水含氟量已由原来的＜1 mg/L 升高到 1 ～ 3 mg/L；TDS 也由原来小于 1 g/L 的淡水升高到大于 1 g/L 的微咸水。2003 年吉林省通榆县打了 38 眼防氟改水承压水井，水质分析结果表明，承压水氟含量由背景值的 0.4 ～ 0.6 mg/L，升高到 1.4 mg/L，一些水井无法发挥防氟改水作用。目前低平原主要开采层第四系承压水和泰康组承压水氟含量超标率已分别达到 34.6％和 12.5％以上，长期下去，后果严重。

6.4　项目区方案设计技术路线

6.4.1　单相流负压排水系统

单相流负压排水系统是利用新建的负压污水管网将分散的生活污水集中收集，随后纳入市政污水管网，或者就近采取一体化污水处理设备处理，从而达到污水应收尽收，管网无渗入渗出，处理稳定达标的效果。

单相流负压污水管网中，没有空气，污水输送能耗低，效率高不淤堵，可应用于农村生活污水收集，城市老旧小区雨污分流等领域。此技术目前已成功应用于上海、江苏、山东、江西、浙江、海南等地。

负压排水技术属于压力流（负压）的一种污水输送技术。它是利用真空设备使密闭的管网形成一定的真空负压，随后通过前端收集井的控制，使污水进入管网，随即在负压抽吸力的作用下，朝着负压产生的方向输送。

在田负压排水技术是在对真空排水技术充分研究的基础上，通过独立自主创新，解决了传统真空排水历来存在的真空隔膜阀故障率高、空气输送水能耗高、系统构成复杂等弊端，采用了无动力的真空启闭阀。同时全系统为单相流，管内只有液态流体，系统能耗大幅下降，可以实现更广泛的应用。

地下水抽出处理对象主要针对四氯化碳浓度重度超标的污染区。该区域地下水的总氯代烃污染物在 3 000 ~ 25 000 μg/L，修复工艺主要由抽提井系统、调节缓冲系统、核心处理系统及深度处理系统构成。系统典型流程图见案例图 6-1。

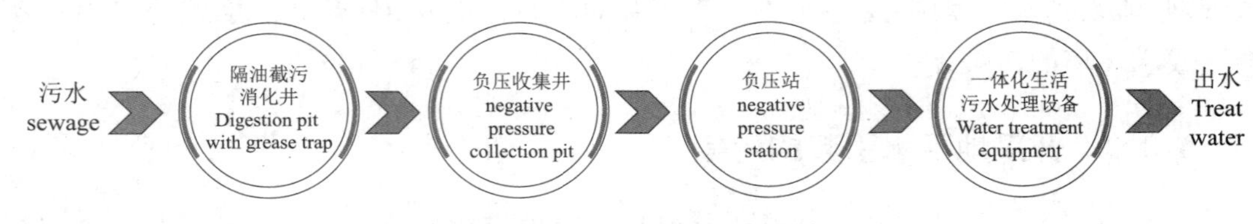

案例图 6-1　系统流程示意图

6.4.2 工艺流程

实施过程中通过设置不同抽水方式（抽提井位置、抽水速率、抽水频次等）获取不同条件下的抽出处理效率。同时，利用获取的相关参数进行数值模拟，优化抽水方案并进行试抽水，确定最优方案，最后对抽出的地下水进行高效吹脱处理。氯代烃重度污染地下水抽出后先集中汇入调节池，经提升泵输送至沉淀池，对地下水中的颗粒物进行絮凝沉淀，其中沉淀物采用常温热解吸技术脱除氯代烃，液相废水经吹脱系统处理达标后排放，吹脱产生的富集污染物的尾气经活性炭吸附后达标排放。工艺流程如案例图 6-2 所示。

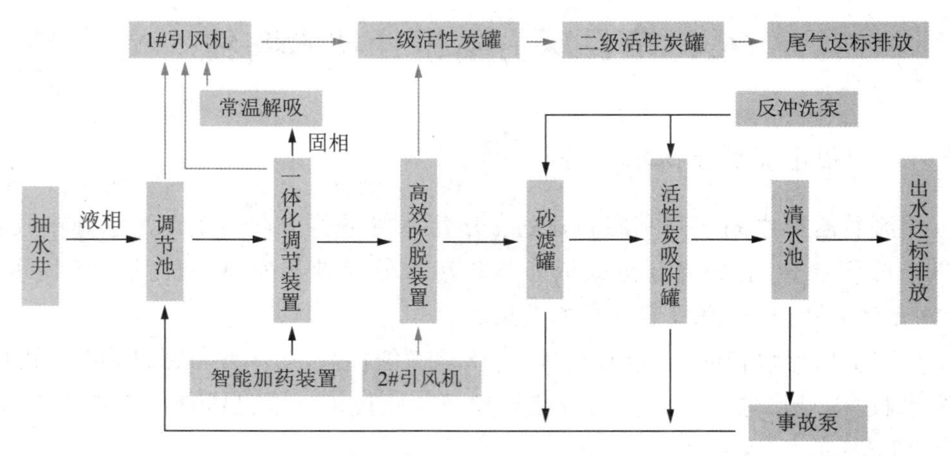

案例图 6-2　工艺流程图

抽提井中的地下水经过潜污泵输送至暂存池，暂存池中有预过滤网，能拦截大直径颗粒物，经暂存池预过滤后由提升泵输送至多介质过滤器进行预处理，去除地下水中的悬浮物和部分污染物质，经预处理后由水泵输送进入氧化反应池。

加药系统将 pH 调节剂、氧化药剂等药剂加入氧化反应池内，与水中的污染物进行氧化反应，经氧化处理后的水输送至混凝沉淀池进行沉淀处理，出水进入中间池缓冲，中间池兼具二次沉淀和去除浮渣功能，然后进入臭氧氧化塔进行进一步反应，达到去除

COD、降低色度和浊度等功能，臭氧氧化出水至中间暂存池，最后由输送泵输送至活性炭过滤器进一步去除残留难降解的有机污染物，活性炭过滤出水经泵输送到待检池中暂存待检，检测合格后纳入市政集中排污管网，检测不合格的水返回暂存池重新处理。多介质过滤器、活性炭过滤器根据使用工况定期反冲洗，反冲洗的污泥进入污泥池，化学氧化沉淀污泥根据使用工况定期排入污泥池，系统处理过程所产污泥经压滤机脱水后外运处置。典型工艺流程见案例图 6-3。

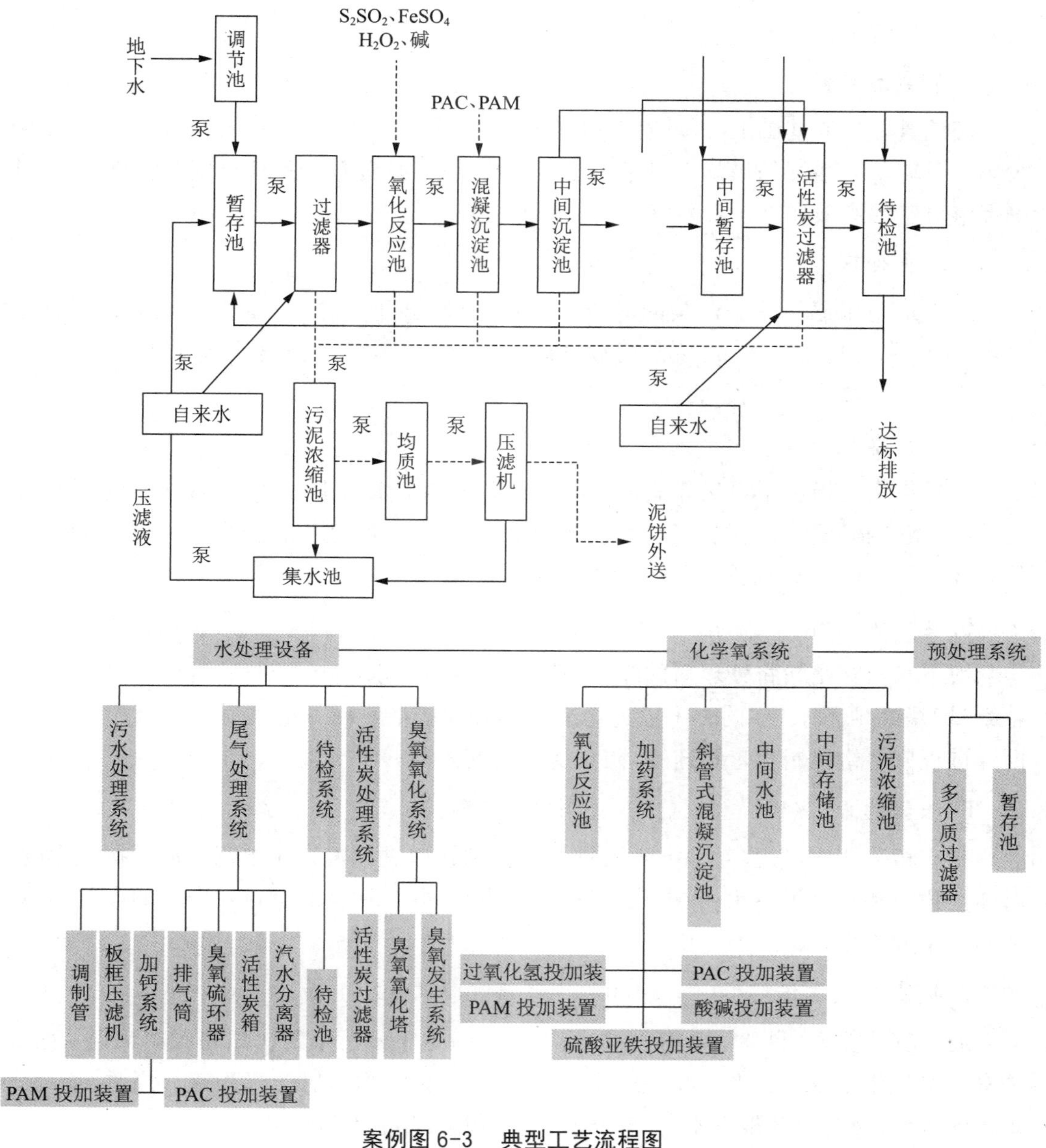

案例图 6-3　典型工艺流程图

6.5 项目区方案设计

1. 调查评估

通过调查了解污染物的种类、来源、浓度和分布情况，评估其对环境和人类健康的影响。通过收集和分析地质、水文、气象等数据，以及进行现场勘查和采样检测，确定污染源的位置和特征。

2. 隔离污染源

在调查评估的基础上，采取有效措施隔离污染源。对于可以关闭的污染源，应立即关闭并采取防止渗漏的措施。对于不能立即关闭的污染源，应制订详细的隔离方案，并确保该方案的有效实施。

3. 抽出处理

对于地下水已经受到污染的区域，可以采取抽出处理的方法。抽出处理包括建立抽水井网、优化抽水方案、定期监测水质和调整抽水参数等。抽出处理可以有效降低地下水中的污染物浓度，但需要持续监测和控制。

4. 自然净化

自然净化是指利用自然界的净化能力来处理地下水污染。例如，通过土壤吸附、植物吸收、微生物降解等自然过程，降低地下水中的污染物浓度。自然净化是一种较为经济和环保的方法，但需要较长时间才能见效。

5. 地下水回补

地下水回补是指将处理后的地下水回灌到地下含水层中。回灌可以增加地下水的补给量，提高地下水位，同时可以将污染物稀释和扩散。回补的水质应符合相关标准，回灌过程应严格控制水量和速度，防止造成新的污染。

6. 法律约束

制定相关法律法规，对地下水污染的防治和管理进行约束和规范。加强执法力度，对违法排放和污染地下水的行为进行严厉打击。同时，加强对企业和个人的监管，防止新的污染源产生。

7. 提高公众意识

通过宣传教育、科普活动等方式，提高公众对地下水污染的认识和保护意识。鼓励公众参与地下水保护工作，如举报污染行为、监督企业和政府的行为等。同时，加强与媒体的合作，及时公开地下水污染处理进展和成果，增强公众信心。

8. 建立监测网络

建立完善的地下水监测网络，定期监测地下水的污染状况和变化趋势。通过数据分析,评估污染处理的效果和预测未来趋势。同时,及时向社会公布监测结果,接受公众监督和反馈。

地下水主要污染物及处理方法见案例表 6-1。

案例表 6-1　主要污染物及处理方法一览表

污染物	来源	处理方法
油类	石油的开采、炼制、储运、使用和加工过程	人工围堰、打捞;投加消油剂
镉	采矿、冶炼、电镀	弱碱性混凝处理
汞	贵金属冶炼、仪器仪表制造、食盐电解、化工、农药、塑料等工业废水	化学沉淀法、活性炭吸附法
砷	砷和含砷金属矿的开采、冶炼;以砷化物为原料的生产	石灰软化法、沸石吸附法
氰化物	冶金、化工、电镀、焦化、石油炼制、石油化工、染料、药品生产及化纤等工业废水	投加漂白粉、次氯酸钠处理;自来水厂使用反渗透装置处理。
氨氮	人畜排泄物;医药、石油化工等	向水体撒布黏土、沸石粉等物质,使黏土矿物的胶体粒子吸附、凝聚固定水体的氨氮微生物技术降解
有机磷农药	农药生产	微生物技术降解
BTEX	石油化工、染料、医药工业	少量泄漏时,投加粉末活性炭;大量泄漏时,构筑围堤、用泡沫覆盖以降低蒸汽危害;喷雾状水冷却、稀释,用防爆泵转移至槽车或专用收集器内集中处理
硝基苯类	石油化工	用砂土、蛭石等材料吸附,大量泄漏时,处理方法同苯
三氯甲烷	石油化工、消毒副产物	用砂土、蛭石等材料吸附,大量泄漏时,处理方法同苯
甲醛、氯苯	石油化工	少量泄漏时,可用砂土等覆盖污染地面,向水体中投加粉末活性炭;大量泄漏时,处理方法同苯
苯酚	石油化工、焦化、医药工业	少量泄漏时,用干石灰等覆盖污染地面,向水体投加粉末活性炭;大量泄漏时,收集后集中处理

6.6 主要结论

地下水是地球上最重要的淡水资源之一,为人类的生活和经济发展提供了重要的支撑。然而,由于人类活动和环境污染的影响,地下水面临着日益严重的水污染问题。保护地下水资源对于维护生态平衡和人类可持续发展至关重要。地下水是自然界中的一种重要水源,分布广泛、储量丰富、水质优良,被广泛用于农业灌溉、城市供水、工业生产等众多领域。

6.6.1　地下水资源的重要性

1. 生态保护

地下水补给地表水,维系了湖泊、河流、湿地等生态系统的正常运行。地下水的稳定供应不仅能够维持水生态系统的平衡，还能为动植物提供生存所需的水源。

2. 农业灌溉

地下水在农业生产中起到了不可替代的作用。许多农田依赖地下水灌溉，特别是在干旱地区。保护地下水资源意味着保障农作物正常生长和粮食安全。

3. 城市供水

地下水是城市供水的重要水源之一。不少城市依赖地下水供水，特别是在缺水的地区。保护地下水意味着保障城市居民的日常用水需求。

4. 工业用水

许多工业企业需要大量的水资源进行生产。地下水不仅数量丰富，而且水质相对稳定，非常适合工业用水。保护地下水资源对维护工业发展至关重要。

6.6.2 水污染对地下水资源的影响

由于人类活动和环境污染，地下水资源正面临着严重的水污染问题。

1. 水源破坏

地下水源区域受到污染物的侵入，导致水源的污染和破坏。一些有毒化学物质的积累和渗漏，威胁到地下水资源的安全性和可持续性。

2. 水质下降

人类活动所排放的废水、农业用肥料、工业废弃物等污染物进入地下水，引起水质下降。水质下降不仅严重影响了地下水的可用性，而且对人类健康构成威胁。

3. 生态环境破坏

地下水污染还会对周围的生态环境造成破坏。一旦地下水受到污染，就会对地下生物多样性产生不可逆转的影响，甚至导致生态系统的崩溃。

6.6.3 水污染防治地下水资源的重要性

为了保护地下水资源，必须加强水污染的防治工作。

1. 保障水资源供应

通过水污染的防治，可以保障地下水资源供应的持续性和稳定性。只有保持地下水的优良质量才能满足人类社会和经济的发展需求。

2. 保护生态环境

水污染防治对维护生态环境非常关键。保护地下水不仅可以维持湖泊、河流、湿地等生态系统的平衡，还可以保护地下生物多样性，维护生态系统的健康平衡。

3. 维护人类健康

水污染会对人类的健康产生直接的危害。加强水污染防治可以有效减少人类因饮水受到污染而导致的疾病，提高人类健康水平。

4. 促进可持续发展

保护地下水资源符合可持续发展的原则。只有加强水污染防治，保护地下水资源的可维持性和可循环性，才能实现人类社会的可持续发展。

6.6.4　水污染防治保护地下水资源的对策

1. 加强监测和管理

建立完善的水质监测体系，加强对地下水水质的定期监测和评估。加强地下水污染源头的管理严格控制危险化学品的使用和排放。

2. 促进科技创新

加大对水污染防治技术的研究和开发，推动科技创新在地下水污染防治中的应用。利用先进技术净化地下水，提高水污染防治的效率和效果。

3. 加强立法和政策支持

制定和完善相关法律法规，强化对地下水污染的惩罚力度。同时，加大政策支持力度，鼓励企业和个人加强对地下水资源的保护工作。

4. 提高公众竟识

通过开展宣传教育活动，提高公众对地下水资源保护重要性的认识。引导公众形成节约用水和环保识，积极参与水污染防治工作。

参考文献

[1] 许艳，王秋璐，李潇．环渤海典型海湾沉积物重金属环境特征与污染评价 [J]. 海洋科学进展，2017，35(3)：428-438.

[2] 张菊，周祖昊，李旺琦，等．应对突发性水污染事件的水动力与水质模型 [J]. 人民黄河，2013，35(11)：44-47.

案例七

“双碳”背景下环境生态工程设计案例分析

7.1 项目背景

本研究以东北地区为研究对象，旨在形成东北地区矿区生态修复关键集成技术。

近几年来，全球气候变化对我国经济可持续发展目标提出了更为严峻的考验。习近平主席在第七十五届联合国大会一般性辩论上，首次提出我们将采取更加有力的措施提高国家自主贡献力，在2030年前二氧化碳排放达到峰值，努力争取在2060年前实现碳中和。我国作为世界第一大温室气体排放国，节能减排任务艰巨，东北地区新能源丰富，在我国气候变化治理中起着关键作用。发展和利用东北地区新能源，认真贯彻落实新发展理念，是新时代背景下实现碳中和目标的必由之路。

东北地区为辽宁、吉林、黑龙江，包括内蒙古东部的三城一盟（赤峰市、通辽市、义伦市、兴安盟），生态系统整体框架合理，是我国重要产粮区之一，也是中国重要的工业基地。东北的老工业基地是我国重要的传统工业集聚区，在全国工业化演进过程中发挥了重要作用，其具有代表性的重化工业部门曾带动了国民经济的快速发展。东北地区具有丰富的矿产资源储备，不仅储量丰富，而且质量优异。东北地区矿产资源分布相对密集，其中储量最为丰富的矿产资源包括石油、煤矿、天然气、黑色金属、有色金属以及多种非金属类矿产资源。在矿产资源的开采方面，东北地区的矿产资源采掘及使用位于我国各省市的前列，其中石油及天然气的采掘比例达到了全国的三分之一，石油加工和炼焦业的产值则占到了全国产量的五分之一，另外，东北地区在煤矿资源和黑色金属的开采和利用方面也在我国有较大的影响力。但在对矿产资源的利用上，由于开发时间较早，存在有诸多不合理的现象，例如，过度开采或开采缺乏条理性。

此外，矿产资源在未经开采前通常深埋于地表之下，而一旦对矿产资源进行开采，便会不可避免地需要破坏地表岩土，使矿产接触空气、土壤和水源，而且开采矿产不是一朝一夕完成的，通常需要大量劳动力长时间进行开采，这也就导致开采时泄露的矿物质在周边的环境中发生扩散，从而给当地的空气、土壤与水源造成污染。而矿业本身便属于污染性产业的代表，对矿产的开采过程往往伴有大量挖掘工作，严重地破坏了矿脉所在地的地表与地下结构，降低了地表的植被覆盖率，使水土流失的情况加重，在破坏严重的情况下，还会出现地表沉陷等现象，不仅破坏了当地的生态环境，也对矿区居民的生命财产安全构成了威胁。

因此，急需形成适用于东北矿区生态修复关键集成技术，为该区域矿区生态修复提供技术支撑，恢复和改善被开采地区的生态环境、土地资源和社会功能，减轻矿业活动对环境的影响以期有效助力国家“双碳”计划。

7.2 区域概况

从地理上看，东北地区西南部有大兴安岭和额尔古纳河；东北部有小兴安岭、黑龙江、乌苏里江；东南有吉林长白山区、图们江、鸭绿江。东北地区属温带季风气候，平均年降水量为 343～1 277 毫米 / 年，平均气温范围为 2 ℃～14 ℃。受东亚季风影响，夏季高温多雨，冬季寒冷干燥。在自然景观上表现出冷湿的特征。

东北地区生态系统整体框架合理，特别适合规模化农业发展。经过近半个世纪的建设，东北地区已形成以钢铁、机械、石油、化工、煤矿等重工业为主的大型工业体系，是中国主要的重工业生产基地和商品粮食生产基地。然而，近二十年来，东北地区企业增长缓慢，在我国的相对重要性明显下降。除了经济制度问题外，粗放型发展方式带来的一系列生态环境问题，长期以自然资源消耗和环境污染破坏为代价，制约了东北地区的发展。

东北地区大部分城市空气污染具有城市燃煤空气污染的典型特征。采暖期城市环境空气质量明显不如非采暖期，细颗粒物也是直接影响城市室内空气质量的主要污染物。冬季采暖期颗粒物含量是非采暖期的 1.3～1.5 倍；同时，春季沙尘污染物明显，总悬浮颗粒物含量是冬季的 1.6 倍，夏季的 1.9 倍。大气环境中的燃煤污染物尚未得到彻底治理，采暖期燃煤形成的大气污染负荷占大气污染负荷的 40% 以上。

7.3 项目区主要环境问题

百年来，大规模采矿严重污染了东北地区的自然环境，凸显了环境矛盾。20 世纪以来，随着人类社会短期、高强度、大规模的发展，东北地区的自然环境也发生了巨大变化。20 世纪上半叶，俄日殖民者肆无忌惮地攫取铁矿石、煤炭等资源，特别是森林资源，给东北的经济资源和自然环境带来了极大的破坏。

新中国成立以来，东北地区已成为我国最具战略意义的老工业基地。工业规模化发展和环境污染修复相对落后，导致东北地区能源消耗大，不合理开发严重恶化了生态环境（案例图 7-1）。甚至有研究者认为，东北地区的生态环境已接近不可逆转的临界状态。

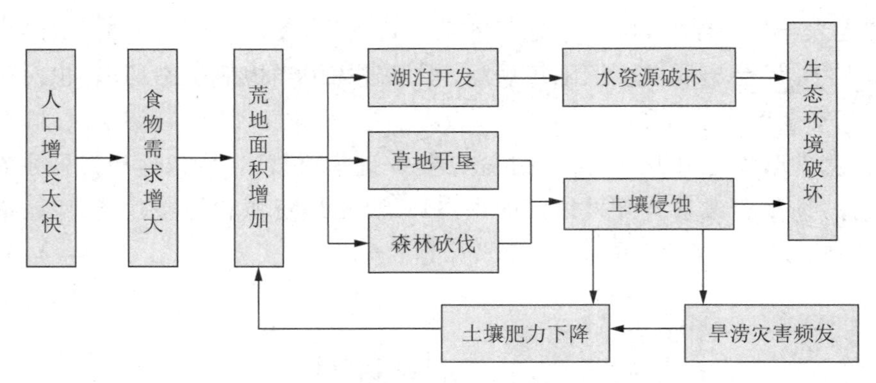

案例图 7-1　东北生态环境问题

东北地区拥有丰富的自然资源，其中天然原油、铁矿石、钢、黄金矿等加工产品优势明显，但由于多年来高强度的开采，大多数矿产资源濒临枯竭，矿产资源储量不再成为东北地区的优越条件。

矿山开采不仅占用大量的土地资源，而且会带来一系列的生态环境问题，如土壤质量下降、生物多样性减少、生态景观破坏、生态系统退化等。在开采过程中，某些经营者一味地追求经济效益，对环境保护和生态治理问题置之不理，"三废"达标排放率、恢复治理率和土地复垦率普遍较低。多矿山的生态恢复治理费用高昂，大批骨干矿区进入老年时期，矿山引发的负面活动日益突出，治理恢复的压力日益沉重。采矿活动对矿区生态系统的影响最为严重。即使在采矿停止后，这些影响中的大多数仍将延续在大片土地上。矿山土地复垦和生态恢复重建是减轻与减缓矿山开采对生态环境影响的主要措施，受到各级政府及社会各界的广泛重视。面对这样的矿区开采情况，东北地区必须尽快采取措施解决不合理开采带来的问题。

此外，东北地区与我国其他开矿区的土地复垦均存在许多问题，矿区复垦土地占比低，远远低于国外矿业发达国家，相关地区的土地复垦法律法规体系尚不完善，管理机制不健全，土地复垦理论技术等基础研究缺乏，土地复垦质量难以保证。

7.4 项目区方案设计技术路线

矿产开发过程势必对矿区的地上和地下空间造成严重干扰，进而导致对周围环境的二次破坏。其对矿区生态环境的影响是多方面的，不仅与人类活动密切相关，而且与气候变化直接相关。需要找到合适的生态修复方法，加快修复进程，优先对生态脆弱地区进行治理。矿山修复方向通常为耕地、林地、建设用地，选择与周边景观相一致的修复方式，即采用"适耕、适林、适景"的修复原则。按照生态优先的原则，矿区修复可大体分三步进行：第一步，逐步恢复矿区土地生态系统，推广生态农业、林业、园艺、植被修复等生态经济模式，通过绿化带建设、草坪绿化、林地改造等手段推进植被恢复；第二步，完善矿区水文系统，提高水资源的保护和利用效率，整治河道污染，推广水土保持技术；第三步，改善矿区环境质量，防治矿区污染，争取实现环境全面整治。

相关技术有地形重塑、水体重塑、植被重塑等。

7.4.1 地形重塑

地形重塑主要包括两个方面：土壤和边坡。

对于土壤，在矿山废弃地生态修复中，土壤基质改良是首先需要解决的问题，也是核心问题。矿山废弃地的土壤改良要实现三项基本目标，即改善土壤基质的物理结构、营养成分和去除有害物质。改善基质的物理结构可采用中和法，通过酸碱反应调节土壤 pH；改善基质的养分状况可采用营养元素添加法，添加 N、P、K 等营养物质提高土壤肥力；去除基质中的有害有毒物质可采用吸附法：施加含 Ca 化合物缓解重金属毒性。

对于边坡，裸露的边坡岩体容易变形造成崩落、滑坡甚至崩塌，同时也会造成土壤和水源污染。边坡的破坏靠自然的力量很难恢复，矿山边坡治理是矿山生态恢复的基础性工作，可采用高阶团聚喷涂技术，对裸露的边坡进行喷洒和重新绿化，或者在地表上覆盖一层肥沃的土壤，利用乡土树种修山治伤，边坡复绿，改善山体。山地生态环境的生态价值和景观价值。最好采用具有生命力植物的种子、苗木等种植在矿山边坡面上，不但可以绿化环境，改善人们的视觉效果，而且对于涵养水源、保持水土也是一种有效的措施。采石场修复与处理效果对比见案例图 7-2。

案例图 7-2 采石场修复与处理效果对比图

除此之外，矿山废弃地本身独特的自然景观，也是矿区建设历史中一种独特的地域文化景观。在景观重塑设计时可以考虑保留其独特的地表痕迹，并对其进行景观修复与艺术加工，再将其与周围的自然风光进行有机的结合，创造出极富视觉化效果的艺术形式。例如，对于垂直界面，即山体开凿面，可以配合地形设计分隔空间，运用多种手法，建设多层次的重塑地形，构成复合型的空间。

7.4.2 水体重塑

矿山废弃地中的水体包括工业遗留下来的废水和长期积蓄下的雨水。在山体附近有冲沟的位置,设置拦蓄水坝,利用雨季降水形成小的水面,提高山体的水利状况;在自然形成的冲沟较少的位置,可以利用道路边沟拦蓄雨水,在边沟的最凹点,开凿渗水井,可以改善山体的浅层地下水状况,在水体重塑过程中,应尽量减少水资源的消耗。

同时,对雨水进行收集和循环利用,矿业废弃地如果位于降水量较大区域的,则可以采用改造成次生湿地来进行区域的生态恢复,因为其矿坑中都会留存有大量积水,便于打造成次生湿地。另外,还能在一定程度上减轻土壤污染。

7.4.3 植被重塑

植树造林可以提高陆地生态系统的固碳能力,并减缓温室气体排放的增加。在干旱和半干旱地区的大面积植树造林,是一种有效的固碳和土地管理工具。植树造林还可以通过改变土壤湿度和改变溪流来改变水文循环。所以,在矿区生态修复中,植物的作用同样是多方面的,不仅可防治水土流失,修复受污染的土壤,改善立地条件;而且可有效阻滞矿尘飞扬,修复矿区的生态功能,有利于其他植被的自然定居。

植物修复是指利用具有抗逆性、快速生长和适应性强的植物,修复受损的生态系统。植物修复的主要目标是恢复植被,增强土壤稳定性,防止土壤沙化与水土流失,提高生态系统的自我调节能力。对于不同的矿区,应根据土壤的污染程度、重金属种类,选择不同的植物。植物选择标准如下:生长快、适应性强、抗逆性好、成活率高的植物;具有改良土壤能力的固氮植物;当地优良的乡土植物和先锋植物;选择植物种类时考虑植物的综合效益,主要包括抗旱、抗污染、耐瘠薄、抗病虫害等植物;在满足生态功能的前提下,考虑植物的色、香、形等,满足造景需要。在矿山废弃地的改造中,为了改善生态环境,恢复植被,应该首先种植耐性强的先锋草类,如假俭草、苇状羊茅、芒草弯叶画眉草、狗牙根等。

自然生态系统的恢复往往是以植被的恢复为首要前提的。植被的恢复需要创造和调节植物生长所必需的土壤、营养、水分和温度等条件,采用生物覆膜技术给植被进行定期灌溉,维持植物的生长环境。植被的修复有两种方式:直接植被和覆土植被。直接植被法是指直接在废弃地上种植植物的方法,这种方法成效慢,矿山地表的破坏不利于植物的生长。覆土植被成效相对较快,但覆土的成本高于直接植被。因此,矿山废弃地的植被修复采用折中方式,在破坏较严重的区域采用覆土植被,其他区域则采用植被法。另外,在植物种植完后,需要定期对矿山废弃地的植被进行养护与管理,保证植被的可持续性。

7.4.4 其他重塑

完整的生态系统不仅仅包括植被,也需要消费者、分解者,在植被恢复后,消费者、分解者会被吸引，自动加入此地的生态系统。但这个过程无疑是缓慢的，需要人工干预。可以在植被较稳定时，引入少量的相互抑制的当地动物，并实时监测，防止植被过度破坏。

除此之外，微生物修复也是重要的修复方法。微生物修复是利用微生物对有害物质进行降解、转化和吸附，以达到修复矿山环境的目的。利用微生物可以提高土壤肥力，修复有机污染物，修复重金属污染。

7.5 项目区方案设计

东北部存在许多废弃矿区，这些废弃矿区可能是煤矿，可能是石油矿，也可能是有色金属矿；可能是露天矿，也可能是非露天矿；可能是大型矿区，也可能是小型矿区。针对不同种类的矿区，选择不同的修复方法，特别是化学药剂的选择，一旦出错，会加剧污染或造成另一种污染。按照生态修复的原则，分别对地形、水源、植被等进行修复，恢复当地生态环境。

7.6 主要结论

1. 生态环境效益

生态环境效益是工程实施后最主要的效益，它包括减少水土流失、地表水水质改善、生态效益以及水土保持效益等。

矿区生态修复，改善了矿区的土壤，增强了土壤肥力，减少了水土流失；增加了植被覆盖率，完善了当地的生态系统，增强了碳吸收能力；修复了矿区水质，改善了地表水水质；具备良好的生态效益和水土保持效益。

2. 社会效益

矿山生态恢复治理是矿山发展与环境保护的有机结合，也是维护社会公共利益和推进生态文明建设的必要责任。矿区修复增加了就业机会，提高公众环境保护意识及健康水平，改善了当地居民的生活环境，进一步促进了环境保护和生态文明建设，为实现双碳目标添砖加瓦。

3. 经济效益

矿区修复后，不仅可以作为牧场、农田等可进行种植畜牧的场所，增加居民收入，而且修复土壤后改善了居民的生活环境，还可作为特殊的景观，使旅游业创收。即具备农业生产的经济效益、居住条件改善的效益、旅游发展的经济效益。

参考文献

[1] 周婷婷,魏浩. 东北地区"碳中和"目标的实现路径与发展模式选择[J]. 老字号品牌营销, 2022(7):108-110.

[2] DIENST C, SCHNEIDER C, XIA C, et al. On track to become a low carbon future city? First findings of the integrated status quo and trends assessment of the pilot city of Wuxi in China[J]. Sustainability, 2013, 5(8):3224-3243.

[3] 孙浩进,张斐然. 东北老工业基地承接产业空间转移研究——基于区位引力的实证[J]. 哈尔滨商业大学学报(社会科学版), 2022(5):80-98.

[4] 褚志伟. 东北矿产资源的利用问题探析[J]. 现代商贸工业, 2011, 23(24):94-95.

[5] HAN D, WIESMEIER M, CONANT R T, et al. Large soil organic carbon increase due to improved agronomic management in the north china plain from 1980s to 2010s running head: soc increase and its driving factors[J]. Global Change Biology, 2018, 24(3):987-1000.

[6] CHEN S Y, LIU N. Research on citizen participation in government ecological environment governance based on the research pPerspective of "Dual Carbon Target" [J]. Journal of Environmental and Public Health, 2022, 2022: 5062620.

[7] ZHU A L. Investigation on the status quo of ecological environment construction in northeastChina from the perspective of dual carbon goals[J]. Journal of Environmental and Public Health, 2022, 2022: 8360888.

[8] 曾小星,廖翔. 矿区土地复垦和生态重建工作探析[J]. 科技资讯, 2019, 17(28):59-60.

[9] 祁佳伟,张奕辰,张继权,等. 基于GIS技术的矿区生态环境修复研究[J]. 可持续发展, 2023, 3, 15(7), 6128.

[10] 王娜,田磊,文可戈. 基于遥感技术的矿山生态修复调查与研究——以冀东铁矿石为例[J]. 金属矿山, 2021(10):192-198.

[11] 范倩倩,赵安周,王金杰,等. 1985—2015年黄土高原NDVI时空演变及其对气候的响应[J]. 生态学杂志, 2020, 39(5):1664-1675.

[12] LEI K, PAN H Y, LIN C Y, et al. A landscape approach towards ecological restoration and sustainable development of mining areas[J], Ecological Engineering, 2016, 90:320-325.

[13] 吴靖雪,张希,李鑫. 矿山废弃地生态修复模式与技术研究[J]. 现代商贸工业, 2015, 36(7):83-84.

[14] BARAL A, GUHA G S. Trees for carbon sequestration or fossil fuel substitution: the issue of cost vs. carbon benefit[J]. Biomass & Bioenergy, 2004, 27(1):41-55.

[15] JACKSON R B, RANDERSON J T, CANADELL J G, et al. Protecting climate with forests[J]. Environmental Research Letters, 2008, 3: 044006.

[16] PIAO S L, FANG J Y, CIAIS P, et al. The carbon balance of terrestrial ecosystems in China[J]. China Basic Science, 2009, 458(7241):1009-1013.

[17] YAO Y T, WANG X H, ZENG Z Z, et al. The Effect of Afforestation on Soil Moisture Content in Northeastern China[J]. Plos One, 2016, 11(8):e0160776.

[18] NOSETTO M D, JOBBAGY E G, BRIZUELA A B, et al. The hydrologic consequences of land cover change in central Argentina[J]. Agriculture, Ecosystems & Environment, 2012, 154:2-11.

[19] LI S, XU M, SUN B, et al. Long-term hydrological response to reforestation in a large watershed in southeastern China[J]. Hydrological Processes, 2014, 28(22):5573-5582.

案例八

以 EOD 模式为导向的环境生态工程设计案例

8.1 项目背景

本研究以朱家林田园综合体为研究对象，旨在构建基于 EOD 模式的田园综合体规划策略，并对规划结果进行评价分析，以期为生态型田园综合体的建设提供有效建议。

生态环境导向的开发（Eco-environment-oriented，EOD）模式（以下简称“EOD 模式”）是种创新性的项目组织实施模式，是以习近平生态文明思想为引领，以可持续发展为目标，以生态保护和环境治理为基础，以特色产业运营为支撑，以区域综合开发为载体，采取产业链延伸、联合经营、组合开发等方式，推动公益性较强、收益性差的生态环境治理项目与收益较好的关联产业有效融合，统筹推进，一体化实施，将生态环境治理带来的经济价值内部化的项目组织实施方式。

党的十八大以来，以习近平同志为核心的党中央将生态文明建设放到治国理政的重要位置。“绿水青山就是金山银山”理念揭示了发展与保护的本质关系，指明了实现发展与保护内在统一、相互促进、协调共生的方法论。EOD 模式通过统筹生态环境治理与产业发展、区域开发与持续运营、投融资与项目实施等，建立经济发展与生态环境保护之间的平衡点，把环境资源转化为发展资源，把生态优势转化为经济优势，是“绿水青山就是金山银山”理论在项目运作与实际操作层面的具体应用。

目前大部分的 EOD 模式应用研究多集中于城市生态规划中：陈海涛提出了 EOD 模式下的绿地系统应对策略，并在广西贵港市的绿地系统规划中进行了应用；陈菁等和牟旭方等都基于生态导向进行了生态城市评价与分析；王闻等基于 EOD 模式在神农架新华镇提出了不同的景观规划策略，以协助当地进行生态旅游地区的发展建设。

朱家林田园综合体区域部分环境问题突出，主要包括污水处理设施不到位、高湖水库水质超标问题突出、景观水系环境容量小、绿化建设基础薄弱等。同时水资源总量和水环境容量不能满足水资源需求，存在水资源压力与人口压力。本案例以朱家林为研究区，结合自身特点，以水环境承载力为抓手，构建基于 EOD 模式的田园综合体规划策略，并对规划结果进行评价分析，以期为生态型田园综合体的建设提供有效建议。

8.2 区域概况

朱家林田园综合体(见案例图 8-1)位于山东省临沂市沂南县,其规划面积 28.7 km^2,以高湖水库为中心,南至高湖河,北至岸池公路,与沂水县相邻,西至蒙阴县边界,东至岸堤镇村公交线路。区域内村庄道路水域林地约 8.7 km^2、耕地约 10.7 km^2、荒山荒地 9.3 km^2,朱家林核心区约 3.3 km^2,辖 10 个行政村、23 个村民大组,总人口 15 405 人,带动农民合作社 31 家。朱家林田园综合体区域内环境问题主要包括污水处理设施不到位、高湖水库水质超标问题突出、景观水系环境容量小、绿化建设基础薄弱等。

案例图 8-1　曾经的朱家林村俯瞰图

8.3 项目区主要环境问题

8.3.1　资源压力

1. 水资源总量

根据《朱家林田园综合体发展规划(2017—2019)》,朱家林田园综合体以高湖水库(库容 3 170 万 m^3)为主要水源。高湖水库正常蓄水库容 1 610 万 m^3,景观水体 27 万 m^3,降雨径流总量为 1 525.4 万 m^3,蒸发与渗漏损失量为 247.5 万 m^3,可用水资源总量为 2 914.9 万 m^3。

2. 水资源压力

朱家林田园综合体水资源压力主要来自农业灌溉用水。农业灌溉总用水压力为 690.2 万 m^3,加上 27 万 m^3 景观用水,朱家林田园综合体内总用水量为 717.2 万 m^3。水资源量满足农业灌溉用水需求。根据沂南县水利发展规划的要求,综合体要大力推行节水灌溉工程且全部覆盖综合体,未来综合体灌区灌溉水利用系数将达到 0.85,农业灌溉用水量将进一步减少。

3. 人口压力

（1）旅游最大人数。

计算旅游环境容量是指在未引起对资源的负面影响、降低游客满意度、对该区域的社会经济文化构成威胁的情况下，对一个给定地区的最大使用水平，一般量化为旅游地接待的旅游人数最大值。目前计算旅游环境容量有多种方法，本文采用常用的面积法。面积法计算式为 $C=Aa\times D$，式中：C 为浏览区的日环境容量（人）；A 为游览区的可游览面积（m^2）；a 为每位游客应占有的合理面积，即适宜空间标准（m^2•人$^{-1}$）；D 为周转率，是景点开放时间与游完景点所需时间的比值。在《山东省沂南县朱家林田园综合体总体规划（2018—2020）》中，创意农业园和农事体验园的规划总面积 3.33 km^2。根据旅游景区相关要求，考虑面积法的夸大误差，设定朱家林田园综合体创意农业和农事体验旅游的游客适宜空间标准为 100 m^2•人$^{-1}$，景点每日开放时间为 8 h。以年有效游览 6 个月计，到 2025 年朱家林田园综合体创意农业和农事体验项目全部建成后，年接待游客和观光体验者预计约为 600 万人次。

（2）人口压力分析。

朱家林田园综合体 2020 年接待游客和观光体验者设计容量为 50 万人次，2025 年最大年接待游客量为 600 万人次。综合体旅游空间较大，能承载的旅游人口数量巨大，在空间上近期不存在人口压力。但是，随着旅游人数的增加，对环境污染的压力会越来越大，必须在水环境压力计算部分充分考虑。

8.3.2　水环境容量

1. 高湖水库水环境容量

高湖水库控制流域面积达 74.2 km^2，包括朱家林田园综合体上游的汇水区域。高湖水库的年降雨汇流总量为 1 138.2 万 m^3，各污染物的水环境容量分别为 262.90 t•a^{-1}（化学需氧量（COD））、13.15 t•a^{-1}（氨氮（NH_3-N））、0.66 t•a^{-1}（总磷（TP））、13.15 t•a^{-1}（总氮（TN））。

2. 景观水体水环境容量

景观水体控制流域面积约 16.2 km^2，流域范围内有一定的开发强度，属于建筑稀疏区，且控制流域内有小米杂粮种植区。景观水体年降雨汇流总量为 310.6 万 m^3，各污染物的水环境容量分别为 115.26 t•a^{-1}（COD）、5.76 t•a^{-1}（NH_3-N）、0.38 t•a^{-1}（TP）、5.76 t•a^{-1}（TN）。

8.3.3　水环境压力

根据朱家林田园综合体的发展规划，综合体内水环境污染负荷主要来自居民生活污水排放和种植业面源污染物流失。

居民生活污水压力：朱家林地区常住人口 11 757 人，生活污水未经收集处理，处于随意排放状态，进而对水质造成影响。根据现状和未来大量游客和观光体验者数量，朱家林田园综合体 2018、2020 和 2025 年最高居民生活污水入河量预计分别为 173 497.3、186 997.3 和 335 497.3 m^3。从入河污染物角度，现状条件下，生活污水中每年进入水体的污染物为 COD（160.65 t）、NH_3−N（12.85 t）、TP（1.41 t）、TN（19.28 t）。随着旅游人口的增加，2020 年生活污水中进入水体的污染物比 2018 年增长 7.80%，2025 年将比现状增长 93.40%。

种植业面源污染压力：朱家林田园综合体的种植业包括耕地和园地，即小米杂粮和经济林果。经济林果规划种植面积 5.33 km^2，小米杂粮规划种植面积 6.67 km^2。现状种植条件下，综合体内种植业面源污染物入河量为 NH_3−N 0.37 t、TP 1.86 t、TN 15.49 t。其中：小米杂粮带污染物入河量占比分别为 NH_3−N 39.10%、TP 67.60%、TN 61.10%；经济林果带分别为 NH_3−N 60.90%、TP 32.40%、TN 38.90%。

畜禽养殖污染压力：朱家林田园综合体内共有鸡 50 592 只、鸭 26 784 只、鹅 1142 只、猪 982 头、牛 211 头、羊 9 569 只。畜禽养殖总体上规模化和标准化水平低，没有粪便和污水处理设施，大部分为散养模式。朱家林畜禽养殖的污染物负荷估算包括污染物流失过程和入河过程，现状条件下朱家林综合体内污染入河量为 COD 8.06 t、NH_3−N 0.02 t、TP 0.10 t、TN 0.44 t。

8.4 项目区方案设计技术路线

在《山东省沂南县朱家林田园综合体总体规划（2018—2020 年）》中“一核两带五区”的规划布局指导下，根据 EOD 模式理念，基于水资源承载能力，根据以水定人、以水定产和以水定园的原则，以水资源为核心，进行田园综合体规划。

8.5 项目区方案设计

8.5.1 生态安全格局构建

田园综合体以水资源保障为核心，以田园经济带为纽带，构建连通型绿色生态圈和特色产业圈，形成朱家林田园综合体“两圈一带”的生态格局。在该格局中：绿色生态圈是指以青山为天然屏障，以高湖水库为资源核心的生态保护区域；田园经济带是指以田园式生态农业为依托、衔接资源与发展的过渡产业带；特色产业圈是指生态导向型发展模式下，历史、文化与资源相结合的产业集中区域。

8.5.2　生态环境功能分区

根据朱家林田园综合体总体规划的生态功能定位，结合该区域不同的用地类型和产业结构导向，以青山为屏障、以水资源核心区生态保护为目标，形成“保护—过渡—开发”型的生态空间布局，依次划定核心区、生态隔离区、生态过渡区、生态农业区、生态屏障区和生态产业区。同时，设立经济补偿机制，由政府统筹协调，利用下游开发区域所缴纳的生态补偿金对上游保护及过渡区域内居民实施经济补偿，从而实现环境保护与经济发展相平衡，实现区域内生态环境保护的良性循环。

8.5.3　基于EOD生态导向发展模式的产业布局

在“一核两带五区”的规划布局指导下，根据EOD模式理念，在青山保育、水资源保障和水环境保护下，田园综合体充分发展田园模式、林果经济和生态观光产业。基于水资源承载能力，根据以水定人、以水定产和以水定园的原则，以水资源为核心，根据水资源保障通道的延伸距离，形成乡村发展和产业单元布局，依次划定观光产业带、林果经济带、节水农业带、创意产业带和产业聚集带。朱家林田园综合体生态格局见案例图8-2。

案例图8-2　朱家林田园综合体生态格局

8.6　主要结论

8.6.1　生态环境效益

通过源头削减、过程控制、末端治理的环境保护综合治理措施，使得综合体农业面源污染得到有效控制，主要的水环境问题得到解决。

水体水质改善显著，达到相应地表水标准。综合体旅游人口增加了生活污水负荷，同时地表水体还受到种植业面源污染和畜禽养殖面源污染的巨大压力。通过分散和集中式污水处理、面源污染物源头削减和过程控制以及对畜禽养殖的关停取缔，水体环境在近期和远期均可实现水质达标。

水资源总量充裕，高效用水进一步减少水资源消耗。综合体生活用水和工业用水均来自外部自来水供给，农业用水和景观用水是综合体内两大水资源用途。经计算，综合体内水资源总量充裕，在高效节水技术的推广使用下，水资源消耗将进一步减少。

8.6.2 社会效益

朱家林田园综合体通过对现状环境问题的梳理，规划构建综合体“两圈一带”（绿色生态圈、特色产业圈和田园经济带）的生态格局，根据以水定源的发展原则，规划划分生态优先的功能定位和基于生态导向发展模式的产业布局，在生态环境保护方面助力综合体发展。目前已成为沂南县实施乡村振兴战略的重要平台和抓手，为沂南县探索实践“区域化突破、全域化提升、系统化推进”的乡村振兴路径奠定了基础。

8.6.3 经济效益

朱家林田园综合体实现了贫困户脱贫、村集体增收、村民共同富裕的生产美、生活美、生态美。整合各类涉农资金 0.9 亿元，银行融资 4 亿元，吸引社会资本 10 多亿元。

参考文献

[1] 杜胜男，马郝佳，刘静，等．基于 EOD 模式的田园综合体碳平衡初步研究 [J]. 上海海洋大学学报，2024，33（1）：161-171.

[2] 赵云皓，徐志杰，辛璐等．生态产品价值实现市场化路径研究——基于国家 EOD 模式试点实践 [J]. 生态经济，2022，38（7）：160-166.

[3] 袁宏川，罗鹏，段跃芳，等．生态文明建设背景下的 EOD 项目风险评价体系构建 [J]. 重庆理工大学学报（自然科学），2022，36（7）：254-263.

[4] 雷英杰，周雁凌．EOD 模式的山东探索 [J]. 环境经济，2021（24）：32-37.

[5] 逯元堂，赵云皓，辛璐，等．生态环境导向的开发（EOD）模式实施要义与实践探析 [J]. 环境保护，2021，49（14）：30-33.

[6] 张浩．丘陵型田园综合体产业空间布局研究——以朱家林田园综合体为例 [D]. 天津：天津大学，2021.

[7] 占松林．生态环保项目 EOD 运作模式研究 [J]. 中国工程咨询，2021（2）：70-74.

[8] 林峰．未来文旅主流开发模式——生态环境导向（EOD）[J]. 中国房地产，2021（2）：40-42.

[9] 彭岩波，宋卫红，杨晓燕，等．基于 EOD 模式的朱家林田园综合体规划研究 [J]. 北京师范大学学报（自然科学版），2020，56（3）：462-466.

[10] 韩群．朱家林乡村建设再生设计研究 [D]. 青岛：青岛理工大学，2020.

[11] 车海刚，张玉雷，刘长杰，等．朱家林田园综合体：乡村振兴的齐鲁样本 [J]. 中国发展观察，2019（19）：19-25.

[12] 北京观筑景观规划设计院．朱家林乡村建筑与景观营造 [J]. 城市建筑，2017（21）：80-85.

[13] 陈海涛．生态导向发展模式（EOD）下的城市绿地系统规划应对策略研究 [D]. 武汉：华中科技大学，2012.